"十二五"普通高等教育本科国家级规划教材
高等教育安全科学与工程类系列规划教材

安全系统工程

第 3 版

主　编　徐志胜　姜学鹏
参　编　杨振宏　周西华　肖国清
　　　　陈长飞　黄　锐　王飞跃
　　　　李树清　卢　颖
主　审　吴　超

机械工业出版社

本书为"十二五"普通高等教育本科国家级规划教材。

安全系统工程是安全科学的重要内容之一，是安全科学与工程类本科专业的核心课程，它最能体现安全科学与工程学科的综合属性。本书以系统的观点为主线，分别介绍了安全系统工程概论、系统安全定性分析、系统安全定量分析、系统安全评价、系统安全预测与决策、典型事故影响模型与计算等内容。

本书可作为安全科学与工程类及消防工程等相关工程类专业的本科教材，也可供安全、消防、防灾减灾等方面的研究人员学习参考，同时可作为生产经营单位安全管理及技术人员的教育培训教材。

本书配有辅助教学的 PPT 课件及其他配套资源，可免费提供给授课教师，需要者请登录 www.cmpedu.com，注册审核通过后可免费下载。

图书在版编目（CIP）数据

安全系统工程/徐志胜，姜学鹏主编. —3 版. —北京：机械工业出版社，2016.8（2025.6 重印）

"十二五"普通高等教育本科国家级规划教材　高等教育安全科学与工程类系列教材

ISBN 978-7-111-53780-9

Ⅰ.①安…　Ⅱ.①徐…②姜…　Ⅲ.①安全系统工程—高等学校—教材　Ⅳ.①X913.4

中国版本图书馆 CIP 数据核字（2016）第 243785 号

机械工业出版社（北京市百万庄大街 22 号　邮政编码 100037）
策划编辑：冷　彬　责任编辑：冷　彬　臧程程
责任校对：佟瑞鑫　封面设计：张　静
责任印制：张　博
河北京平诚乾印刷有限公司印刷
2025 年 6 月第 3 版第 18 次印刷
184mm×260mm·16.25 印张·393 千字
标准书号：ISBN 978-7-111-53780-9
定价：49.00 元

电话服务　　　　　　　　网络服务
客服电话：010-88361066　　机　工　官　网：www.cmpbook.com
　　　　　010-88379833　　机　工　官　博：weibo.com/cmp1952
　　　　　010-68326294　　金　书　网：www.golden-book.com
封底无防伪标均为盗版　　机工教育服务网：www.cmpedu.com

前　言

本书第 1 版于 2007 年问世，受到众多院校及同行们的支持和肯定。2012 年根据我国安全科学发展的最新形势以及对安全工程专业人才的培养和教学需求，对其中一些内容进行了补充和充实，于同年 5 月完成第 2 版修订，并于 2014 年入选第二批"十二五"普通高等教育本科国家级规划教材。第 2 版出版以来，我国安全科学与工程学科保持快速发展的势头，一些新理念、新方法、新技术被不断用于安全系统工程的探索和实践中。第 2 版的某些内容已无法满足新时期对安全工程专业人才的更高要求，因此决定进行第 3 版修订。

本次第 3 版修订，在保持本书一贯特色的基础上，根据众多使用单位的反馈情况，在每章增加了学习目标和学习方法，补充了更具扩展性的复习题；并根据近年来我国安全科学领域最新的研究及实践成果对第 2 版中一些内容进行了补充和更新。在第 2 章依据新的行业标准对相关内容进行了修订，增加了典型案例；在第 3 章充实了事件树的基础理论和事故树软件等内容；在第 4 章补充了新的安全评价方法和评价内容；在第 5 章充实了安全决策的相关内容和案例。这些修订力求能够反映当前安全系统工程的先进理论、理念和方法，同时突出教材内容对实践的指导性，便于学生的理解、掌握和提高。

为贯彻落实党的二十大精神，本书在重印过程中结合本课程具体内容，加入科学家精神等思政元素，旨在体现总体国家安全观和二十大报告强调的坚持系统观念等，助力培养学生开拓创新的科学素养和追求卓越的工匠精神，强化学生科技报国热情。

本次修订工作，由中南大学徐志胜和武汉科技大学姜学鹏负责全书的整体规划及统稿工作，各章节编写分工如下：第 1 章由姜学鹏编写；第 2 章由杨振宏（西安建筑科技大学）和陈长飞（华北水利水电大学）编写；第 3 章由周西华（辽宁工程技术大学）和姜学鹏编写；第 4 章由王飞跃（中南大学）和李树清（湖南科技大学）编写；第 5 章由黄锐（中南大学）和肖国清（西南石油大学）编写；第 6 章由徐志胜和卢颖（武汉科技大学）编写。

本书第 3 版得到了中南大学土木工程学院及武汉科技大学资源与环境工程学院的资助，一些同行专家也对本书的再版提出了宝贵意见，在此一并表示诚挚的谢意。

由于编者水平有限，书中难免存在错误和不足，恳请广大读者批评指正，以使本书更趋完善。

编者

目 录

前言

第1章 安全系统工程概论 ········ 1
1.1 系统论简介 ········ 1
1.2 系统工程简介 ········ 8
1.3 系统分析的基本内涵 ········ 12
1.4 安全系统及安全系统工程 ········ 18
1.5 安全系统工程发展概况 ········ 30
复习题 ········ 34

第2章 系统安全定性分析 ········ 35
2.1 安全检查表 ········ 35
2.2 预先危险性分析 ········ 46
2.3 故障类型及影响分析 ········ 59
2.4 危险性与可操作性研究 ········ 64
2.5 鱼刺图法 ········ 73
2.6 作业危害分析 ········ 78
复习题 ········ 81

第3章 系统安全定量分析 ········ 82
3.1 事件树分析 ········ 82
3.2 事故树分析 ········ 88
复习题 ········ 134

第4章 系统安全评价 ········ 137
4.1 安全评价概述 ········ 137
4.2 安全评价方法 ········ 152
复习题 ········ 180

第5章 系统安全预测与决策 ········ 181
5.1 系统安全预测 ········ 182
5.2 系统安全决策 ········ 194
复习题 ········ 214

第6章 典型事故影响模型与计算 · · · · · · 215
6.1 泄漏模型 · · · · · · 215
6.2 扩散模型 · · · · · · 220
6.3 火灾模型 · · · · · · 231
6.4 爆炸模型 · · · · · · 235
6.5 事故伤害的计算方法 · · · · · · 243
复习题 · · · · · · 249

参考文献 · · · · · · 250

第1章

安全系统工程概论

本章学习目标：

了解系统论的基础知识、系统工程发展简史、安全系统工程发展简史；理解安全、安全系统及安全系统工程的定义；明确安全系统工程的研究对象、研究内容、方法论及分析方法。

本章学习方法：

以了解、理解和分析为主，可借阅系统论方面的经典著作以增加对系统工程基础知识的理解，同时积极思考系统工程、安全系统、安全系统工程之间的区别和联系，思考需要开展安全系统工程研究的各种问题。

系统工程是系统科学中改造客观世界，并使改造过程合理化的一门技术。它以运筹学、控制论、信息论、系统论中一些具有普遍意义的基本理论为指导，在自然科学、社会科学以及工程建设和管理中发挥作用。近二十多年来，许多学者和科学家一直在探索将系统工程的理论和原理，运用到安全管理方面，并逐步发展为安全系统工程，成为安全科学中的主要分支。

安全系统工程是以系统论、信息论、控制论等为理论基础，以安全工程、系统工程、可靠性工程的原理和方法为手段，以安全管理、安全技术和职业健康为载体，对研究对象中的风险进行辨识、评价、控制和消除，以期实现系统及其全过程安全的新兴学科。

1.1 系统论简介

1.1.1 系统的定义

"系统"的概念，来源于人类社会的实践经验，并在长期的社会实践中不断发展并逐渐形成。一般系统论的创始人奥地利的贝塔朗菲指出："系统的定义可以确定为处于一定的相互关系中，并与环境发生关系的各组成部分的总体。"我国科学家钱学森对系统的定义为："把极其复杂的研究对象称为系统，即由相互作用和相互依赖的若干组成部分结合成的具有特定功能的有机整体,而且这个系统本身又是它所从属的一个更大系统的组成部分。"虽然对于系统概念有多种理解,但其基本意义大致相同,即系统是由相互作用、相互依赖的若干组成部分结合而成的具有特定功能的有机整体。

系统是一种由若干元素组成的集合体,用它来完成某种特殊功能。因此,每一项工作完成都是由人、机器、原材料、方法、环境等许多因素(元素)组成,及相互之间发生作用来完成工作的一个具有特殊功能的体系的总和。

每一个系统中的元素间相互联系、相互渗透、相互促进,彼此间保持着特定的关系,保证系统所要达到的最终目的。一旦相互间特定的关系遭到破坏,就会造成工作被动和不必要的损失。

客观世界都是由大大小小的系统组成的。组成系统的要素或者子系统又由一定数量的元素组成,各有其特定的功能和目标,它们之间相互关联,分工合作,以达到整体的共同目标。例如科学技术系统包括七个基本要素,即机构、法、人、财、物、信息和时间七个子系统。它们集合在一起的共同目标是多出成果,快出人才,推动国民经济向前发展。而科学技术系统又是人类社会经济大系统的一个组成部分,或者说是一个子系统。

任何一个团体、工厂、企业都可称为一个系统,在这个系统中,包含管理机关、运行体系;继续往下分,就又出现一个系统,我们称其为子系统,它们包括班组及其成员等。

1.1.2 系统的分类

按照不同的分类标准可把系统划分成以下类型。

1. 按照系统的起源划分

(1) 自然系统。由自然物组成的系统。它是由自然现象发展而来的。如太阳系、银河系、原子结构、山脉系统、河流系统、森林系统、矿产系统等。

(2) 人造系统。由人类按一定的目的设计和改造而成的,并由人的智能或机械的动力来完成特定目标的系统。如政府机构、民间团体、交通运输系统、电力传输系统、企业系统等。

2. 按照系统与环境的关系划分

(1) 开放性系统。与外界环境发生联系的系统。

(2) 封闭性系统。与外界环境隔绝或不受外界环境影响的系统。

3. 按照组成系统的要素存在的形态划分

(1) 实体系统。组成系统的元素是实体的、物理方面的存在物的系统。

(2) 概念系统。以概念、原理、原则、方法、制度、程序等非物理方面的存在物组成的系统。

4. 按照系统与时间的依赖关系划分

(1) 静态系统。决定系统特性的一些因素不会随时间的变化而变化的系统。

(2) 动态系统。决定系统特性的因素随时间的变化而变化的系统。

5. 按照物质运动的发展阶段划分

(1) 无机系统。如力学系统、物理学系统、化学系统等。

(2) 有机系统。如生物系统等。

(3) 人类社会系统。如管理系统、经营系统、作业系统等。

6. 按照系统包含的范围划分

(1) 大型系统。如生态平衡系统。

(2) 中型系统。如工程系统等。

(3) 小型系统。如班组管理系统等。

7. 按照系统的构成划分

(1) 简单系统。由性质相近的若干要素组成的系统，如物资系统等。

(2) 复杂系统。由人造系统和自然系统相结合的系统，如农业系统、企业系统和武器系统以及社会经济大系统等。

8. 按照系统的功能划分

(1) 环境系统。自然系统和人类社会共同组成的大系统，以及与所要研究的系统周围具有一定关系的系统。

(2) 军事系统。由军人组成的、保卫国家和本国人民安全以及对世界和平做出贡献的整个系统。

(3) 安全系统。由人、机、料、法、环等组成的维持社会团体、机关、企业等安全运行的系统。某些系统的形态并不是一成不变的，它是随着人们认识客观世界的深度，以及改造客观世界的需要，按照人们提出的分类标准进行划分的。在实际工作中这些系统也并非是孤立存在的，有时是相互交叉、相互依存、相互对立和相辅相成的。

1.1.3 系统的特征

从系统的定义可以看出系统具有整体性、目的性、阶层性、相关性、环境适应性、动态性六个基本特征。

(1) 整体性。系统是由两个或两个以上相互区别的要素（元件或子系统）组成的整体，而且各个要素都服从实现整体最优目标的需要。构成系统的各要素虽然具有不同的性能，但它们通过综合、统一（而不是简单拼凑）形成的整体就具备了新的特定功能，就是说，系统作为一个整体才能发挥其应有功能。所以，系统的观点是一种整体的观点，一种综合的思想方法。

(2) 目的性。任何系统都是为完成某种任务或实现某种目的而发挥其特定功能的。要达到系统的既定目的，就必须赋予系统规定的功能，这就需要在系统的整体的生命周期，即系统的规划、设计、试验、制造和使用等阶段，对系统采取最优规划、最优设计、最优控制、最优管理等优化措施。

(3) 阶层性。系统阶层性主要表现在系统空间结构的层次性和系统发展的时间顺序性。系统可分成若干子系统和更小的子系统，而该系统又是其所属系统的子系统。这种系统的分割形式表现为系统空间结构的层次性。另外，系统的生命过程也是有序的，它总是要经历孕育、诞生、发展、成熟、衰老、消亡的过程，这一过程表现为系统发展的阶层性。系统的分析、评价、管理都应考虑系统的阶层性。

(4) 相关性。构成系统的各要素之间、要素与子系统之间、系统与环境之间都存在着相互联系、相互依赖、相互作用的特殊关系，通过这些关系使系统各元素有机地联系在一起，发挥其特定功能。即系统的各元素不仅都为完成某种任务而起作用，而且任一元素的变化也都会影响其任务的完成。有些要素彼此关联，有些要素相互排斥，有些要素则互不相干。例如生产班组管理系统的人员增加或减少，就会影响到设备装置、工时安排的改变。

（5）环境适应性。系统是由许多特定部分组成的有机集合体，而这个集合体以外的部分就是系统的环境。一方面，系统从环境中获取必要的物质、能量和信息，经过系统的加工、处理和转化，产生新的物质、能量和信息，然后再提供给环境。另一方面，环境也会对系统产生干扰或限制，即约束条件。环境特性的变化往往能够引起系统特性的变化，系统要实现预定的目标或功能，必须能够适应外部环境的变化。研究系统时，必须重视环境对系统的影响。

（6）动态性。世界上没有一成不变的系统。系统不仅作为状态而存在，而且具有时间性的程序。整个人类社会和自然环境的运行中，系统中的各个元素、子系统，都是随着时间的改变而不断改变的。

1.1.4 系统学原理

系统学是系统科学的基础理论学科，为系统工程提供理论依据。作为系统学原理，可以归纳为以下八条。

1. 整体性原理

现代科学技术的飞速发展，使科学研究的对象和人们对它的认识发生了很大的变化，有机的整体取代了被分割的部分。以前认为最基本的部分，如今看来，实际上也是一个可分的由各个部分组成的有机整体。微观世界呈现出来的整体结构与客观世界出乎意料地相似。世界上一切事物、现象和过程，都是有机的整体，自成系统而又互成系统。客观世界的整体性是系统学整体性原理的来源和依据。

2. 相关性原理

系统学的相关性原理，是辩证法的普遍联系观点的具体体现和实际应用。科学技术发展的全部成就，证明了普遍联系观点的真理性，质量和能量的相互转化和守恒定律，揭示了各种物质的状态及其运动状态之间的普遍联系。细胞的发现和达尔文进化论的创立，揭示了生物界内部的普遍联系以及生物和环境之间的联系。门捷列夫的元素周期表，揭示了曾经被认为互不联系、互不依赖的各种元素之间的关系。客观世界就是一个相互联系的整体。世界上一切事物、现象和过程之间的联系是客观存在的，一种事物离开了它和它周围条件的相互联系和相互作用，就成为不可理解和毫无意义的东西。也就是说，事物总是存在于某种系统之中，亦即处于某种联系之中。如果把某一事物从某个系统中分离出来，它们必然又落入另一个系统。因此，相关性原理要求把任何一个事物作为某个系统的一个要素来研究。传统的科学方法主要研究系统内各子系统（或元素）或子系统与元素之间的联系。诸如系统联系、结构联系、功能联系、起源联系等。客观事物存在的联系是多种多样的，联系的多样性，决定了系统的多样性。各类联系间界线的相对性，导致未知联系向已知联系的转化，形成未知系统向已知系统过渡。科学技术发展到某一阶段人们认为互不联系的东西，可能存在新的未知的联系。某些现在看来不成系统的东西，在进一步深入研究后，可能发现就是一个新的系统。从联系的广泛性，可以知道系统的广泛性。从哲学的高度建立起来的相关性原理，为研究系统结构奠定了基础。

3. 有序性原理

凡是系统都是有序的。系统的有序性，是系统有机联系的反映。稳定的联系构成的结构，保障了系统的有序性；本质的联系，形成了系统发展和变化的规律。在研究事物的联系时，最重要的是把握它的规律性。规律所表现的是现象间在一定条件下所具有的本质的、普遍的、必然的联系。对系统有序性的研究，开辟了发现规律的途径；对有序性原理的运用，将在一定程度上帮助人们按规律办事。

任何一个系统，都和周围环境组成一个较大的系统，因此，任何一个系统都是更高一级的系统的一个要素。同时，任何一个系统的要素本身，通常又是较低一级的系统。以科学体系为例，科学与社会组成一个较大的系统，科学是较高一级的系统——社会的一个组成部分，这就需要研究科学的社会地位和功能。科学本身的两个组成部分——自然科学和社会科学，又分别是较低一级的系统，这就必须研究各门学科的关系及发展的不平衡性。若科学作为一个相对独立的完整体系，则必须研究它的一般规律。

系统的稳定联系构成的系统结构，形成了一个纵横交错的立体网络模式，它既可按垂直方向进行描述，以区分子系统的各种层次和等级，也可按水平方向进行描述，以掌握系统的各个组成部分之间的联系。波兰学者 L. 马列茨基等把现代科学整体化的过程，区分为两类：一类为"纵向整体化，即科学与实践相接近，科学的基础研究与应用研究相接近"；另一类为"横向整体化，即跨课题和跨学科的研究"。这种分类，不仅形象地设计了科学整体化过程的系统模式，而且准确地说明了系统科学和系统方法等学科科学横向整体化的产物，它几乎横贯一切学科，反映一切学科的系统属性。

人类的科学知识，按有序程度的高低，可以分为三类：关于事物的直接知识、系统知识和大系统知识。关于事物的直接知识，有很大的局限性。为了认识事物，不应只看到事物本身，而要把它看作一定种类的代表。因此，关于事物的直接知识必然发展到系统知识。系统知识揭示了事物的现实联系、事物的共同性和某些特殊的规律，它是认识事物较高级的形式和阶段。各门学科的知识大都属于系统知识。大系统知识服从于各种规模的各类系统的组合和相互作用，它揭示了客体的一切现实形态和相互作用，这是知识最高级的形式。

4. 动态性原理

动态是指状态与时间的相关性。动态性原理是研究系统元素间的联系随时间的变化规律。

现代科学研究的对象大都是结构复杂和高度活动的系统，系统学中的动态性原理就是适应这种客观需要产生的。我们不仅要研究各种系统发展变化的方向和趋势、活动的速度和方式，而且要探索它们发展变化的动力、原因和规律，从而主动驾驭这些系统，使之造福于人类。动态性原理反映了辩证法的发展原理。

系统发展变化的动力，来自系统内部对立面的斗争和统一，即内在矛盾。自然界的变化，主要是由于自然界内部矛盾的发展变化。社会的变化，主要是由于社会内部矛盾的发展、生产力和生产关系的矛盾、新和旧的矛盾、正确与错误的矛盾的变化。把科学作为一个相对独立的系统来考察，科学的发展动力直接来自科学能力和科研体制的矛盾运动，社会经济等条件的变化是重要的外部原因。科学的进步必须通过科学研究系统内部科学能力的提高和科研体制的改善来推动。

5. 分解综合原理

分解是将具有比较密切结合关系的要素分组化。对系统来说，分解就是分析出相对独立、层次不同的子系统。综合则是完成新系统的设计过程，即选择具有性能好、适用性强以及标准化了的子系统,设计出它们之间的关系,形成具有更广泛价值和特定功能的系统,以达到预期的目的。

系统的分解与综合是系统学的重要原理之一。要设计出新的系统,必须分析已有的系统,已有的系统又是前人分析的综合。可以说不论多大、多复杂的系统,如分解为适当的几个子系统,就能根据过去的经验和知识去处理。如果将这些系统或子系统的特征和性能标准化,并编成程序,运用到计算机中,设计就容易多了。

分解的方法是多种多样的,一般可按结构要素分解,按功能要求分解,按时间序列分解,按空间状态分解等。分解的原则,既要有利于系统设计、可靠,又要便于论证、实施和管理。分解的形式有示意图、关系图、树形图、网络图等。

6. 创造思维原理

管理者的责任在于创造性地工作,工程师的天职在于创造性地设计与施工。创造思维的基本原理有两条:一是把陌生的事物看作熟悉的东西,用已有的知识加以辨别和解决。这是人们惯用的方法,它不只对新的事物给以旧的解释,也能给以新的解释,从而创造出新的理论。二是把熟悉的事物看作陌生的东西,用新的方法、新的原理加以研究,创造出新的理论、新的技术和方法。

创造思维活动极其复杂,它的形式多种多样,并且常常是多种形式互相重叠交错在一起。掌握这条原理,可以克服思维过程中的障碍,通过训练提高创造能力,增强系统设计者的素质,加速系统的综合。

7. 验证性原理

人类的生产活动是最基本的实践活动,是决定其他一切活动的基础。实践是检验真理的唯一标准。人类对于事物的认识,主要依赖于人类社会的生产活动。只有人们的社会实践,也就是验证,才是检验客观世界真理的标准。实际上,在处理系统问题时,无论是管理系统,还是工程系统,要达到预期的目的,只能通过反复的实践、验证、总结,才能产生认识过程的突变,产生新的概念。

一般来说,在处理系统问题时,不能用数学解析式描述系统问题,总是先提出假设,通过试验对可能出现的故障进行分析判断,为执行者提供数据进行核实和检验,以及通过试验为用户提供验收条件,甚至借助试验验证、修正假设和理论。

8. 反馈原理

反馈是输入的信息和资源经过处理后,将结果(即输出)再送回输入状态的程序,并对新输入信息和资源产生影响的过程。反馈使事物本身与周围环境处于动态的统一之中,构成了新陈代谢运动,架起了原因和结果的桥梁。

反馈按控制结果可分为以下两类。

(1) 正反馈。系统的输入与输出的差异是发散的,即加剧该系统正在进行的动态过程,使系统趋于不稳定状态,乃至破坏稳定状态。

(2) 负反馈。系统的输入与输出的差异是收敛的,即倾向于反抗系统正在偏离目标的过程,使系统趋于稳定状态。

现代管理系统,是十分复杂的系统,人、财、物的组合关系多种多样,时空变化和环境影响很大,内部运动和结构在不断变化,随机性很大,组织关系错综复杂,使人的思维、信息的动力作用加大,从而使反馈原理在现代管理中处于十分重要的地位。在安全管理系统中，领导者、安全管理者起着控制作用；信息资料部门起着接收、处理各种安全信息的作用；负责检查工作的部门则起检测作用；执行任务者就起着实现安全目标的关键作用。领导、管理者将安全生产、检修计划指令下达后，必须经常深入基层检查安全措施的执行情况，在职工群众中听取反映，及时根据反馈进行调整、修改安全措施，保证安全生产和检修目标的实现。

1.1.5　系统方法的地位和作用

系统方法是哲学方法和其他科学研究方法之间的中间环节，是唯物辩证法的具体化和实际运用，也是科学理论与实践相结合的工具。它广泛适用于科学研究的各个阶段和各个环节，贯穿于科学研究和人类社会实践的全过程。如今许多传统的研究方法，正在受到和将要受到系统方法的冲击和洗礼。

1. 系统方法是哲学方法和其他科学研究方法之间的桥梁

随着现代科学技术的发展和方法论研究的深入，各种科学的研究方法按照其概括程度和适用范围的不同，分别处于不同的层次。目前，科学方法论按水平方向描述，一般可分为三个层次。

（1）哲学方法。探讨一切科学普遍适用的方法原理，它既指导自然科学的研究，也指导社会科学的研究。

（2）一般科学方法。探讨自然科学和社会科学共同适用或分别适用的一些原则和方法。它具有跨学科性质，能够从一门学科转移到另一门学科。一般科学方法包括数学方法、控制论方法、信息方法、系统方法和基本的逻辑方法，它们是自然科学和社会科学都适用的；观察方法和试验方法等适用于自然科学，社会调查和典型试验等适用于社会科学，这两类方法也列入一般科学方法的范畴。

（3）专门科学方法。探讨各门科学专门的具体方法和技术。例如在安全管理系统中，运用安全系统工程的事故树方法来预测事故发展的规律性等。

系统方法在方法论体系中的地位属于第二层次，发挥一般科学方法的功能。它是在辩证法的指导下形成自己的方法论，在各门学科运用系统方法的基础上概括出一套专门的概念工具。系统方法包含的哲学内容十分丰富，需要认真探讨，这也会促进哲学的发展。

系统方法为科学知识数学化提供中间过渡模式，加快了各门科学数量化的进程。以控制论为理论指导的功能模拟方法，是以事物、机器以及社会现象中所普遍存在的某些功能和行为的相似性为基础，模拟原型的功能和行为的方法。以信息论为基础的信息方法，就是把有目的的运动，看作一个信息的获取、传递、加工和处理的过程，把系统内外各种因素的相互关系，看作信息的交换过程而加以研究的方法。功能模拟方法和信息方法，作为系统方法的研究范围，从其概念可知它们之间的关系是十分密切的。

系统方法在研究社会现象时，比其他任何方法更能把分析和综合、归纳和演绎等方法有机地结合起来，因而为应用数理逻辑方法和现代电子计算机开辟了广阔的道路。

由此可见，系统方法一方面与哲学方法——唯物辩证法直接衔接，另一方面又与其他科学方法紧密结合，它在促进科学方法论知识的整体化，加强哲学与自然科学、技术科学、社会科学的联系方面，发挥着越来越重要的作用。

2. 系统方法既是确定目标的方法，又是实现目标的方法

各种科学研究方法，按照它们在认识过程中的功能一般可分为确定目标的方法和实现目标的方法。实现目标的方法又分为接受信息的方法和加工信息的方法。前者包括观察方法、试验方法以及调查方法；后者包括分析法和综合法、归纳法和演绎法、科学抽象法等。这样，科学方法论体系就形成一种垂直方向的结构。系统方法则横贯并作用于各种科学研究方法，在确定目标和实现目标两个方面，都形成了一些新的专门方法和技术。

系统方法在确定目标方面发挥的重要功能是加强了传统的科学方法论研究中主要关心和侧重实现目标的方法，而较忽视确定目标方法的研究这个比较薄弱的环节。确定目标的过程也是一个认识过程，其中包括接受信息，获得感性材料以及加工信息，整理感性材料，上升到理性认识两个阶段。随着科学技术的进步和社会的发展，人们在现代的科学研究活动中，创造和发展了一系列先进方法，如系统分析，使确定目标的方法程序化、精确化，从而使这种方法的效果达到最佳化。

系统分析要求对特定的问题进行周到和必要的调查，掌握大量数据资料，运用数学方法和计算机进行精确运算，针对目标制定各种可行和适用的方案，提出可行的建议，帮助决策者进行最佳决策。它全面贯彻了系统方法的基本原则。实践证明，这是确定目标和制订计划的现代化的科学方法。

1.2 系统工程简介

系统工程是系统思想在工程上的实践。所谓工程，是将自然科学原理应用到各系统中而形成的各学科的总称，如环境工程、水电工程、管理工程等。系统工程是对系统进行合理规划、研究、设计和运行管理的思想、步骤、组织和技巧等的总称，它是以实现系统最优化为目的的一门基础科学，是一种对所有系统都具有普遍意义的科学方法。这个定义表示：①系统工程属工程技术范畴，主要是组织管理各类工程的方法论，即组织管理工程；②系统工程是解决系统整体及其全过程优化问题的工程技术；③系统工程对所有系统都具有普遍适用性。

系统工程是 20 世纪 50 年代发展起来的一门新兴科学，是以系统为研究对象，以现代科学技术为研究手段，以系统最佳化为研究目标的工程学。

系统工程从系统的观点出发，跨学科地考虑问题，运用工程的方法去研究和解决各种系统问题。具体地说，就是运用系统分析理论，对系统的规划、研究、设计、制造、试验和使用等各个阶段进行有效的组织管理。它科学地规划和组织人力、物力、财力，通过最佳方案的选择，使系统在各种约束条件下，达到最合理、最经济、最有效的预期目标。它着眼于整体的状态和过程，而不拘泥于局部的、个别的部分。这是因为系统工程采用了新的方法论，这种方法论的基础就是系统分析的观点，即一种"由上而下""由总而细"的方法。它不着眼于个别单元的性能是否优良，而是要求巧妙地利用单元间或子系统之间的相互配合与联系，来优化整个系统的性能，以求得整体的最佳方案。

1.2.1 系统工程的发展概况

19 世纪后半叶及 20 世纪初先后出现了电子系统工程学、控制系统工程学、人机系统工程学等学科，大大促进了 20 世纪科学技术如航天技术以及计算机技术的发展，同时，也促使军事技术迅速发展，在第一次和第二次世界大战中得到广泛的应用。

20世纪30年代末，英国面临德国的侵略，一批科学家研究雷达系统的运用问题，创造了"运筹学"一词来命名这个应用科学的新分支。在第二次世界大战期间，运筹学逐步推广到军事决策和战争指挥，著名的大西洋潜艇战役和北非登陆战役，都借助于运筹学取得了胜利。这是系统工程的萌芽。

20世纪40年代初，美国贝尔电话公司首先创造了"系统工程"这一学科名称，在发展微波通信网络时，初步运用了系统工程的方法。以后，贝尔公司和丹麦哥本哈根电话公司在电话自动交换机的工程设计中运用了系统方法。美国研制原子弹的曼哈顿计划，采用系统工程方法获得成功，成为典型事例。1940年，爱因斯坦等科学家提出研制原子弹的建议，美国总统罗斯福采纳后，请理论物理学家奥本海默来组织领导这项军事科研生产计划。他动员了15000名科学家和工程师，组织各种专业科技人员进行全面合作。在执行计划的过程中，奥本海默从整体出发，把研究课题逐级分解为许多小课题，组织相应的小组分别从事各个相同或不同课题的研究工作；他非常重视各项课题之间的联系，注意它们的等级和层次，随时进行协调，使所有课题结合起来达到整个计划的最优结构；在生产原子弹材料的中心研究项目方面，他组织大家仔细研究，提出六七千个方案同时试用，在实践中比较优劣。1944年5月，第一颗原子弹爆炸成功，这是大规模地组织起来顺利地完成一项军事科研生产任务的著名实例，是系统工程方法应用的胜利。

1967年，举世瞩目的美国航天局阿波罗登月计划的实现，是正式运用系统工程的巨大成功。这一规模巨大的载人登月计划，参加的科学家和工程师达42万人，投资300亿美元，参加单位2万多个，历时11年完成全部任务。这是科技史上的伟大壮举，它标志着人类在组织管理的技术方面正在走向一个新的时代。由此引发的美苏在航天技术上的相互竞争，促进了各个学科之间的相互渗透，使得系统的原理和方法在实用科学领域的应用和发展出现了前所未有的高潮。同时，世界范围内重大事故频频发生，引起了人们对系统可靠性和安全性的研究和开发的高度重视，出现了运用系统的原理和方法对系统安全进行研究的科学方法。为其他科学领域的飞跃，提供了可靠的理论基础和实践基础。

钱学森教授对系统工程的建立和发展，做出了重大的贡献。首先，他提出了一个清晰的现代科学技术的体系结构，认为从应用实践到基础理论，现代科学技术可以分为四个层次：第一个层次是工程技术；第二个层次是直接为工程技术做理论基础的技术科学；第三个层次是基础科学；第四个层次是通过进一步综合、提炼达到最高概括的马克思主义哲学。整个科学技术包括自然科学、社会科学、系统科学、思维科学和人体科学五大门类。其次，他提出了一个清晰的系统科学结构。作为现代科学技术五大门类之一的系统科学，是由系统工程的工程技术，系统工程的理论方法，像运筹学、控制论和信息论这类技术科学，以及系统的基础理论，像系统学等组成的一个新兴科学技术部门。钱学森教授对系统科学的发展，还表现在他认为系统工程是组织管理的技术，并使之定量化，以便运用数学方法；系统工程是一大类工程技术的总称，而不是一个单一的学科，正如人们传统理解的工程是土木、机械、机电等工程的总称一样。于是便将"人各一词，莫衷一是"的情况澄清为"分门别类，共居一体"。这就给系统工程一个确切的描绘，进而论述了系统工程在整个系统科学体系中所处的地位。钱学森教授一生秉持着"初心为国，科技强国"的使命担当，做出了许多开创性贡献。

"两弹一星"功勋科学家：钱学森

系统工程在我国已受到普遍的重视和应用。在全面质量管理、计划评审技术、库存管理、价值工程等方面的应用都取得了显著效果；在生态、区域、能源规划和人口控制、教育系统以及各类工程系统中也得到了较好的应用。

1.2.2 系统工程的定义

系统工程（System Engineering）是为了使系统性能的公认尺度达到最大而进行的关于许多系统元素相互间复杂关系的设计，在设计时对以任何方式和系统相关联的所有因素加以考虑，包括人力的利用以及该系统各个组成部分特性的利用。它是一种管理方法，是一种用于管理系统的规划、研究、设计、制造、试验和使用的科学方法。

系统工程是以系统为研究对象的一门边缘学科。它是根据总体协调的需要，把自然科学和社会科学中的某些思想、理论、方法、策略和手段等有效地结合起来，应用于人类实践，运用系统理论、现代数学、控制论、信息论和计算机等工具，对系统的构成要素、组织机构、信息交换和自动控制等功能进行分析研究，从而达到最优设计、最优控制和最佳管理的目的，是为更加合理地研制和运用系统而采取的各种组织管理技术的总称。也可以简单地定义为：系统工程是组织管理"系统"的规划、研究、设计、制造、试验和使用的科学方法，是一种对所有"系统"都具有普遍意义的科学方法。这个定义，比较明确地表述了三层意思：系统工程属于工程技术，主要是组织管理的技术，是解决工程活动全过程的工程技术，这种技术具有普遍的适用性。

1.2.3 系统工程的理论基础

系统工程是一门边缘学科，涉及很多学科，但究其理论基础，大致可分为两类：共同理论基础和分支理论基础。

共同理论基础是奠定和发展系统工程理论和方法的专业知识。如运筹学、控制论、信息论、计算科学等，其发展为系统工程提供了理论和方法，对系统分析、综合、优化和控制提供了可靠的理论依据和手段。

系统工程的分支理论基础是系统工程实践中所需的专业知识。它是系统工程应用到某一特定领域时所需的特殊理论基础。如安全系统工程是系统工程在安全领域中的应用，应用时，必须以安全工程为其理论基础，才能解决生产过程中的安全问题，并使之达到最优状态。

1.2.4 系统工程的特征

系统工程的基本原理就是用管理工程的办法组织管理整个系统。它以系统为对象，把要组织和管理的事物，用概率、统计、运筹和模拟等方法，经过分析、推理、判断和综合，建成某种系统模型，以最优化的方法，求得最佳化的结果，使系统达到技术上先进、经济上合算、时间上节约、能协调运转的最优效果。因此，它具有以下特征：

（1）优化的方法使系统达到最佳。

（2）与具体的环境和条件、事物本来的性质和特征的密切相关性。

（3）它着眼于整个系统的状态和过程，而不拘泥于局部的、个别的部分，它表现出系统最佳途径并不需要所有子系统都具有最佳的特征。

(4) 它包含着深刻的社会性，涉及组织、政策、管理、教育等上层建筑因素。

(5) 它的精华在于，它是软技术，即在科学技术领域，由重视有形产品转向更加重视无形产品带来的效益。

1.2.5　系统工程的基本观点

根据系统工程的特征，在处理问题时，以下一些系统工程的基本观点是值得强调的。

1. 全局的观点

就是强调把要研究和处理的对象看成一个系统，从整个系统（全局）出发，而不是从某一个子系统（局部）出发。例如美国喷气推进实验室早就研究喷气发动机，后来美国陆军希望搞一个"下士"导弹系统，它涉及弹头、弹体、发动机和制导系统等。当时想用该实验室研制的发动机，由于开始没有从总体考虑，只是把已有的东西（各个系统）进行了拼凑，虽然可以使用，但造价昂贵，不便维修，很不成功。后来搞"中士"导弹系统，该实验室提出要参与整个导弹系统的设计，即也对全系统的"特定功能"有所了解，而且要求了解设计、生产、使用的全部过程，结果"中士"导弹系统各个方面的功能大大得以改进。

全局性的观点承认并坚持：凡是系统都要遵守系统学第一定律，即系统的属性总是多于组成它的元素在孤立状态时的属性；在复杂系统内部或这个复杂系统和环境中其他系统之间，存在着复杂的互依、竞争、吞噬或破坏关系；一个系统可以在一定的条件下由无序走向有序，也可以在一定的条件下由有序走向无序；对于非工程系统的研究，必须保证模型和原系统之间的相似性等基本观点。

2. 总体最优化的观点

人们设计、制造和使用系统最终是希望完成特定的功能，而且总是希望完成的功能效果最好。这就是所谓最优计划、最优实际、最优控制和最优管理和使用等。这里需要使用运筹学中的优化方法、最优控制理论、决策论等。值得注意的是近年来关于多目标最优性的讨论，由于考虑的功能很多，有的系统方案在这方面功能较好，而另一方面较差，很难找到一个十全十美的系统。因此在一些互相矛盾的功能要求中，必须有一个合理的妥协和折中，再加上定性目标的研究有时很难做到定量的最优化。因此，近年来有人开始提出"满意性"的观点，也就是总体最优性的观点。

系统总体最优性包含三层意思：一是空间上要求整体最优；二是从时间上要求全过程最优；三是总体最优性是从综合效应反映出来的，它并不等于构成系统的各个要素（或子系统）都是最优。

3. 实践性的观点

系统工程和某些学科的区别是它非常注重实用，如果离开具体的项目和工程也就谈不上系统工程。正如钱学森同志指出的："系统工程是改造客观世界的，是要实践的。"当然，实践性并不排斥对系统工程理论的探讨和对其他项目系统工程经验的借鉴。

4. 综合性的观点

由于复杂的大系统涉及面广，不但有技术因素，还有经济因素、社会因素等，仅靠一两门学科的知识是不够的，需要综合应用诸如数学、经济学、运筹学、控制论、心理学、社会学和法学等各方面的学科知识；由于一个人所掌握的学科知识有局限性，所以系统工程的研

5. 定性和定量分析相结合的观点

运用系统工程来研究并解决问题，强调把定性分析与定量分析结合起来。这是因为在处理一些庞大而复杂的系统时，经典数学的精确性与这些大系统的某些因素的不确定性存在着不少矛盾。因此，在对整个系统进行定性分析和定量分析时，必须合理地将定性分析与定量分析有机地结合起来。脱离定性研究来进行定量分析，就只能是数学游戏，不能说明系统的本质问题；同样，只注意对系统进行定性分析，而不进行定量研究，就不可能得到最优化的结果。

1.3 系统分析的基本内涵

系统学原理认为，世界上各种对象都是由具有内在联系的各部分组成的有机整体。整体的效果和功能，不仅取决于其组成部分的效果和功能，而且还取决于它们的相互联系和相互作用，还受到环境条件的限制。系统工程研究的对象主要是复杂系统。这些系统与环境的关系、与子系统的关系以及子系统之间的关系一般说来都非常复杂，不仅涉及工程领域，还涉及社会、经济和政治领域；除有确定的因素外，还存在着许多不确定的矛盾因素。对这些因素能否及时了解、掌握和正确处理，将影响到系统整体功能和目标的完成。系统本身的目标和功能是否合理也需要研究。不明确、不恰当的系统目标和功能，往往会给系统的生存带来严重的后果。因此，不论是组建新系统或是改进现有系统，都必须对系统的目标和功能、环境以及系统内部关系进行认真分析，做出正确的决策，使系统和环境相适应，系统内部相互协调，以保证系统整体功能和目标的完成。系统分析就是完成此项任务的中心环节，在系统工程中起着最重要的作用。

1.3.1 系统分析的概念

关于系统分析的概念有许多说法。一般说来，系统分析就是从系统总体出发，对需要改进的已有系统或准备创建的新系统使用科学的方法和工具，对系统目标、功能、环境、费用效益等进行调查研究，并收集、分析和处理有关资料和数据，据此建立若干备用方案和必要的模型，进行模拟、仿真试验，把试验、分析、计算的各种结果进行比较和评价，并对系统的环境和发展做出预测，在若干选定的目标和准则下，为选择对系统整体效益最佳的决策提供理论和试验。与技术经济分析不同，系统分析从系统总体最优出发，采用各种分析工具和方法，对系统进行定性和定量分析。它不仅分析技术经济方面的有关问题，而且还分析包括政策、组织体制、信息、物流等各有关方面的问题。

系统分析是一种辅助决策工具。借助系统分析，决策者可以获得对问题的综合和整体的认识，既不忽略内部各因素的相互关系，又能顾及外部环境变化带来的影响。特别是系统分析借助各种模型、模拟试验和定量计算，可为决策者提供可靠的数据依据。显然，科学的系统分析会使决策建立在科学的基础上，以最有效的策略解决复杂的问题，顺利地达到系统的各项目标。

系统分析的目的和作用如图 1-1 所示。

图 1-1　系统分析的目的和作用

1.3.2　系统分析的特点

（1）以整体为目标。系统分析以发挥系统整体最大效益为准则，而不是局限于个别子系统，以防顾此失彼。系统分析以特定问题为对象。系统分析是一种处理问题的方法，有很强的针对性，其目的在于寻求解决特定问题的最优方案。

（2）运用定量方法。系统分析解决问题不是单凭主观臆断、经验和直觉。在许多复杂情况下，必须以相对可靠的数学资料为分析依据，保证结果的客观性。

（3）凭借价值判断。系统分析不但使用定量方法找出系统中各要素的定量关系，还要依靠直观判断和经验的定性分析，凭借价值判断，综合权衡，以判别由系统分析提供的各种不同策略可能产生的效益优劣，从中选择最优方案。

1.3.3　系统分析的原则

系统的性质取决于系统的要素以及要素之间的相互关系，又受到环境的影响，关系错综复杂，存在着许多矛盾的因素。因此，在系统分析时，必须认真协调和处理好各种因素的相互关系，特别是对复杂系统进行分析时，应遵循下列原则。

（1）外部条件和内部条件相结合。系统的性能不仅取决于系统的内部结构，还受环境条件的制约。在分析一个系统时，应将系统内部、外部各种有关因素结合起来考虑。

（2）当前利益和长远利益相结合。选择一个比较好的方案，不仅要从当前利益出发，而且要考虑到长远利益。只顾当前利益不考虑长远利益的方案是不可取的；对当前不利而对长远有利，也是不理想的；对当前和长远都有利，才是最理想的方案。

（3）局部效益和整体效益相结合。局部效益好并不意味着整体效益也很好，整体效益好往往要求某些局部效益做出一定的牺牲。系统分析要求整体效益最优化。局部效益好但整体效益不好甚至有损失的方案是不可取的；局部效益低而全局效益好的方案才是可取的。

（4）定量分析与定性分析相结合。定量分析是指数量指标的分析，可用实现模型表示，这是评价方案优劣的依据。但绝不能忽视定性因素如某些政治、政策、心理因素、社会效果等。这些因素无法用数学模型表示，只能进行定性分析，即根据经验主观判断和统计分析来解决。此外，定量分析必须以定性分析为指导，不对系统作深入了解，就不能建立探讨定量分析的数学模型。定性和定量两者应结合起来综合分析，或者互相交错进行，才能达到优化的目的。

1.3.4　系统分析的方法和工具

系统分析没有一套特定的普遍适用的技术方法，根据分析对象和分析的问题不同，所使用的具体方法也不同。一般来说，系统分析的各种方法可分为定性和定量的方法两大类。

定量方法主要是运用统计学和运筹学中各种模型化和最优化的方法，如线性规划、动态规划、网络技术、排队论、投入产出分析、决策分析等。定量方法适用于系统机理清楚、收集到的信息准确、可建立数学模型等情况。如果要解决的问题涉及的机理不清，收集到的信息不准确、模糊不清，或是伪信息，难以形成常规的数学模型，可以采用定性分析方法。定性分析方法有专家调查法、头脑风暴法、冲突分析法、层次分析法等。

系统分析的工具主要是计算机。系统工程的主要研究对象是规模庞大、结构复杂、层次丰富的复杂系统，涉及大量信息的收集、处理、存储、汇总、分析。另外，系统中往往存在着许多不确定的或互相矛盾的因素，为弄清这些因素和系统功能之间的关系，需要建立相应的模型，进行复杂的科学计算、仿真试验。这些都只有借助计算机才能完成。

1.3.5 系统分析的应用范围

系统分析工作的重点应放在系统发展规划方面，系统的发展规划对系统开发的前途、命运起着主导作用。从管理系统来说，主要应用于以下几个方面。

（1）在制定系统规划方案时，应将各种资源资料条件、统计资料以及生产目标要求等，运用规划论的分析方法寻求最优化方案，然后综合其他因素，在保证系统协调一致的前提下，对系统的输入、转变到输出进行均衡，从中选择一个比较满意的规划方案。

（2）对重大工程项目的组织管理，要运用网络分析方法进行全面的计划协调和安排，以保证工程项目中各个环节相互密切配合，按期完成。

（3）在选择厂址和工厂规模时，应考虑原材料的来源、能源、运输以及市场等客观条件与环境因素，运用系统分析进行技术论证，集思广益，制定出适合我国国情、技术上先进、生产上可行、经济上合理的最优方案。

（4）在设计一个新产品时，应对新产品的使用目的、结构、用料以及价格进行价值分析，再根据分析的结果来确定新产品最适宜的设计性能、结构、用料选择和市场接受的价格水平等。

（5）在资金成本管理中，要做到预算控制，对生产活动的技术改造和技术革新措施，都要进行成本盈亏分析，然后再决定哪一种方案更为经济合理。

（6）厂内的生产布局和工艺路线组织方面，要对人员、物价和设备等各种设施所需要的空间做出最恰当的分配和安排，并使相互间能有效地组合和安全运行，从而使工厂获得较高的经济效益。

（7）在编制生产作业计划时，可以运用投入产出分析方法，使零部件投入产出与生产能力平衡，确定最合理的生产周期、批量标准和在制品的储备周期，并运用调度管理，安排好加工顺序和装配线平衡，实现准时生产和均衡生产。常见的系统分析内容有环境分析、目标分析、功能分析和价值分析等。

（8）对工厂企业安全管理体系进行安全分析时，要了解安全管理现状，分析安全管理目标，实现企业的安全生产目标。

1.3.6 系统分析的要素

系统分析的要素有目标、方案、费用效果、模型和评价基准。

（1）目标。是为了达到一定的目的而对系统对象设计所期望达到的结果和方向，是目的的具体化，是系统分析的出发点。经过分析确定的目标应是具体的、有根据的、可行的。

（2）方案。一般情况下，为达到一定的目的和所期望的目标，可采用多种手段，这些手段为可行性方案。系统分析要求尽量列举各种替代方案，并且估计它们可能产生的结果，以利于分析研究和选择。可行性方案是选优的前提，没有足够数量的可行性方案就没有优化。在列举各种方案时要考虑两点：一是所运用的方法是否可行；二是所采用的方案是否可靠。

（3）费用效果。为实现系统目标就必须投入，其实际支出就是费用。费用有可用货币表示的费用和非货币支出的费用两种。后者如失去的机会、所做的牺牲等。为了某种目的而选择的特定手段，使得一些资源或时间不能用于其他目标，所以会产生牺牲。

效果就是达到目的所取得的成果。它有"效益"和"有效性"两种指标。效益可以用货币表示，而有效性是通过货币以外的指标来衡量的。效益又有直接效益和间接效益之分。

为达到一定的目标，不同的替代方案消耗的资源不同，产生的效果也不同。费用与效果的分析与比较是决定方案取舍的重要标志。在分析和对比时，除考虑货币支出费用和效益外，还必须注意非货币支出的费用和有效性。

（4）模型。模型是对研究对象的某一方面本质属性的简化、模拟和抽象，是分析研究对象的有关因素之间关系和规律的有力工具。因为人和现实系统本身总是十分复杂，特别是在各种替代方案实施之前，尚不能对系统本身进行比较，分析各种方案的优劣。借助模型可进行这种分析比较。通过模型可以预测出各种替代方案的目标、性能、费用与效益、时间等指标情况，以利于方案的分析和比较，模型的优化和评价是方案论证的判断依据。

（5）评价基准。它是衡量可行性方案优劣的指标。由于系统往往是多目标，用单个指标来评价是不充分的，必须用一组互相联系的可以比较的指标来衡量，这就是系统的指标体系。不同的系统可有不同的指标体系，可根据有关要求具体地去确定。有了指标体系，就可以分析各种可行性方案对各项指标的实现程度，并进行综合评价，权衡利弊，确定出各种方案的优劣顺序。

1.3.7 系统分析的步骤

人们在从事系统工程的研究工作中逐步形成了一套科学的工作方法和步骤，这些步骤的划分并不是一成不变的，有的把一个步骤分成几步来做，有的则相反。目前，一般采用美国学者霍尔（A. D. Hall）1969年提出的系统工程"三维结构体系"作为系统分析步骤的基础。

霍尔将系统工程的活动，按时间顺序分成七个阶段，又把每个阶段按解决问题的逻辑关系分成七个步骤，同时考虑完成各个阶段和步骤所需要的专业知识，组成一个立体空间结构，即时间维、逻辑维和知识维，称为系统工程的三维结构，如图1-2所示。它为系统工程提供了一个立体思维方法。

1. 逻辑维

逻辑维是解决问题的思维过程，是系统开发时所经历的工作程序体系。一般把这一过程分为七个步骤。

（1）摆明问题。收集有关信息，摆出问题，并说明问题的症结所在。

（2）指标设计。确定解决问题的目标及评价标准。

（3）系统综合。拟定达到目标可能采取的各种策略和方案，并对其做出必要的评价与说明。

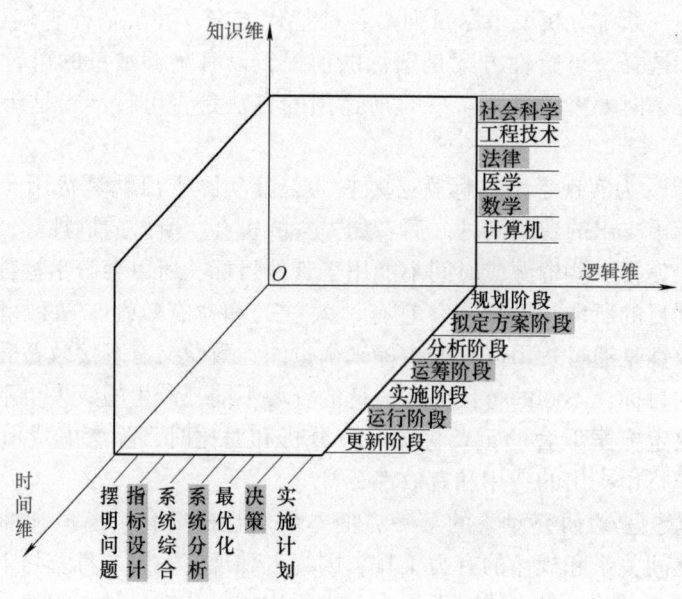

图1-2 系统工程的三维结构体系

(4) 系统分析。建立模型,进行综合研究,对各方案进行比较,为最优化打下基础。

(5) 最优化。在系统分析的基础上,选定各个策略参数,使之最优化地满足评价标准。

(6) 决策。对各种方案进行分析比较,选择其中最优化方案,做出决策。

(7) 实施计划。组织实施已定的决策方案。

2. 时间维

时间维是系统从计划到使用、更新的全过程按时间顺序分工的工作阶段,一般分为七个阶段:

(1) 规划阶段:确定系统开发目标和计划阶段。

(2) 拟订方案阶段:制定或设计系统开发的方法。

(3) 分析阶段:为实现方案进行研究。

(4) 运筹阶段:通过具体计算、分析,对方案进行技术修订。

(5) 实施阶段:实施确定的方案。

(6) 运行阶段:将系统处于运转状态(工作状态)。

(7) 更新阶段:对系统中存在的问题进行改善,或系统经过长时间运行后,进行更新改造。

3. 知识维

知识维是在系统分析、综合、优化、实施等过程中所需要的基础和专业知识,除系统工程的理论基础外,还需要用到社会科学、法律、医学、人机工程学等。

从以上分析可以看出,系统工程方法论既把研究对象作为一个整体,又把每个研究过程看作一个整体,如时间维中规划阶段需采用逻辑的思考过程,从整个时间阶段来看也需采用逻辑维的步骤,这就是系统工程方法论的基本指导思想。将上述7个逻辑步骤和7个时间工作阶段归纳起来,就可以构成系统工程的活动矩阵(见表1-1)。

表 1-1　系统工程的活动矩阵

时间维		逻辑维						
		1	2	3	4	5	6	7
		摆明问题	指标设计	系统综合	系统分析	最优化	决策	实施计划
1	规划阶段	a_{11}	a_{12}	a_{13}	a_{14}	a_{15}	a_{16}	a_{17}
2	拟订方案阶段	a_{21}	a_{22}	a_{23}	a_{24}	a_{25}	a_{26}	a_{27}
3	分析阶段	a_{31}	a_{32}	a_{33}	a_{34}	a_{35}	a_{36}	a_{37}
4	运筹阶段	a_{41}	a_{42}	a_{43}	a_{44}	a_{45}	a_{46}	a_{47}
5	实施阶段	a_{51}	a_{52}	a_{53}	a_{54}	a_{55}	a_{56}	a_{57}
6	运行阶段	a_{61}	a_{62}	a_{63}	a_{64}	a_{65}	a_{66}	a_{67}
7	更新阶段	a_{71}	a_{72}	a_{73}	a_{74}	a_{75}	a_{76}	a_{77}

从系统工程的"三维结构体系"得到系统分析的基本步骤。

(1) 限定问题。问题就是实际情况与理想状态之间的差距。实际情况与人们原来的要求、设想不符，使人们感到不能满意、不能容忍时，就可说是出了问题。系统分析的主要目的是寻求解决特定问题的最优方案。显然，进行系统分析，首先要明确所要解决的问题，弄清问题的实质。问题常常不是一目了然的，往往为一些表面现象甚至假象所掩盖而不易察觉。为了准确地发现问题，需要收集有关资料和数据，掌握对象的历史和现状，预测未来发展趋势，进行纵横比较，甚至组织专家进行诊断。问题发现后，进一步的工作就是限定问题。通常，问题是在一定的外部环境条件下和系统内部发展的需要中产生的，有其本质属性和存在的范围，只有明确了问题的性质和存在的范围，在系统分析时才能有可靠的起点。限定问题就是明确问题的实质和范围，也就是弄清要解决的到底是什么问题，性质如何，严重程度怎么样，涉及哪些因素，应把哪些因素作为系统来研究，环境因素是什么。显然，界限与被研究的问题有很大的关系，问题不同，界限也不同。不能正确地构成问题，或者问题的范围过窄、过宽，或问题的重点和关键不明、不对，就不可能搞好系统分析。

(2) 确定目标。弄清并提出为解决问题需要达到的目标。有了明确的目标，系统分析才能有的放矢，才能判断问题能否解决。系统可能只有单一目标，也可能有多个目标，复杂系统都是多目标系统。所确定的目标应明确、具体，应尽可能定量表示（也称指标），以便于定量分析；对那些不能进行定量描述的目标也应用文字说清楚，对这些目标只能进行定性分析。

(3) 收集资料，提出方案。系统分析需要有可靠的数据和资料。资料来源包括统计调查资料和预测资料。收集资料可借助于调查、试验、观察、记录以及引用国外资料等方式。收集资料的要求是：第一，具有完整性，切忌盲目性，往往资料很多，但是并不都有用，应对照目标尽可能地收集和整理有关的直接和间接资料；第二，具有可靠性，对说明重要目标的资料必须经过反复核对和推敲。

方案是指达到目标的各种策略，达到同一特定目标可能有多种不同的方案。紧紧围绕所确定的目标，根据收集的资料找出影响目标的诸因素，集思广益，提出能达到目标的各种替代方案。

（4）建立模型。通过构造模型简化系统，确认影响功能和目标的因素及其影响程度、因素之间相互关系及其与环境因素之间的关系，以定量形式表示。

（5）分析效果。通过模型对各种替代方案可能产生的结果和目标能够达到的程度进行分析。比如费用指标，则应考虑投入的人力、设备、资金等，不同方案的输入、输出不同，其结果也不同。当模型复杂、计算工作量大时，应使用计算机进行计算或者模拟。

（6）综合评价。在上述定量分析的基础上，进一步考虑定性因素，以评价基准为尺度，对各种替代方案进行比较，排出优先顺序，最后选出一个或几个可供决策者选择的方案，以供参考。如对选择的方案不满意，可返回到开始步骤，重新分析。

以上只是一般步骤，对实际问题，应根据具体情况，采取不同的具体方法和步骤。

1.4 安全系统及安全系统工程

安全系统工程是运用系统论的观点和方法，结合工程学原理及有关专业知识来研究生产安全管理和工程的新学科，是系统工程学的一个分支。

1.4.1 基本概念

1. 安全与危险

安全和危险是一对互为存在前提的术语，在安全评价中，主要是指人和物的安全和危险。安全，是指免遭不可接受危险的伤害。它是一种使伤害或损害的风险限制处于可以接受的水平的状态。安全程度用安全性指标来衡量。其实质就是防止事故，消除导致死亡、伤害、急性职业危害及各种财产损失发生的条件。危险也是一种状态，指存在引起人身伤亡、设备破坏或降低完成预定功能能力的状态。当存在危险时，就存在产生这些不良影响的可能性。危险性表示危险的相对程度。

无论是人类社会还是自然界中都存在着各式各样的危险，人们在生产、生活过程中始终伴随着危险的出现。有的是由于自然灾害所造成的危险（如地震、洪水、飓风等），有的是由于人类活动引起的危险（如交通事故、飞机失事、火灾爆炸等）。

危险是人们所不愿意见到的可以造成人身伤害、环境破坏、财产损失的威胁。人们在现实生活中始终面临着大量的危险（如自然灾害的伤害、生产过程的事故等）。通常人们采用危险性大小来衡量危险程度。危险性是对危险系统的客观描述，说明危险的相对程度。它用危险概率和危险严重度来表示危险可能导致的后果。危险概率是发生危险的可能性。它可用定量的方法来表示，一般用单位时间内危险可能出现的次数来描述。危险严重度是对危险造成结果的评价。

生活在现实世界里的每一个人都要面临大量的危险。面对众多的危险，人们不断努力去追求所谓的安全。按一般的理解，安全是没有伤害、损害或危险，不遭受危害或损害的威胁，或免除了伤害的威胁。然而世界上没有绝对的安全，安全即为没有超过允许限度的危险。按此理解，安全也存在危险，只不过其危险性很小，人们可以接受它。这种没有超过允许限度的危险被称作可接受的危险。

所谓可接受的危险，是来自某种危险源的实际危险，但是它不能威胁有知识而又谨慎的人。例如，在交通拥挤的道路上骑自行车，虽然能发生交通事故，但是人们仍然愿意骑车代步。

被社会公众所接受的危险称为"社会允许危险"。在安全评价中,社会允许的危险是判别安全与危险的标准。

安全是一个相对主观的概念,安全是一种心理状态。对于同一事物是安全还是危险的认识,不同的人是不一样的;即使同一个人当其具有不同的心理状态、不同的立场、不同目的时,对危险的认识也是不同的。

研究表明,有许多因素影响着人们对危险的认识程度。一般来说,当人们进行某项活动时,可能获得的利益越多,所能承受的危险程度越高。如图1-3所示,处于 A 处且相对获得的利益较少的人认为是安全的,而处于 B 处且获利较多的人也认为是安全的。美国原子能委员会曾引用它的利益与危险关系图来说明人们从事非自愿的活动所获得的利益与承受的危险之间的关系,如图1-4所示。

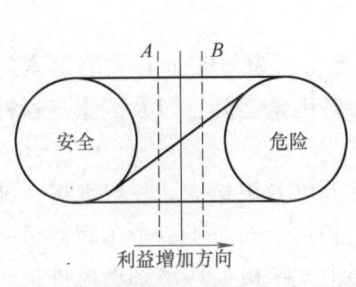

图1-3 社会允许的危险

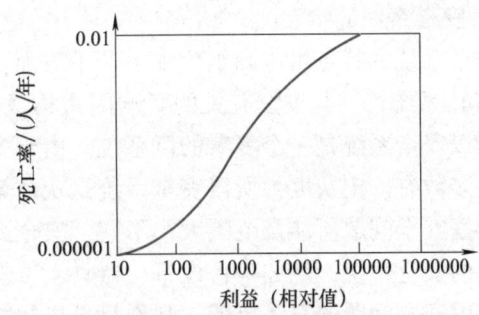

图1-4 利益与危险关系

影响可接受危险程度的因素还包括人们是否自愿从事某项活动,危险的后果是否立即出现,对危险的认识程度等。

经过研究人们对危险的认识和实际危险之间的关系,容易得到如下结果:

(1) 人们往往认为疾病死亡人数低于交通事故死亡人数,实际上前者是后者的若干倍。

(2) 低估了一次死亡人数少,但大量发生的事故的危险性。

(3) 高估了一次死亡许多人,但很少发生的事故的危险性。

在人们的心目中一般认为平均每年中只导致一次死亡300人的社会活动比导致平均每天死亡1人的社会活动更加危险。出现这种情况的原因是一些精神的、道义的和社会心理因素起的作用。

2. 安全标准

安全是一个相对的、主观的概念。评定状态是否安全需要有一个界限、目标或标准,通过与定量化的风险率或危害程度进行比较,判定其是否达到人们所期盼的安全程度。我们把这个标准称为安全标准。受技术、资金等因素的制约,危险是不可能完全杜绝的。安全标准实际上是一个社会各方面可以接受的危险度。

确定安全标准的方法有统计法和风险与收益比较法。对系统进行安全评价时,也可以对评价得到的危险指数进行统计分析,确定使用一定范围的安全标准。

对于有统计数据的行业,常用事故可能造成人员的伤亡或事故可能造成的经济损失作为制定安全标准的依据。根据海因利希事故调查报告统计规律：

$$死亡（重伤）：轻伤：无伤害 = 1：29：300$$

因而可以通过死亡率来推断伤亡情况，平均死亡率便可作为安全标准制定的依据。例如英国化学工业的 FAFR（工作一亿个小时的死亡率）为 3.5，英帝化学公司（ICI）提案取 0.35 作为安全标准。而美国各公司的安全标准大都取各行业安全标准的十分之一。

1.4.2 安全系统及其特点

1. 安全系统的概念

有了安全和系统的概念就不难给安全系统下定义：安全系统是以人为中心，由安全工程、卫生工程技术、安全管理、人机工程等几部分组成，以消除伤害、疾病、损失，实现安全生产为目的的有机整体，它是生产系统的一个重要组成部分。

2. 安全系统的特点

安全系统的特点可以归纳为如下若干方面：

（1）系统性。与安全有关的影响因素构成了安全系统。因为与安全有关的因素纷繁交错，所以安全系统是一个复杂的巨系统。由于安全系统中各因素之间，以及因素与目标之间的关系多数有一定灰度，所以安全系统是灰色系统。

依据安全问题所涉及范围大小不同，安全系统大小之差可能很悬殊。一般地讲，纯属技术领域的安全系统，比如一台设备、器具，可能只涉及机和物；而对于一个车间甚至一个工厂，考虑安全问题的系统范围，则不只是机和物，肯定要把人—机—环境都考虑进来。实际上，人—机—环境的提法是考虑了安全问题的空间跨度和时间跨度两个方面。如此说来，即便是一台设备，如果把它的制造安全与使用安全考虑进来，也仍然是人—机—环境的复杂系统。

安全系统的目标不是寻求最优解。这是因为安全系统目标的多元化，以及安全目标的极强相对性、时间延滞性与其理想化理念很难协调，所以安全系统的目标解是具有一定灰度的满意解或可接受解。

（2）开放性。安全系统是客观存在的，这是因为安全系统是建立在安全功能构件的物质基础之上的。但同时安全系统总是寄生在客体（另一个系统）中，在处理方法上，如果把客体看成一个黑匣子，安全系统是通过客体的能量源、物流和信息流的流入-流出的非线性变化趋势，确认安全和事故发生的可能性，因此安全系统具有开放性特点。

开放性不仅是安全系统在动态中保持稳定存在的前提，也是安全系统复杂性及安全-事故转换发生的重要机制。

（3）确定性与非确定性。"确定性"是指制约系统演化的规则确定性，不含任何随机性因素。确定性的特征是演化方向及演化结果确定，可精确预测。"非确定性"或者具有演化方向和演化结果不确定，或者具有刻画事物运动特征的特征量不能客观精确地确定的特征，非确定性包括随机性和模糊性。

"随机性"可能有两个方面的来源：一是在不含任何外在的随机影响因素作用下，完全由"确定性"系统演化而产生的随机性（例如产生混沌），这种随机性称为本质随机性。二是系统还可能因其外在影响因素的随机作用而产生随机性行为，从而使系统在一定条件下表现了随机的特征（外在随机性）。由于安全系统把环境看成是它的组成部分，所以对安全系统而言，本质随机性和外在随机性的区别不是绝对的。

"模糊性"是指事物的本身不清楚或衡量事物尺度不清楚。对于安全系统，就是指系统的构成及其相互关系，以及组成与目标的关系不清楚。造成这些不清楚的可能来源在于主观和客观两个方面，即具有主观模糊性和客观模糊性。首先，刻画安全运行轨迹的以模糊数学方法建立的数学模型具有主观模糊性。因为数学模型常常不可能"严格地"确定安全系统各因素之间及其与目标之间完整的客观关系。当然，对于自然的技术因素之间的关系尚好一些。而对于社会的因素及其与技术因素的耦合关系将难于量化，因而也将难于建立准确的数学关系。应该强调的是，出现上述问题不完全是由于安全系统本身不清楚，它可能只是人们的安全系统主观模糊性的表现。

另外，对安全系统安全度的评价尺度以及构成安全度等级的评价指标体系也具有客观模糊性，即从事物的本质上无法给出其客观衡量尺度。

（4）安全系统是有序与无序的统一体。序主要反映事物的组成规律和时域。依据序的性质，可分为有序、混沌序和无序。有序通常同稳定性、规则性相关联，主要表现为空间有序、时间有序和结构有序。无序通常与不稳定、无规则相关联。而混沌序则是不具备严格周期和对称性的有序态。现代复杂系统演化理论认为，复杂系统的演化中，不同性质的序之间可以相互转化。安全系统序的转化是否引发灾害或使灾害扩大，取决于序结构的类型及系统对特定序结构下的运动的（灾害意义上的）承受能力。

有序和无序，确定性和非确定性都会在系统演化过程中通过其空间结构、时间结构、功能结构和信息结构的改变体现出来。

（5）突变性或畸变性。安全系统发展过程的突变或畸变，或过程由连续到非连续变化，在本质上还是服从于量变引起质变的哲理。

量变到质变的转化形式可以用畸变、突变或飞跃来描述，但也可通过渐变实现。所以安全系统的渐变也可能孕育着事故，而突变、畸变则肯定对应于灾害故事的启动，是致灾物质或能量的突然释放。

综上所述，安全系统虽然与一般系统、非线性系统等有若干共同点，但安全系统的个性还是非常明显的，这是决定它客观存在并区别于其他系统的根本原因。

3. 安全系统的动力学特征

从系统的结构和功能形成看，可把系统分为两类：一类是自组织系统，一类是被组织系统。协同学的创始人哈肯教授曾给自组织下了一个非常经典的定义，他认为，如果系统在获得空间的、时间的或功能的结构过程中，没有外界的特定干预，我们便说系统是自组织的。这里的"特定"一词是指，那种结构或功能并非外界强加给系统的，而且外界是以非特定的方式作用于系统的。可见，自组织与被组织的区别就在于，系统行为是否受外界某种特定干预的影响。显然，自组织的动力在系统内部，是自己运动的结果；而被组织的动力在系统外部，是在外部特定的干预下运动的结果。一般而言，自组织系统因其动力来自系统内部，因而它具有持久永恒的生机和活力；相反，被组织系统因其动力来自系统外部，因而其生机和活力随外部干预状态的变化而变化。

安全系统是物质系统。安全系统既可能是自组织的，也可能是被组织的，也可能两者兼而有之。对安全来说，所谓外界的特定干预主要是指社会属性中的被动因素。它可能有两种发展形式：一种是非组织的向组织的有序发展过程，其本质组织程度从相对较低向相对较高演化；另一种则是维持相同组织层次，但复杂程度必定相对增加。前一种过程反映了安全系统组织层次跃升过程；后一种过程则标志着安全系统组织结构与功能从简单到复杂的组织水平的提高。

安全系统的自组织的演化过程主要反映了它的自然属性与社会属性共同作用的过程和结果。因为安全系统也是开放系统，它可以不断与外界交换物质、能量和信息，从而出现上述的两种发展形式，即从原有的混沌无序状态转变为一种在时间、空间或功能上的有序状态。

一旦安全过程出现被组织的情况，如不可预见的天灾、地震、战争、纵火、瞎指挥、违规操作等，则会发生灾难或事故。

当然安全系统也是非线性系统，因而也具有非线性系统的共同特征。非线性是系统产生自组织行为的内因，没有这个内因，所谓开放性将不起作用，无序—有序的过程也就不会发生。

1.4.3 安全系统工程简介

1. 安全系统工程的定义

安全系统工程是指应用系统工程的基本原理和方法，辨识、分析、评价、排除和控制系统中的各种危险，对工艺过程、设备、生产周期和资金等因素进行分析评价和综合处理，使系统可能发生的事故得到控制，并使系统安全性达到最佳状态的一门综合性技术科学。

对这个定义，可以从以下几个方面理解：

（1）安全系统工程是系统工程在安全工程学中的应用，安全系统工程的理论基础是安全科学和系统科学。

（2）安全系统工程追求的是整个系统或系统运行全过程的安全。

（3）安全系统工程的核心是系统危险因素的识别、分析，系统风险评价和系统安全决策与事故控制。

（4）安全系统工程要达到的预期安全目标是将系统风险控制在人们能够容忍的限度以内，也就是在现有经济技术条件下，最经济、最有效地控制事故，使系统风险在安全指标以下。

由于安全系统工程从根本上和整体上来考虑安全问题，因而它是解决安全问题的具有战略性的措施，为安全工作者提供了一个既能对系统发生事故的可能性进行预测，又可对安全性进行定性、定量评价的方法，从而为有关决策人员提供决策依据，并据此采取相应安全措施。

2. 安全系统工程的任务

安全系统工程的主要任务有以下几点：

（1）危险源辨识。

（2）分析、预测危险源由触发因素作用而引发事故的类型及后果。

（3）设计和选用安全措施方案，进行安全决策。

（4）安全措施和对策的实施。

（5）对措施效果做出总体评价。

(6) 不断改进，以求最佳效果，使系统达到最佳安全状态。

3. 安全系统工程的步骤

安全系统工程的一般步骤为：

(1) 收集资料，掌握情况。
(2) 建立系统模型（结构、数学、逻辑模型）。
(3) 危险源辨识与分析。
(4) 危险性评价。
(5) 控制方案与方案比较。
(6) 最优化决策。
(7) 决策计划的执行与检查。

1.4.4　安全系统工程的研究对象

安全系统工程作为一门科学技术，有它本身的研究对象。任何一个生产系统都包括三个部分，即从事生产活动的操作人员和管理人员；生产必需的机器设备、厂房等物质条件；以及生产活动所处的环境。这三个部分构成一个"人—机—环境"系统，每一部分就是该系统的一个子系统，称为人子系统、机器子系统和环境子系统。

(1) 人子系统。该子系统的安全与否涉及人的生理和心理因素，以及规章制度、规程标准、管理手段、方法等是否适合人的特性，是否易于为人们所接受的问题。研究人子系统时，不仅要把人当作"生物人""经济人"，更要看作"社会人"，必须从社会学、人类学、心理学、行为科学角度分析问题、解决问题；不仅把人子系统看作系统固定不变的组成部分，更要看作自尊自爱、有感情、有思想、有主观能动性的人。

(2) 机器子系统。对于该子系统，不仅要从工件的形状、大小、材料、强度、工艺、设备的可靠性等方面考虑其安全性，而且要考虑仪表、操作部件对人提出的要求，以及从人体测量学、生理学、心理与生理过程有关参数对仪表和操作部件的设计提出要求。

(3) 环境子系统。对于该子系统，主要应考虑环境的理化因素和社会因素。理化因素主要有噪声、振动、粉尘、有毒气体、射线、光、温度、湿度、压力、热、化学有害物质等；社会因素有管理制度、工时定额、班组结构、人际关系等。

三个子系统相互影响、相互作用的结果就使系统总体安全性处于某种状态。例如，理化因素影响机器的寿命、精度甚至损坏机器；机器产生的噪声、振动、温度又影响人和环境；人的心理状态、生理状况往往是引起误操作的主观因素；环境的社会因素又会影响人的心理状态，给安全带来潜在危险。这就是说，这三个相互联系、相互制约、相互影响的子系统构成了一个"人—机—环境"系统的有机整体。分析、评价、控制"人—机—环境"系统的安全性，只有从三个子系统内部及三个子系统之间的这些关系出发，才能真正解决系统的安全问题。安全系统工程的研究对象就是这种"人—机—环境"系统（以下简称"系统"）。

1.4.5　安全系统工程的内容

安全系统工程是专门研究如何用系统工程的原理和方法确保实现系统安全功能的科学技术。其主要研究内容有系统安全分析、系统安全评价、安全决策与控制。

1. 系统安全分析

要提高系统的安全性，使其不发生或少发生事故，其前提条件是预先发现系统可能存在的危险因素，全面掌握其基本特点，明确其对系统安全性影响的程度。只有这样，才有可能抓住系统可能存在的主要危险，采取有效的安全防护措施，改善系统安全状况。这里所强调的"预先"是指：无论系统生命过程处于哪个阶段，都要在该阶段开始之前进行系统的安全分析，发现并掌握系统的危险因素。这就是系统安全分析要解决的问题。

系统安全分析有安全目标、可选用方案、系统模式、评价标准、方案选优五个基本要素和程序。

（1）把所研究的生产过程或作业形态作为一个整体，确定安全目标，系统地提出问题，确定明确的分析范围。

（2）将工艺过程或作业形态分成几个单元和环节，绘制流程图，选择评价系统功能的指标或顶端事件。

（3）确定终端事件，应用数学模式或图表形式及有关符号，以使系统数量化或定型化；将系统的结构和功能加以抽象化，将其因果关系、层次及逻辑结构变换为图像模型。

（4）分析系统的现状及其组成部分，测定与诊断可能发生的事故的危险性、灾害后果，分析并确定导致危险的各个事件的发生条件及其相互关系，建立数学模型或进行数学模拟。

（5）对已建立的系统，综合采用概率论、数理统计、网络技术、模糊技术、最优化技术等数学方法，对各种因素进行数量描述，分析它们之间的数量关系，观察各种因素的数量变化及规律。根据数学模型的分析结论及因果关系，确定可行的措施方案，建立消除危险、防止危险转化或条件耦合的控制系统。

系统安全分析是使用系统工程的原理和方法，辨别、分析系统存在的危险因素，并根据实际需要对其进行定性、定量描述的技术方法。

根据有关文献介绍，系统安全分析有多种形式和方法，使用中应注意：

1）根据系统的特点、分析的要求和目的，采取不同的分析方法。因为每种方法都有其自身的特点和局限性，并非处处通用。使用中有时要综合应用多种方法，以取长补短或相互比较，验证分析结果的正确性。

2）使用现有分析方法不能死搬硬套，必要时要根据实用、好用的需要对其进行改造或简化。

3）不能局限于分析方法的应用，而应从系统原理出发，开发新方法，开辟新途径，还要在以往行之有效的一般分析方法基础上总结提高，形成系统性的安全分析方法。

2. 系统安全评价

安全评价的目的是为决策提供依据。系统安全评价往往要以系统安全分析为基础，通过分析，了解和掌握系统存在的危险、有害因素，但不一定要对所有危险、有害因素采取措施；而是通过评价掌握系统的事故风险大小，以此与预定的系统安全指标相比较，如果超出指标，则应对系统的主要危险、有害因素采取控制措施，使其降至该标准以下。这就是系统安全评价的任务。

评价方法也有多种，评价方法的选择应考虑评价对象的特点、规模，评价的要求和目的，采用不同的方法。同时，在使用过程中也应和系统安全分析的使用要求一样，坚持实用和创新的原则。过去20年，我国在许多领域都进行了系统安全评价的实际应用和理论研究，开发了许多实用性很强的评价方法，特别是企业安全评价技术和各类危险源的评估、控制技术。

3. 安全决策与控制

任何一项系统安全分析技术或系统安全评价技术，如果没有一种强有力的管理手段和方法，也不会发挥其应有的作用。因此，在出现系统安全分析的同时，也出现了系统安全决策。其最大的特点是从系统的完整性、相关性、有序性出发，对系统实施全面、全过程的安全管理，实现对系统的安全目标控制。最典型的例子是美国标准《系统安全程序》，美国道（DOW）化学公司的安全评价程序，国际劳工组织、国际标准化组织倡导的《职业安全卫生管理体系》。系统安全管理是应用系统安全分析和系统安全评价技术，以及安全工程技术为手段，控制系统安全性，使系统达到预定安全目标的一整套管理方法、管理手段和管理模式。

安全措施是指根据安全评价的结果，针对存在的问题，对系统进行调整，对危险点或薄弱环节加以改进。安全措施主要有两个方面：一是预防事故发生的措施，即在事故发生之前采取适当的安全措施，排除危险因素，避免事故发生；二是控制事故损失扩大的措施，即在事故发生之后采取补救措施，避免事故继续扩大，使损失减到最小。

1.4.6 安全系统工程的特点

在工业领域内引进安全系统工程的方法是有很多优越性的。安全系统工程使安全管理工作从过去的凭直观经验进行主观判断的传统方法，转变为定性、定量分析。它具有以下五个特点：

（1）通过安全分析，了解系统的薄弱环节及其可能导致事故的条件，从而采取相应的措施，预防事故的发生；通过安全分析，还可以找到事故发生的真正的原因，查找到以前未想到的原因，定性地确定系统的危险程度，定量地分析可能发生事故的大小，采取相应的措施预防事故的发生。

（2）通过安全评价和优化技术的选择，可以找出适当的方法使各个子系统之间达到最佳配合状态，用最少的投资创造最佳的安全效果，大幅度地减少伤亡事故的发生。

（3）安全系统工程的方法不仅适用于工程技术，而且适用于安全管理。在实际工作中已经形成了安全系统工程与安全系统管理两个分支。它的应用范畴可以归纳为发现事故隐患、预测故障引起的危险、设计和调整安全措施方案、实现安全管理最优化、不断改善安全措施和管理方法五个方面。

（4）可以促进各项安全标准的制定和有关可靠性数据的收集。安全系统工程既然需要评价，就需要各种标准和数据。如允许安全值、故障率数据以及安全设计标准、人机工程标准等。

（5）可以迅速提高安全技术人员的管理水平。要搞好安全系统工程，必须熟悉生产的各个环节，掌握各种安全分析方法和评价方法，对提高安全管理工作人员的质量和水平有很大的推动。

1.4.7 安全系统工程的方法论

安全系统工程的方法是依据系统学和安全学理论，在总结过去经验型安全方法的基础上日渐丰富和成熟的。概括起来可以归纳为如下五个方面。

1. 从系统整体出发的研究方法

安全系统工程的研究方法必须从系统的整体性观点出发，从系统的整体考虑解决安全问题的方法、过程和要达到的目标。例如，对每个子系统安全性的要求，要与实现整个系统的安全功能和其他功能的要求相符合。在系统研究过程中，子系统和系统之间的矛盾以及子系统与子系统之间的矛盾，都要采用系统优化方法寻求各方面均可接受的满意解；同时要把安全系统工程的优化思路贯穿到系统的规划、设计、研制和使用等各个阶段中。

2. 本质安全方法

这是安全技术追求的目标，也是安全系统工程方法中的核心。由于安全系统把安全问题中的人—机（物）—环境统一为一个"系统"来考虑，因此不管是从研究内容来考虑还是从系统目标来考虑，核心问题就是本质安全化，就是研究实现系统本质安全的方法和途径。

3. 人—机匹配法

在影响系统安全的各种因素中，至关重要的是人—机匹配。在产业部门研究与安全有关的人—机匹配称为安全人机工程，在人类生存领域研究与安全有关的人—机匹配称为生态环境和人文环境问题。显然，从安全的目标出发，考虑人—机匹配，以及采用人—机匹配的理论和方法是安全系统工程方法的重要支撑点。

4. 安全经济方法

由于安全的相对性原理，所以，安全的投入与安全（目标）在一定经济、技术水平条件下有着对应关系。也就是说，安全系统的"优化"同样受制于经济。但是，由于安全经济的特殊性（安全性投入与生产性投入的渗透性、安全投入的超前性与安全效益的滞后性、安全效益评价指标的多目标性、安全经济投入与效用的有效性等）就要求安全系统工程方法在考虑系统目标时，要有超前的意识和方法，要有指标（目标）的多元化的表示方法和测算方法。

5. 系统安全管理方法

安全系统工程从学科的角度讲是技术与管理相交叉的横断学科，从系统科学原理的角度讲，它是解决安全问题的一种科学方法。所以，安全系统工程是理论与实践紧密结合的专业技术基础，系统安全管理方法则贯穿到安全的规划、设计、检查与控制的全过程。所以，系统安全管理方法是安全系统工程方法的重要组成部分。

1.4.8 安全系统工程的应用

1. 安全系统工程在工业中的应用

安全管理工作和其他工作一样，具有其技术特点。安全系统工程的出现，为安全管理的深入研究和应用提供了坚实的理论基础，几十年的应用和发展又为其提供了可靠的实践经验。

从安全系统工程的发展可以看出，它最初是从研究产品的可靠性和安全性开始的。军事装备的零部件对可靠性和安全性的要求十分严格，否则不仅不能够完成武器的设计，而且制造和使用过程中的各个环节也不安全。后来这种方法发展到对生产系统的各个环节进行安全分析。环节的内容除了包括原料、设备等因素外，还包括了人和环境的因素，这就使安全系统工程的方法在工业安全（即传统的安全工作）领域中得到实际的应用。这个研究开发的过程大致经历了以下五个阶段：

（1）工业安全和系统安全。工业安全负责工人的人身安全，系统安全负责产品的安全。两者是一种分工合作的关系，保证了生产任务的完成。

（2）工业安全引进系统安全分析方法的阶段。科学技术的发展及重大社会灾害性事故的频繁发生，使得工业安全工作者试图寻求新的解决办法。系统安全分析的方法引起了他们的重视，被引进到工业安全分析中，并在工业安全领域起到了极大的作用。

（3）安全管理对系统工程的引进阶段。工业安全工作者在对人的因素的管理方面引进了系统安全的分析原理和方法，开始综合分析人、机器、原材料、环境等因素，使安全管理工作有了定性、定量分析的可能，并对安全管理工作及其危险性进行安全评价，提高了安全管理工作的系统性、准确性、可靠性和安全性。

（4）安全系统工程的发展阶段。安全系统工程的实践和应用始于美、英等工业发达国家。20世纪80年代，各国广泛地研究和应用，说明这种管理方法已成为完善安全管理工作的发展方向。

（5）安全系统工程向其他领域的渗透。几十年来我国出现了许多研究和应用安全系统工程的科研院校和企业，并取得了很大的成绩。安全系统工程的基本原理和方法已在安全管理、质量管理、环保管理、医疗事故管理等方面得到了应用。

2. 安全系统工程的应用特点

安全系统工程是一门应用性很强的科学技术。几十年来，许多经典的应用范例始终激励人们进行不懈的探索，不断充实和发展其自身的理论体系，以期获得更好的应用效果，这是安全系统工程始终保持快速发展的重要原因。为了进一步促进学科发展，提高其实用性，有必要进一步明确安全系统工程的应用特点，具体如下：

（1）系统性。不论是系统安全分析、系统安全评价的理论，还是系统安全管理模式和方法的应用，都表现了系统性的特点，它从系统的整体出发，综合考虑系统的相关性、环境适应性等特性，始终追求系统总体目标的满意解或可接受解。

（2）预测性。安全系统工程的分析技术与评价技术的应用，无论是定性的，还是定量的，都必须是为了预测系统存在的危险因素和风险水平。它通过这些预测来掌握系统安全状况如何，风险能否接受，以便决定是否应当采取措施控制系统风险。所以，安全系统工程也可称为系统的事故预测技术。

（3）层序性。安全系统工程的应用是按照系统的时空两个跨度有序展开的，管理规范的执行，一般按照系统生命过程有序进行，而且贯彻到系统的方方面面。因此，安全系统工程具有明显的"动态过程"研究特点。

（4）择优性。择优性的应用特点主要体现在系统风险控制方案的综合与比较，从各种备选方案中选取最优方案。在选取控制风险的安全措施方面，一般按下列优先顺序选取方案：设计上消除→设计上降低→提供安全装置→提供报警装置→提出专门规程。因此，冗余设计，安全联锁，有一定可靠的保证的安全系数，是安全系统工程经常采用的设计思想。

（5）技术与管理的融合性。安全系统工程是自然（技术）科学与管理科学的交叉学科，随着科技与经济的发展，人们对安全追求的目标（特别是生产领域）是本质安全。但是，一方面由于新技术的不断涌现，另一方面由于经济条件的制约，对于一时做不到本质安全的技术系统，则必须用安全管理来补偿。所以在相当长的时间内，解决安全问题还必须把技术与管理通过系统工程的方法有机地结合起来。

这些安全系统的应用特点应在该学科的理论研究和实际应用中得到充分重视,使安全系统工程发展更快些,应用效果更明显些。

3. 安全系统工程的优点

从上述介绍可看出,安全系统工程在解决安全问题上与传统的方法不同,它改变了以往凭直接经验和事后处理的被动局面,因而形成了它本身的一些优点。

(1) 预测和预防事故的发生,是现代安全管理的中心任务。运用系统安全分析方法,识别系统中存在的薄弱环节和可能导致事故发生的条件;通过定量分析,预测事故发生的可能性和事故后果的严重度,从而可以采取有效措施控制事故的发生,大大减少伤亡事故。这是安全系统工程最大的优点。

(2) 现代工业的特点是规模化、连续化和自动化,其生产关系日趋复杂,各个环节和工序之间相互联系、相互制约。安全系统工程通过系统分析,全面地、系统地、彼此联系地以及预防性地处理生产系统中的安全性,而不是孤立地、就事论事地解决生产系统中的安全问题。

(3) 安全系统工程方法,不仅适用于工程,而且适用于管理。实际上已形成安全系统工程和安全系统管理两个分支,其应用范畴可以归纳为五个方面:①发现事故隐患;②预测由故障引起的危险;③设计和调整安全措施方案;④实现最优化的安全措施;⑤不断地采取改善措施。

(4) 对安全进行定量分析、评价和优化技术,为安全事故预测提供了科学依据,根据分析可以选择出最佳方案,使各子系统之间达到最佳配合,用最少投资得到最佳的安全效果,从而可以大幅度地减少人身伤亡和设备损坏事故。

(5) 促进各项标准的制定和有关可靠性参数的收集。安全系统工程既然包括安全性评价,就需要有各种标准和数据,如许可安全值、故障率、人—机工程标准以及安全设计标准等。

(6) 通过安全系统工程的开发和应用,可以迅速提高安全技术人员、操作人员和管理人员的业务水平和系统分析能力,同时为培养新人提供了一套完整的参考资料。

1.4.9 安全系统工程的分析方法

随着安全系统工程学科的发展,出现了许多分析方法,见诸有关文献的分析方法就有数十种,常见的有二十多种。尤其是研究和应用安全系统工程队伍的扩大,使得安全系统工程的分析方法更加多样化。虽然目前还没有形成完整而系统的方法,但是,事故树分析方法以及安全检查表已经得到了广泛应用,并且在工厂的安全管理、安全咨询中介机构的安全评价中发挥了重要的作用。

这些方法都有各自的特点,均在实际生产应用中起到了很大的作用。很难说哪种方法更好,它们之间只能相互补充,而不能相互比较。用一种分析方法也许不能查明系统中所有的危险性因素,达不到分析的目的;而另一种方法却能够给以补充,并揭示它们。安全系统工程分析方法的这种互补性,使得安全系统工程的应用越来越广泛,并大大促进了安全系统工程学科的不断发展。

作为安全系统工程的工作者,或者说安全系统工程分析方法的应用者,应该熟练掌握,并能够灵活运用几种分析方法。但这并不是说要全部使用这些方法,也不是多使用一种方法就会使分析结果更精确、更有效。

在实际应用中,要具体问题具体分析,对于特定的环境和资源条件,应根据系统的特点,选用不同的分析方法,以提高分析的准确性,有效地消除或控制系统的危险性。

对所有的分析方法进行归类是比较困难的,这些分析方法之间既有联系,又有区别。它们或者分析方法比较相近,或者具有共同的分析特点;有些分析方法既可以划为这一类,又可以划为另一类。按照不同的分类方法,大体上可以划分为以下几类:

(1) 按照由初级到高级分为:安全检查表、单点故障分析、意外事故分析、子系统危险性分析、预先危险性分析、故障类型影响分析、致命度分析、事故树分析、事件树分析等方法。

(2) 按照逻辑关系分为:归纳分析法、演绎分析法、综合分析法。

1) 归纳分析法包括安全检查表、临界异常技术、意外事故分析、子系统危险性分析、故障类型影响分析、作业安全分析、管理监督和风险树分析等。

2) 演绎分析法包括潜在回路分析、事故树分析、预先危险性分析等。

3) 综合分析法包括故障类型影响分析、子系统危险性分析、网络逻辑分析等。

(3) 按数理方法分为:定性分析法、定量分析法。

1) 定性分析法包括安全检查表、作业安全分析、操作和后勤危险性分析、流动分析、能量分析、临界异常技术、最大可能的事故分析和最坏条件分析等。

2) 定量分析法包括单点故障分析、事故树分析、事件树分析等。

上述分析方法有些既可做定性分析,也可做定量分析。

在实际运用安全系统工程的分析方法时,以上分析方法往往综合采用,并要求分析人员必须熟悉生产系统的各个环节,掌握整个系统各个子系统之间的联系和因果关系,做到对不安全因素了如指掌。系统分析的过程仅仅是系统评价的前提,是系统决策的依据。

1.4.10 安全分析应该遵循的基本原则

安全分析应该遵循以下基本原则:

(1) 首先可进行初步的综合性分析,如预先危险性分析、安全检查表等,得出大致的概况,然后根据危险性的大小再进行详细的分析。

(2) 根据分析对象的不同,选择相应的分析方法。如分析对象是连续的工艺操作,就要选择单元间有联系的分析方法,如流动分析、交接面分析等;如果分析对象是一个关键的危险性设备,则可选择从零部件开始的故障分析,如故障类型和影响分析等。

(3) 如果对新建、改建的设计或限定目标进行分析,可选用静态的分析方法(包括初步分析和详细分析);如果对运行状态进行分析,则可选用动态的分析方法,如程序分析和逻辑分析等。

(4) 如果需要对系统进行反复调整,使之达到较高的安全性水平,可以使用替换分析和逻辑分析等。

(5) 各种分析方法可以互为补充,使用一种方法也许不能完全分析出系统的危险性,但用其他方法可以弥补其不足的部分。

(6) 进行分析时并不需要使用所有的方法,应该根据实际情况,结合特定的环境和资金条件，使分析能够得出正确的评价。

1.5 安全系统工程发展概况

事故给人类带来无数灾难，严重地制约了经济发展和社会进步，甚至对人类生存构成巨大威胁。然而，事故的影响也并非都是消极的，它和其他事物一样，也有积极的一方面。首先，事故具有鲜明的反面教育的作用，它向人们展示了其危害程度，警示人们必须按照科学规律办事。其次，事故是一种特殊的科学试验。一个系统发生事故，说明该系统存在这样那样的不安全、不可靠的问题，从而以事故的形式弥补了设计时应做而没做，或想做而没敢做（没钱做）的试验。人们通过对事故的调查、分析，找出事故原因，研究并采取了有效控制事故的措施，改变了系统工艺、设备，从而提高了系统的性能，发展了专业技术。最后，事故也是诞生新的科学技术的催化剂。事故的强大负面效应对人类产生巨大的冲击作用，从而激发人类以更大的决心和更大的力量研究事故。通过对事故信息和资料的收集、整理、分析、研究，也就是充分开发利用"事故资源"，一个崭新的自然科学学科就在人们这种不懈努力与艰苦卓绝的斗争中诞生了，这就是作用力与反作用力的作用机制。在科学技术发展的历史长河中，几乎每一个学科的诞生都离不开事故这种反作用力的作用。安全系统工程也正是在这种事故的反作用下应运而生的。

1.5.1 国外安全系统工程的发展

安全风险评价起源于 20 世纪 30 年代，是随着保险业的发展需要而发展起来的。保险公司为客户承担各种风险，必然要收取一定的费用，而收取的费用多少是由所承担的风险大小决定的。因此，就产生了一个衡量风险程度的问题。这个衡量风险程度的过程就是当时的美国保险协会所从事的风险评价。

安全评价技术在 20 世纪 60 年代得到了很大的发展，首先使用于美国军事工业。1962 年 4 月美国公布了第一个有关系统安全的说明书"空军弹道导弹系统安全工程"，此后，系统安全工程方法陆续推广到航空、航天、核工业、石油、化工等领域，并不断发展、完善，成为现代系统安全工程的一种新的理论、方法体系，在当今安全科学中占有非常重要的地位。

安全系统工程产生于 20 世纪 60 年代初期美英等工业发达国家。1957 年，苏联发射了第一颗人造地球卫星，美国为了夺回空间优势，匆忙进行导弹技术开发，实行研究、设计、施工齐头并进的方法。但由于对系统的可靠性和安全性研究不足，在导弹系统研发过程中仅仅一年半的时间就连续发生四起重大事故，造成惨重损失，从而迫使美国空军以系统工程的基本原理和管理方法来研究导弹系统的安全性、可靠性。1962 年美国军方首次公开发表了《空军弹道导弹安全系统工程大纲》，以此作为对民兵式导弹计划有关的承包商提出的系统安全的要求，这是系统安全理论的首次实际应用。1969 年美国国防部批准颁布了最具有代表性的系统安全军事标准《系统安全大纲要点》（MIL—STD—822），对完成系统在安全方面的目标、计划和手段，包括设计、措施和评价，提出了具体要求和程序。此项标准于1977 年修订为《系统安全程序技术要求》（MIL—STD—822A），1984 年又修订为 MIL—STD—822B。该标准对系统整个寿命周期中的安全要求、安全工作项目都做了具体规定。

MIL—STD—822B 系统安全标准从一开始实施，就在世界安全和防火领域产生了巨大影响，迅速为日本、英国和欧洲其他国家引进使用。这就是由事故引发的军事系统的安全系统工程。

1961 年美国贝尔电话研究所在系统安全的基础上创造了事故树分析法（FTA）。英国在 20 世纪 60 年代中期成功开发了概率风险评价（PRA）技术，用于计算核电站系统风险大小以及风险是否可以接受。1974 年美国原子能委员会发表了拉斯姆逊教授的"商用核电站风险评价报告"（WASH—1400），从而成功地开发应用了系统安全分析和系统安全评价技术。该报告的科学性和对事故预测的准确性得到了"三哩岛事件"（核电站堆芯熔化造成放射性物质泄漏事故）的证实。这些可称为核工业的安全系统工程。

1964 年美国道（DOW）化学公司根据化工生产的特点，首先开发出"火灾爆炸指数评价法"，用于对化工装置进行安全评价。该法曾多次修订，1994 年已发展到第 7 版。它以单元重要危险物质在标准状态下的火灾、爆炸或释放出危险性潜在能量大小为基础，同时考虑工艺过程的危险性，计算单元火灾爆炸指数（F&EI），确定危险等级，并提出安全对策措施，使危险降低到人们可以接受的程度。目前，安全评价人员使用是道化学（7 版）评价法，该法是在多年使用的基础上逐步修改了一些条款，以便与法规和损失预防原则相一致，同时依据美国消防协会（NFPA）的最新数据给出了物质系数。通过修订，评价程序将更加简明，评价结果直观明了，提出的措施更具有实用价值。由于该评价方法日趋科学、合理、切合实际，在世界工业界得到一定程度的应用，引起各国的广泛研究、探讨，推动了评价方法的发展。1974 年英国帝国化学公司（ICI）蒙德（Mond）部在道化学公司评价方法的基础上引进了毒性概念，并发展了某些补偿系数，提出了"蒙德火灾爆炸毒性指标评价法"。1976 年日本劳动省颁布了"化工厂安全评价六阶段法"，该法采用了一整套系统安全工程的综合分析和评价方法，使化工厂的安全性在规划、设计阶段就能得到充分的保证，并陆续开发了匹田法等评价方法。这些可称为化学工业的安全系统工程。

20 世纪 60 年代正是美国市场竞争日趋激烈的年代，许多民用产品在没有得到保障的情况下就投放市场，造成许多使用过程中的事故，用户纷纷要求厂方赔偿损失，甚至要求追究厂商刑事责任，迫使厂方在开发新产品的同时，寻求提高产品安全性的新方法、新途径。例如，1965 年美国波音公司和华盛顿大学在西雅图召开了安全系统工程的专门学术研讨会，以波音公司为中心对航空工业开展安全性、可靠性分析，取得了很好的效果。这期间，在电子、航空、铁路、汽车、冶金等行业开发了许多系统安全分析方法和评价方法。这些可称为民品工业的安全系统工程。

20 世纪 80 年代以来，安全系统工程在世界各国得到广泛重视，国际性学术组织得以发展壮大，出版了许多专著，研究工作逐渐从被动应用其他领域的成果转移到系统安全基本理论和方法研究。1983 年在美国休斯敦召开的第六届国际安全系统工程学术大会，有四十多个国家的代表参加，议题涉及国民经济的各行各业。

由于恶性事故常造成严重的人员伤亡和巨大的财产损失，促使各国政府、议会立法或颁布法令，规定工程项目、技术开发项目都必须进行安全评价，并对安全设计提出明确的要求。日本《劳动安全卫生法》规定，由劳动基准监督署对建设项目实行事先审查和许可证制度；美国对重要工程项目的竣工、投产都要求进行安全评价；英国政府规定，凡未进行安全评价的新建生产经营单位不准开工；欧共体 1982 年颁布《关于工业活动中重大危险源的指令（Seveso Ⅰ）》，1996年，欧盟颁布《重大事故风险防范指令（Seveso Ⅱ）》欧盟成员国陆续制定了相应的法律；国际劳工组织（ILO）也先后公布了1988年的《重大事故控制指南》、1990年的《重大工业事故预防实用规程》和1992年的《工作中安全使用化学品实用规程》，对安全评价提出了要求。2002年欧盟在未来化学品白皮书中，明确危险化学品的登记注册及风险评价，作为政府的强制性的指令。2012年欧盟又颁布《重大事件与危险物质风险防控（Seveso Ⅲ）》，明确了危害设施与居民区、公共活动区和特殊敏感或重要区域之间的安全距离，各成员国也相继制定了相应法律法规，确保土地使用安全评估与公共安全的适应性。

1.5.2 我国安全系统工程的发展

在我国，安全系统工程的研究、开发是从20世纪70年代末开始的。天津东方化工厂应用安全系统工程成功地解决了高度危险企业的安全生产问题，为我国各个领域学习、应用安全系统工程起了带头作用。1982年北京市劳动保护研究所召开了安全系统工程座谈会，会上交流了国内开展研究和应用的情况，并探讨了在我国开展安全系统工程的方向，研究如何组织分工合作、如何进行学术交流等，这次会议为我国开展安全系统工程的研究与应用打下了良好的基础。1985年，中国"劳动保护管理科学专业委员会"成立，建立了"系统安全学组"，该学组以安全系统工程为中心，进行开发研究和推广应用等活动，为安全系统工程学科的发展和推进安全管理做出了贡献。其后在机械、冶金、航空、交通运输、水电、汽车、核电等行业和部门借鉴引用国外的系统安全分析方法，对现有系统进行分析评价，取得了较好的效果。

20世纪80年代初期，安全系统工程引入我国，通过吸收、消化国外安全检查表和安全分析方法，机械、冶金、化工、航空、航天等行业的有关生产经营单位开始应用安全分析评价方法，如安全检查表（SCL）、事故树分析（FTA）、故障类型及影响分析（FMFA）、事件树分析（ETA）、预先危险性分析（PHA）、危险与可操作性研究（HAZOP）、作业条件危险性评价（LEC）等。石油、化工等易燃、易爆危险性较大的生产经营单位，还应用美国道化学公司火灾、爆炸危险指数评价方法进行了安全评价。1986年劳动人事部分别向有关科研单位下达了机械工厂危险程度分级、化工厂危险程度分级、冶金工厂危险程度分级等科研项目。1987年机械电子部首先提出了在机械行业内开展机械工厂安全评价，1988年1月1日颁布了第一个部颁安全评价标准《机械工厂安全性评价标准》。此外，我国有关部门还颁布了《石化生产经营单位安全性综合评价办法》《电子生产经营单位安全性评价标准》《航空航天工业工厂安全评价规程》《兵器工业机械工厂安全性评价方法和标准》《医药工业生产经营单位安全性评价通则》等。

1991年国家"八五"科技攻关课题中，将安全评价方法研究列为重点攻关项目。由劳动部劳动保护科学研究所等单位完成的"易燃、易爆、有毒重大危险源识别、评价技术研究"，获得了易燃、易爆、有毒重大危险源识别、评价方法的研究成果，填补了我国跨行业重大危险源评价方法的空白，在事故严重度评价中建立了伤害模型库，采用了定量的计算方法，使我国工业安全评价方法的研究初步从定性评价进入定量评价阶段。

1996年10月劳动部颁发了第3号令，规定六类建设项目必须进行劳动安全卫生预评价，与之配套的规章、标准还有劳动部第10号令、第11号令和部颁标准《建设项目（工程）劳动安全卫生预评价导则》（LD/T 106—1998）。2002年6月29日颁布了《中华人民共和国安全生产法》（以下简称《安全生产法》，已于2014年修订），规定生产经营单位的建设项目必须实施"三同时"，同时还规定矿山建设项目和用于生产、储存危险物品的建设项目应进行安全条件论证和安全评价。2002年1月9日国务院颁布了《危险化学品管理条例》，在规定了对危险化学品各环节管理和监督办法等的同时，提出了"生产、储存、使用剧毒化学品的单位，应当对本单位的生产、储存装置每年进行一次安全评价；生产、储存、使用其他危险化学品的单位，应当对本单位的生产、储存装置每两年进行一次安全评价"的要求。《安全生产法》和《危险化学品管理条例》的颁布，进一步推动了安全评价工作的开展。2007年国家安全生产监督管理总局发布了《安全评价通则》（AQ8001—2007）、《安全验收评价导则》（AQ8003—2007）、《安全预评价导则》（AQ8002—2007），规范了安全评价工作，提高了企业安全管理水平。近年来，我国安全生产领域的标准化的实施更使安全工作向更广、更深的方向发展。

各行业积极推广应用安全系统工程学的原理和方法，取得了可喜的成果。2011年3月8日国务院学位委员会、教育部发布了《学位授予和人才培养学科目录（2011年）》，将"安全科学与工程"列为研究生教育的一级学科，进一步推进了安全学科与工程专业发展。2012年教育部颁布《普通高等学校本科专业目录（2012年）》，将安全科学与工程本科专业升级为一级学科。这些都为普及和推广安全系统工程知识、推进现代安全管理创造了有利条件，同时也为创新出适合我国各行业发展的安全系统工程理论和方法打下良好人才基础。

综合上述，以系统的观点、方法，对安全系统的理论与方法的产生和发展归纳如下：

（1）安全系统工程是在事故逼迫下产生的。人类在从事社会经济活动中，由于经常发生事故给人们的生命、财产带来了严重的威胁，人们不得不在现有安全工程技术基础上，寻找能够预测、预防、预控事故的科学技术，安全系统工程就是在这样的背景下诞生的。人们开始采用系统安全预先分析、系统安全评价技术，对系统全过程进行安全控制，开展科学的安全管理工程。

（2）现代科学技术的发展为安全系统工程的产生提供了必要条件，20世纪40年代产生了系统可靠性工程，20世纪50年代出现了系统工程，以及这一期间现代数学和计算机技术的迅速发展，使安全系统工程在20世纪60年代成为科学技术发展的必然产物，也是相关学科相互影响的必然结果。

（3）军事、核工业、化工等行业系统安全分析与评价方法的研究与开发，丰富了安全系统工程的研究内容。20世纪60年代初美国在导弹技术的开发中，深入地研究了系统的安全性和控制系统安全性的手段与方法，从而出现了空军标准"系统安全程序"和"系统安全程序要求"。同一时期，出现了核电站的概率风险评价技术，化工企业的火灾爆炸指数安全评价法以及涉及产品安全的系统安全分析技术，如事故树、事件树、故障类型和影响分析等。这些理论和方法大大丰富了安全系统工程的内容，从而形成一个完整的学科——安全系统工程。

（4）安全系统工程在理论研究和实践中不断完善和发展。安全系统工程以系统工程和安全科学为其理论基础，以人—机—环境为其研究对象，其研究内容不仅包括辨识、分析、评价与控制技术，还包括管理程序、管理方法等管理科学的内容。基于这种思想，迄今国外发表的有关系统安全分析、系统安全评价、系统安全管理技术与方法的论著，都属于安全系统工程的范畴;各行业预先分析与控制事故、提高系统安全性、倡导安全技术等的实践和研究,也都具有鲜明的系统工程特点。因此,安全系统工程在理论研究和生产实践过程中不断完善和发展。

复 习 题

1. 关于安全的定义很多,请思考什么是安全?
2. 系统、安全系统、安全系统工程的定义是什么?请辨析三者间的区别和联系。
3. 安全系统工程是以安全科学和系统科学为基础理论的综合性学科,请问你认为安全系统工程应遵循的基本观点有哪些?
4. 安全系统工程的基本方法是什么?
5. 请简述安全系统工程的主要研究内容。

第 2 章

系统安全定性分析

本章学习目标：
　　了解系统安全分析方法的分类，掌握安全检查表、预先危险分析、故障类型及影响分析、危险与可操作性研究等典型的定性系统安全分析方法，理解各方法的原理和适用范围，并具有运用以上方法开展系统安全分析的实践能力。

本章学习方法：
　　在分析、理解各类方法原理的基础上，可将每一类方法的特点、基本步骤、基本分析要素进行归纳和总结，明确各类方法的适用范围，并注重理论联系实际。

　　系统安全分析是安全系统工程的核心内容，也是安全评价的基础。通过这个过程，人们可以对系统进行深入、细致的分析，充分了解系统存在的危险性，估计事故发生的概率和可能产生伤害及损失的严重程度，为确定出哪种危险能够通过修改系统设计或改变控制系统运行程序来进行预防提供依据。所以，分析结果的正确与否，关系整个工作的成败。
　　系统安全分析方法有数十种，对所有的分析方法进行归类是比较困难的，这些分析方法之间既有联系，又有区别。它们或者分析方法比较相近，或具有共同分析特点；有些分析方法既可以划为这一类，又可以划为另一类。从定性和定量分析角度可以将其分为定性分析方法和定量分析方法。定性分析是指对引起系统事故的影响因素进行非量化的分析，即只进行可能性的分析或做出事故能否发生的感性判断。定性分析主要包括安全检查表、预先危险性分析、危险性可操作性研究分析、鱼刺图分析、作业危害分析等。定量分析方法在定性分析的基础上，运用数学方法分析系统事故及影响因素之间的数量关系，对事故的危险性做出数量化的描述。定量分析主要包括事件树分析、事故树分析、系统可靠性分析等。在上述分析方法中，事件树分析和事故树分析既可用于定性分析，也可用于定量分析。
　　本章从定性角度出发，对系统安全定性分析方法进行阐述。

2.1　安全检查表

　　安全检查表（Safety Check List，简记为 SCL）是进行安全检查，发现潜在危险，督促各项安全法规、制度、标准实施的一个较为有效的工具。它是安全系统工程中最基本、最初步的一种形式。

2.1.1 安全检查表的介绍

1. 检查表的定义

安全检查表是 20 世纪 30 年代工业迅速发展时期的产物。当时，由于安全系统工程尚未出现，安全工作者为了解决生产中遇到的日益增多的事故，运用系统工程的手段编制了一种检验系统安全与否的表格。系统工程广泛应用以后，安全系统工程开始萌芽，安全检查表的编制逐步走向理论阶段，使得安全检查表的编制越来越科学、全面和完善。它们的内容基本相同，不同的是编制的依据和方法不同，前者运用系统工程手段，后者源于安全系统工程的科学分析。

因此，安全检查表的定义为：运用安全系统工程的方法，发现系统以及设备、机器装置和操作管理、工艺、组织措施中的各种不安全因素，列成表格进行分析。

2. 安全检查表的特点

安全检查表对有计划地解决安全问题是很有效的。其主要特点如下：

（1）安全检查表能够事先编制，可以做到系统化、科学化，不漏掉任何可能导致事故的因素，为事故树的绘制和分析做好准备。

（2）可以根据现有的规章制度、法律、法规和标准规范等检查执行情况，容易得出正确的评估。

（3）通过事故树分析和编制安全检查表，将实践经验上升到理论，从感性认识到理性认识，并用理论去指导实践，充分认识各种影响事故发生的因素的危险程度（或重要程度）。

（4）安全检查表按照原因事件的重要顺序排列，有问有答，通俗易懂，能使人们清楚地知道哪些原因事件最重要，哪些次要，促进职工采取正确的方法进行操作，起到安全教育的作用。

（5）安全检查表可以与安全生产责任制相结合，按不同的检查对象使用不同的安全检查表，易于分清责任，还可以提出改进措施，并进行检验。

（6）安全检查表是定性分析的结果，是建立在原有的安全检查基础和安全系统工程之上的，简单易学，容易掌握，符合我国现阶段的实际情况，为安全预测和决策提供坚实的基础。

（7）只能作定性的评价。

（8）只能对已经存在的对象评价。

3. 安全检查表的适用范围

安全检查表适用于对系统生命周期的各个阶段进行安全分析，适用范围涉及生产、工艺、规程、管理等多方面，对检查内容的列举过程即为危险辨识的过程。

该方法适用范围较广，分析精度相对较低，且检查表的质量受编制人员的知识水平和经验影响，生产中安全检查表需要在实践中不断修改完善。

2.1.2 安全检查表的编制

1. 编制安全检查表的主要依据

安全检查表应列举需查明的所有能导致工伤或事故的不安全状态和行为。为了使检查表在内容上能结合实际、突出重点、简明易行、符合安全要求，应依据以下四个方面进行编制。

（1）有关标准、规程、规范及规定。为了保证安全生产，国家及有关部门发布了各类安全标准及有关的文件，这些是编制安全检查表的一个主要依据。为了便于工作，有时将检查条款的出处加以注明，以便能尽快统一不同意见。

（2）事故案例和行业经验。收集国内外同行业及同类产品行业的事故案例，从中发掘出不安全因素，作为安全检查的内容。国内外及本单位在安全管理及生产中的有关经验，自然也是一项重要内容。

（3）通过系统分析，确定的危险部位及防范措施，都是安全检查表的内容。

（4）研究成果。在现代信息社会和知识经济时代，知识的更新很快，编制安全检查表必须采用最新的知识和研究成果，包括新的方法、技术、法规和标准。

2. 安全检查表的格式

安全检查表的格式，没有统一的规定，可以根据不同的要求，设计不同需要的安全检查表。原则上应条目清晰、内容全面，要求详细、具体。总体上讲，目前应用较多的有两种形式，即提问式和对照式安全检查表。

（1）提问式。提问式检查表的检查项目内容采用提问方式进行，其一般格式见表2-1。

表 2-1　×××安全检查表（提问式）

序号	检查项目	检查内容要点	是 "√" 否 "×"	备 注
1				
2				
……	……	……		
检查人		时间	直接负责人	

这种格式适用于企业非安全专业的生产人员实施自行检查，只需要按检查表内容和生产实际情况符合性填"√"或"×"，确定当日或较短时期内安全情况。

（2）对照式。对照式检查表的检查项目内容后面附上合格标准，检查时对比合格标准作答。对照式检查表的一般格式见表2-2。

表 2-2　×××安全检查表（对照式）

序号	检查项目	国家技术标准规定项	检查结果	备 注
1				
2				
……	……	……		
检查结论				

这种格式适用于企业安全管理或安全监管机构的专业人员，按照行业安全技术标准，对

照企业生产条件和设备、工艺配置情况设计对应的检查表,填写表格检查结果时需要使用安全术语或相应的数据对比等来明确实际生产状况和安全技术标准或法规间的差距,从而起到准确判断和辅助决策的作用。

此外,在安全标准化实施过程中,也有在安全检查表中增加分值评判等表格项的新格式。总之,安全检查表是应用最广泛、使用最便捷、效果较显著的一种系统性安全分析评价方法,其形式也比较多样。

3. 编制安全检查表的程序

编制安全检查表和对待其他事物一样,都有一个处理问题的程序。图 2-1 是编制安全检查表的程序框图。

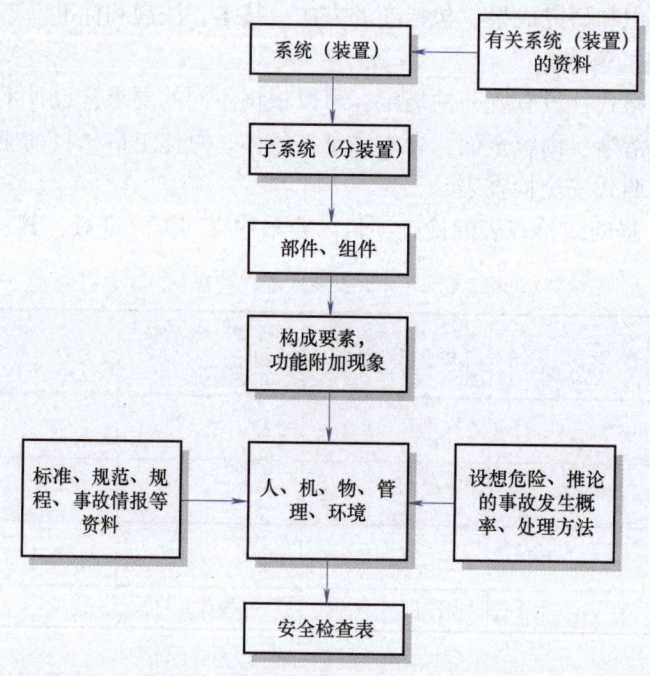

图 2-1 编制安全检查表的程序框图

(1) 系统的功能分解。一般工程系统(装置)都比较复杂,难以直接编制出总的检查表。我们可按系统工程观点将系统进行功能分解,建立功能结构图。这样既可显示各构成要素、部件、组件、子系统与总系统之间的关系,又可通过各构成要素的不安全状态的有机组合求得总系统的检查表。

(2) 人、机、物、管理和环境因素。如以生产车间为研究对象,生产车间是一个生产系统,车间中的人、机、物、管理和环境是生产系统中的子系统。从安全观点出发,不只是考虑"人—机系统",应该是"人—机—物—管理—环境系统"。

(3) 潜在危险因素的探求。一个复杂的或新的系统,人们一时难以认识其潜在危险因素和不安全状态,对于这类系统可采用类似"黑箱法"原理来探求,即首先设想系统可能存在哪些危险及其潜在部分,并推论其事故发生过程和概率,然后逐步将危险因素具体化,最后寻求处理危险的方法。通过分析不仅可以发现其潜在危险因素,而且可以掌握事故发生的机理和规律。

4. 编制安全检查表应注意的问题

（1）编制安全检查表的过程，实质是理论知识、实践经验系统化的过程，一个高水平的安全检查表需要专业技术的全面性、多学科的综合性和对实际经验的统一性。为此，应组织技术人员、管理人员、操作人员和安全技术人员深入现场共同编制。

（2）按照查找隐患要求列出的检查项目应齐全、具体、明确，突出重点，抓住要害。为了避免重复，尽可能将同类性质的问题列在一起，系统地列出问题或状态。另外应规定检查方法，并有合格标准。防止检查表笼统化、行政化。

（3）各类检查表都有其适用对象，各有侧重，是不宜通用的。如专业检查表与日常检查表要加以区分，专业检查表应详细，而日常检查表则应简明扼要，突出重点。

（4）危险性部位应详细检查，确保一切隐患在可能发生事故之前就被发现。

（5）编制安全检查表应将安全系统工程中的事故树分析、事件树分析、预先危险性分析和可操作性研究等方法结合进行，把一些基本事件列入检查项目中。

2.1.3 安全检查表的内容要求

安全检查表应该能够列举所有需查明的能导致工伤事故或其他事故的不安全状态和行为。这就需要有正确而全面的事故树分析结果。同时，对事故树无法绘出的因素，也要通过传统的安全检查表和其他形式的安全检查表，进行综合分析，罗列清单，分清轻重缓急，编制正确而全面的安全检查表。这也正是安全检查表的强大生命力之所在。

一般来说，安全检查表有以下一些内容。在实际应用过程中，要综合采用传统的安全检查表和采用事故树分析法编制的安全检查表。下面是一些有关的检查内容，仅供参考。

1. 防止人受到伤害的安全检查的内容

（1）厂址选择。厂区附近火灾、噪声、爆炸、大气污染和水质污染危险；铁路、公路交叉口和急转弯的防护措施；各种标志。

（2）建筑物。楼梯、地坪、装卸地点按标准进行设计；出入口和紧急撤离口合理，安全通道有防护措施；照明装置适当；门和窗户不影响出入；钢结构的棱角应磨圆。

（3）操作地点。蒸气、水、空气等的工艺管线、电源软管和电线不妨碍职工操作和通路；有害气体、蒸气、粉尘等的通风换气良好；新鲜空气的进口远离排气口；原材料与产品的放置地点应合理；有火灾爆炸等潜在危险的车间或厂房应为独立建筑物；厂房应有安全通道；主要设备应有防爆装置；应有必要的装置检修的地坪面积和空间；要有利于进行清扫和维修；加热表面的防护；操作地点的位置和空间；动力装置的防护；人工操作的阀门和开关以及控制设备有安全的操作地点；有毒有害液体的排放要符合防止污染的标准，不会对职工、附近居民和财物造成危险；起重机械的行程限位器和其他安全装置；电梯的自动联锁和其他安全装置；尽量以机械作业代替人工作业；配备必要的紧急淋浴和冲眼设备；可燃（易燃）的危险化学品的储存场所与生产设备和建筑物的安全距离；消除噪声的设施和措施；停车时要能顺利切断电源。

（4）厂区。厂内道路应适于运输急救物品的车辆行驶；卷扬机的钢丝绳和制动安全可靠；可燃物品的装卸地点应有接地装置、安全的装卸位置、空间操作地点、场所的安全空间和安全标志；厂区照明要足够。

2. 防止装置和设备发生事故的安全检查内容

（1）原料。明确工厂有哪些原料是危险和有毒的，其危险性的敏感度和毒性如何，发生异常反应的后果如何；工艺过程的危险性如何，应有各种控制措施和设施；操作过程中的注意事项及紧急救援事项；储存设备或设施的防护措施；对原料进行妥善管理的措施；生产过程中原料的短缺会发生什么严重后果；工厂的消防设施，发生火灾时的紧急措施。

（2）反应。对潜在性的危险反应，采取适当的隔离措施；工艺参数是否接近危险的界限值；会产生的危险反应、不良的介质流动和环境污染的防护措施；明确正常状态与异常状态的反应速度及其发生的后果；正常生产过程中的换热措施；了解工艺过程的化学反应；装置发生异常或剧烈反应及制止剧烈反应的措施；装置发生故障时，应有紧急停车措施和防止造成事故的防护装置。

（3）装置。与大气相通的系统是否有潜在的危险及其位置是否合理，不应影响生产装置；化工生产的水封；设备外发生事故，对设备内的影响；主要设备的安全阀、防爆板及其位置；储存区的安全管理措施；易燃易爆场所的灭火装置和灭火器材的位置；液面计、液位计的防护措施；紧急开关和阀门在事故状态下应易于接近；锅炉、压力容器的登记、检验和检测，并建立档案；检修时，应有必要的检修手续，对现场危险性有正确的判断及检修的质量；易燃易爆场所的防静电措施；易燃易爆场所的屏蔽或隔离措施；压力表、安全阀的定期检验。

（4）仪表。仪表的动力电源发生故障会有什么危险；对仪表进行维修和检修时，会对生产产生什么影响，有什么保证安全的措施；有关安全的仪表反应速度；对重要的仪表和装置，有无备用品；设计时应把工艺的安全作为生产过程的一个环节考虑；异常天气的温度、湿度对仪表的影响；表盘刻度是否容易读取；仪表的防护罩；仪表的定期检验和检测。

（5）操作。操作规程的检查和研究；职工对操作法的熟悉程度，特别是开车、停车、紧急停车和处理的熟悉程度和训练；工艺流程和工艺指标的经常性检查；开车前的装置处理和全面检查；针对不同事故的具体操作程序；产品的灌装和堆放的安全措施和防护装置；日常维修和检修作业的危险性；环境保护的"三废"排放要求；惰性气体的供应及其危险性；变更设计、改建、扩建、扩大生产、提高质量等，对安全生产的影响。

（6）公用工程。公用工程（指水、电、汽、燃气）发生问题时的安全保证及应急措施；通风、采暖、自控等能满足生产工艺技术的要求；考虑故障情况下的最坏的后果；燃气泄漏的可能性及其危险性，检测报警和安全防护装置的可靠性。

（7）平面布置。各种装置的间距，是否便于维护检修；个体的泄漏对整体的影响及防护措施；在管理上采取的措施。

另外，对于专业的安全检查表，如电器安全检查表、锅炉和压力容器安全检查表，它们都具有各自具体详细的内容，这里不再介绍。

安全检查的内容还包括：查领导，即查各级领导在工作中是否把安全工作放在应有的地位，在决策中是否考虑安全生产的要求，是否能够保证安全生产必要的投入；查思想，即检查各级生产管理人员对安全生产的认识，对安全生产的方针政策、法律、法规和各项规章制度的贯彻执行情况；查管理，即查安全管理的各项具体工作的执行情况，如安全生产责任制和其他安全管理规章制度是否健全，安全技术措施、安全教育、事故管理等的实施情况；查隐患，即检查劳动条件、生产设备、安全卫生设施是否符合安全卫生条件的要求，职工在生产中的不安全行为的情况等；查整改，即查曾经检查出的隐患是否进行了相应的整改或采取了相应的措施。

2.1.4 实用举例

【例2-1】 矿山企业综合检查表，见表2-3。

表2-3 矿山企业安全现状综合检查表

序号	检 查 内 容	依 据	结果	备注
1	矿山、建筑施工单位和危险物品的生产、经营、储存单位，应当设置安全生产管理机构或者配备专职安全生产管理人员	《安全生产法》	第19条	
2	危险物品的生产、经营、储存单位以及矿山、建筑施工单位的主要负责人和安全生产管理人员，应当由有关主管部门对其安全生产知识和管理能力考核合格后方可任职		第20条	
3	生产经营单位应当对从业人员进行安全生产教育和培训，保证从业人员具备必要的安全生产知识，熟悉有关的安全生产规章制度和安全操作规程，掌握本岗位的安全操作技能。未经安全生产教育和培训合格的从业人员，不得上岗作业		第21条	
4	生产经营单位进行爆炸、吊装等危险作业，应当安排专门人员进行现场安全管理，确保操作规程的遵守和安全措施的落实		第35条	
5	生产经营单位必须为从业人员提供符合国家标准或者行业标准的劳动防护用品，并监督、教育从业人员按照使用规则佩戴、使用		第37条	
6	矿山必须有与外界相通的、符合安全要求的运输和通信设施	《矿山安全法》	第11条	
7	矿山企业必须对下列危害安全的事故隐患采取预防措施： ① 冒顶、片帮、边坡滑落和地表塌陷 ② 爆炸器材和爆炸作业发生的危害		第18条	
8	矿山企业必须建立、健全安全生产责任制		第20条	
9	矿山企业必须对职工进行安全教育、培训；未经安全教育、培训的，不得上岗作业；矿山企业安全生产的特种作业人员必须接受专门培训，经考核合格取得操作资格证书的，方可上岗作业		第26条	
10	矿长必须经过考核，具备安全专业知识，具有领导安全生产和处理矿山事故的能力；矿山企业安全工作人员必须具备必要的安全专业知识和矿山安全工作经验		第27条	
11	矿山企业必须向职工发放保障安全生产所需的劳动防护用品		第28条	
12	矿山企业必须制定矿山事故防范措施，并组织落实		第30条	
13	矿山企业应当建立由专职或者兼职人员组成的救护和医疗急救组织，配备必要的装备、器材和药物		第31条	

(续)

序号	检 查 内 容	依 据	结果	备注
14	矿山企业必须按照国家有关规定对职工经常进行安全教育，搞好技术培训	《矿山安全条例》 第7条		
15	所有爆炸材料库不得超量储存，不得发放、使用变质失效或外部破损的爆炸材料	第45条		
16	矿山企业必须建立爆炸材料领退制度	第46条		
17	进行爆炸作业，必须明确规定警戒区范围和岗哨位置以及其他安全事项。爆炸后留下的盲炮（瞎炮），应当由现场作业指挥人和爆炸工组织处理。未处理妥善前，不许进行其他作业	第47条		
18	新工人入矿前，必须经过健康检查，不适于从事矿山作业的，不得录用	第57条		
19	矿山企业应当建立、健全下列安全生产责任制： ① 行政领导岗位安全生产责任制 ② 职能机构安全生产责任制 ③ 岗位人员的安全生产责任制	《矿山安全法实施条例》 第28条		
20	爆炸工、信号工、电工、金属焊接（切割）工和矿内机动车驾驶员等特种作业人员应当接受专门技术培训，经考核合格取得操作资格证书后，方可上岗作业	第37条		
21	具备采矿许可证、爆炸物品使用证、营业执照	《安全生产规定》 第4条		
22	凡从事爆炸作业的人员，必须由矿场主管部门审查和专业训练，经所在地的县（市）公安局考核合格，获得爆炸员作业证，方准作业	第10条		
23	爆炸作业必须严格执行国家标准《爆炸安全规程》的规定： ① 严格爆炸器材的管理，爆炸器材必须储存在专用的仓库或储存室内。使用爆炸器材必须建立严格的领取、清退制度。当班剩余的爆炸器材必须及时清点退回库房保管。严禁乱放、乱扔、私存和转让他人 ② 工作面遇有瞎炮时，必须及时处理。处理瞎炮时，禁止掏出或拉出起爆药包。严禁打残眼	第11条		
24	爆炸作业必须实行定时爆炸制度，在规定的时间进行。禁止在雷雨天、夜间和雾天进行爆炸作业	第12条		
25	对矿场产尘作业点必须采取有效的防尘措施，坚持湿式作业。粉尘浓度要达到国家工业卫生标准的要求。爆炸后和装卸矿岩时，应进行喷雾洒水。确无水源时，应采取干式捕尘措施 接触粉尘作业人员应戴防尘口罩	第13条		

(续)

序号	检查内容	依据	结果	备注
26	爆炸器材必须储存在专用的仓库、储存室内,并设专人管理,不准任意存放	《民用爆炸物品管理条例》	第13条	
27	储存爆炸器材的仓库、储存室,必须做到: ① 建立出入库检查、登记制度 ② 库房内储存的爆炸器材数量不得超过设计容量。性质相抵触的爆炸器材必须分库储存。库房内严禁存放其他物品 ③ 严禁无关人员进入库区	《民用爆炸物品管理条例》	第16条	
28	需用爆炸器材时,应当报经上级主管部门审查同意,向所在地县、市公安局申请领取爆炸物品购买证,凭证向指定的供应点购买	《民用爆炸物品管理条例》	第19条	
29	购买爆炸器材,需要运输的,应当在申请领取"爆炸物品购买证"的同时,申请领取"爆炸物品运输证"	《民用爆炸物品管理条例》	第22条	
30	建立、健全主要负责人、分管负责人、安全生产管理人员、职能部门、岗位安全生产责任制;制定安全检查制度、职业危害预防制度、安全教育培训制度、生产安全事故管理制度、重大危险源监控和重大隐患整改制度、设备安全管理制度、安全生产档案管理制度、安全生产奖惩制度等规章制度;制定作业安全规程和各工种操作规程	《非煤矿矿山企业安全生产许可证实施办法》	第5条	
31	安全投入符合安全生产要求,按照有关规定提取安全技术措施专项经费	《非煤矿矿山企业安全生产许可证实施办法》	第5条	
32	设置安全生产管理机构,配备专职安全生产管理人员	《非煤矿矿山企业安全生产许可证实施办法》	第5条	
33	主要负责人和安全生产管理人员的安全生产知识和管理能力经考核合格	《非煤矿矿山企业安全生产许可证实施办法》	第5条	
34	依法参加工伤保险,为从业人员缴纳工伤保险费	《非煤矿矿山企业安全生产许可证实施办法》	第5条	
35	制定边坡坍塌等各种事故以及采矿诱发地质灾害等事故的应急救援预案	《非煤矿矿山企业安全生产许可证实施办法》	第5条	
36	建立事故应急救援组织,配备必要的应急救援器材、设备;生产规模较小可以不建立事故应急救援组织的,应当指定兼职的应急救援人员,并与邻近的事故应急救援组织签订救护协议	《非煤矿矿山企业安全生产许可证实施办法》	第5条	
37	有具有资质的设计单位设计的开采设计和附图。附图包括地质地形图、采场工程平面布置图和采场剖面图	《非煤矿矿山企业安全生产许可证实施办法》	第9条	
38	爆炸器材管理、爆炸安全距离和爆炸作业符合《爆炸安全规程》规定	《非煤矿矿山企业安全生产许可证实施办法》	第9条	

【例2-2】 举例说明工程施工安全管理检查评分表，具体内容及样式见表2-4。

表2-4 安全管理检查评分表

序号	检查项目		扣 分 标 准	应得分数	扣减分数	实得分数
1	保证项目	安全生产责任制	未建立安全责任制，扣10分 各级各部门未执行责任制，扣4~6分 经济承包中无安全生产指标，扣10分 未制定各工种安全技术操作规程，扣10分 未按规定配备专职安全员，扣10分 管理人员责任制考核不合格，扣5分 无安全日志，每少一天，扣2分	12		
2		施工组织设计	施工组织设计中无安全措施，扣10分 施工组织设计未经审批，扣10分 专业性较强的项目，未单独编制专项安全施工方案，每缺一项，扣8分 未按规范对专项施工方案进行专家论证审批，扣5分 安全措施不全面，扣2~4分 安全措施无针对性，扣6~8分 安全措施未落实，扣8分	12		
3		分部（分项）工程安全技术交底	无书面安全技术交底，扣10分 交底针对性不强，扣4~6分 交底不全面，扣4分 交底未履行签字手续，扣2~4分	12		
4		安全检查	无定期安全检查制度，扣5分 安全检查无记录，扣5分 检查出事故隐患，整改做不到定人、定时间、定措施，扣6分 对事故隐患整改通知书所列项目未如期完成，扣5分	12		
5		安全教育	无安全教育制度，扣10分 新入厂工人未进行三级安全教育，扣10分 无具体安全教育内容，扣6~8分 变换工种时未进行安全教育，扣10分 每有一人不懂本工种安全技术操作规程，扣2分 每有一人未通过入场安全教育和考核上班，扣3分 施工管理人员未按规定进行年度培训，扣5分 专职安全员未按规定进行年度培训考核或考核不合格，扣5分	12		
		小计		60		

(续)

序号	检查项目	扣分标准	应得分数	扣减分数	实得分数
6	一般项目 / 班前安全活动	未建立班前安全活动制度，扣 10 分 班前安全活动无记录，缺一次，扣 2 分 班前教育活动无针对性，扣 5 分	10		
7	一般项目 / 特种作业持证上岗	无特殊作业人员管理制度，扣 5 分 每有一人未经培训从事特种作业，扣 4 分 每有一人未持操作证上岗，扣 2 分	10		
8	一般项目 / 工伤事故	工伤事故未按规定报告，扣 6 分 工伤事故未按事故调查分析规定处理，扣 10 分 未建立工伤事故档案，扣 4 分	10		
9	一般项目 / 安全标志	无现场安全标志布置总平面图，扣 5 分 现场未按安全标志总平面图设置安全标志，扣 5 分	10		
	小计		40		
	项目合计		100		

检查部位： 检查人：

注： 1. 每项最多扣减分数不大于该项应得分数。
　　2. 保证项目有一项不得分或保证项目小计得分不足 40 分的，检查评分表记零分。

【例 2-3】 高处作业现场安全检查表，见表 2-5。

表 2-5 高处作业安全检查表

检查单位： 检查时间： 年 月 日

检查项目	序号	检查内容	检查结果	备注
施工人员	1	无高血压、心脏病、精神病等不适于高处作业的病症		
	2	正确穿戴安全帽、软底鞋等防护用品		
	3	井、孔口、临空面边缘不准休息和停留		
	4	不准向下抛丢物体、材料		
	5	不准沿绳、立杆攀爬		
	6	作业前检查安全绳的牢固程度，不准使用不合格的安全绳		
架子平台	7	按设计施工、牢固可靠		
	8	定期检查排架损伤、腐朽、松动情况，及时维护		
	9	井、孔口、预留口加盖板或设围栏		
	10	平台脚手板铺满钉牢、临空面有护身栏杆，不准有探头板		
	11	栈道栈桥通道有扶手栏杆，扶梯固定牢固，通道外侧下部为道路或作业场所时边缘有 10cm 以上的挡板		
	12	堆物整齐、稳固，不准超负荷		
	13	废物废渣及时清理，不得乱丢乱堆		

(续)

检查项目	序号	检查内容	检查结果	备注
临空边缘悬空作业	14	悬挂合格的安全网或搭设其他防护设施		
	15	正确拴挂安全网		
	16	使用工具和易下落的物体，有绳子拴牢，不能下掉		
	17	下方为通道或其他工作场所，应有防护棚或专人监护		
其他	18	六级以上大风、暴雨、浓雾等恶劣天气，停止作业		
	19	雪天、冰冻天气应清除雪、霜、冰和采取防滑措施		
	20	夜间有足够的照明		
	21	石棉瓦等简易轻型屋顶作业有相应的安全防护措施		
	22	带电体附近作业应保持规定的安全距离或采取防护隔离措施		
	23	登高作业，电杆立杆等埋设固定牢靠，登高工具合格		

2.2 预先危险性分析

2.2.1 基本含义

预先危险性分析（Preliminary Hazard Analysis，简记为 PHA），又称为预先危险分析，是一种定性分析系统内危险因素和危险程度的方法。

预先危险性分析是在每项工程活动之前，如设计、施工、生产之前，或技术改造后，即制定操作规程和使用新工艺等情况之后，对系统存在的危险性类型、来源、出现条件、导致事故的后果以及有关措施等，做概略分析。其目的是辨识系统中存在的潜在危险，确定其危险等级，防止这些危险发展成事故。预先危险性分析也是对固有系统中采取新的操作方法、接触新的危险性物质、工具和设备时进行的分析。这种方法是一种简单易行、经济、有效的定性分析方法。预先危险性分析的目的是防止操作人员直接接触对人体有害的原材料、半成品、成品和生产废弃物，防止使用危险性工艺、装置、工具和采用不安全的技术路线；如果必须使用时，也应从工艺上或设备上采取安全措施，以保证这些危险因素不致发展成为事故。

2.2.2 分析内容与其优点

系统安全分析的目的不是分析系统本身，而是预防、控制或减少危险性，提高系统的安全性和可靠性。因此必须从确保安全的观点出发，寻找危险源（点）产生的原因和条件，评价事故后果的严重程度，分析措施的可能性、有效性，采取切合实际的对策，把危害与事故发生率降低到最低程度。

1. 预先危险性分析的内容

根据安全系统工程的方法，生产系统的安全必须从人—机—环境系统进行分析，而且在进行预先危险性分析时应持这种观点：即对偶然事件、不可避免事件、不可知事件等进行剖析,尽可能地把它变为必然事件、可避免事件、可知事件,并通过分析、评价控制事故发生。

分析的内容可归纳几个方面:
(1) 识别危险的设备、零部件,并分析危险发生的可能性条件。
(2) 分析系统中各子系统、各元件的交接面及其相互关系与影响。
(3) 分析原材料、产品,特别是有害物质的性能及储运。
(4) 分析工艺过程及其工艺参数或状态参数。
(5) 人、机关系(操作、维修等)。
(6) 环境条件。
(7) 用于保证安全的设备、防护装置等。

2. 预先危险性分析的主要优点

(1) 分析工作做在行动之前,可及早采取措施排除、降低或控制危害,避免由于考虑不周造成损失。
(2) 对系统开发、初步设计、制造、安装、检修等进行分析的结果,可以提供应遵循的注意事项和指导方针。
(3) 分析结果可为制定标准、规范和技术文献提供必要的资料。
(4) 根据分析结果可编制安全检查表以保证实施安全,并可作为安全教育的材料。

3. 预先危险性分析的适用范围

预先危险性分析适用于固有系统中采取新的方法,接触新的物料、设备和设施的系统安全分析。预先危险性分析既可用于对整个系统的分析,又可用于对某个子系统、某项设备或某项操作的分析,该分析法一般在项目的发展初期使用。当只希望进行粗略的危险和潜在事故情况分析时,也可用 PHA 对已建成的装置进行分析。

预先危险性分析是一种常用的定性分析方法,大多数情况下能辨别出系统中存在的主要危险,但随着系统设计的深入,还会有新的危险出现,故 PHA 常与其他方法结合使用。

2.2.3 分析步骤及应注意的问题

1. 分析的一般步骤

分析的一般程序,如图 2-2 所示。

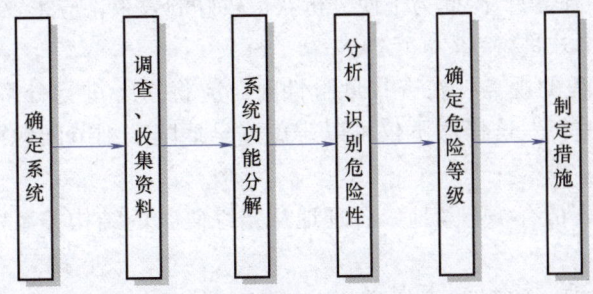

图 2-2 预先危险性分析的程序

(1) 确定系统。明确所分析系统的功能及分析范围。
(2) 调查、收集资料。调查生产目的、工艺过程、操作条件和周围环境。收集设计说明书、本单位的生产经验、国内外事故情报及有关标准、规范、规程等资料。

(3) 系统功能分解。一个系统是由若干个功能不同的子系统组成的,如动力、设备、结构、燃料供应、控制仪表、信息网络等。其中还有各种连接结构,同样,子系统也是由功能不同的部件、元件组成的,如动力、传动、操纵和执行等。为了便于分析,按系统工程的原理,将系统进行功能分解,并绘出功能框图,表示它们之间的输入、输出关系,功能框图示例如图2-3所示。

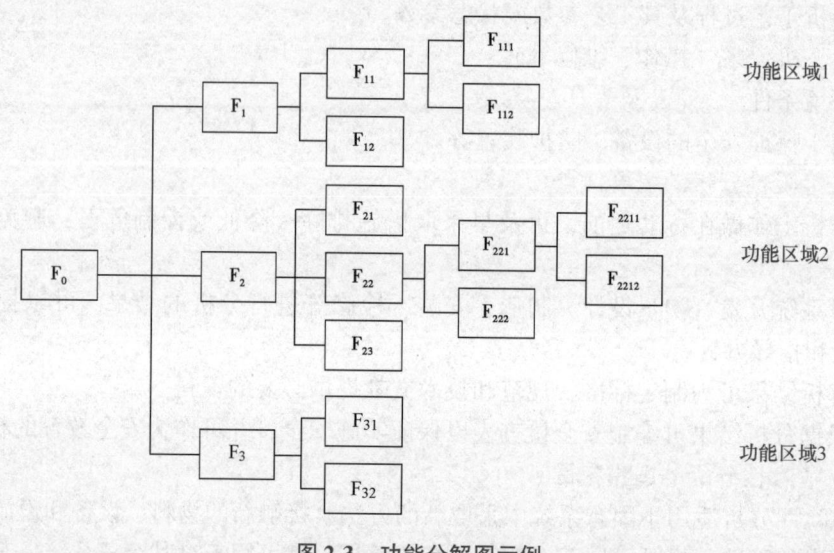

图 2-3 功能分解图示例

(4) 分析、识别危险性。确定危险类型、危险来源、初始伤害及其造成的危险性,对潜在的危险点要仔细判定。

(5) 确定危险等级。在确认每项危险之后,都要按其效果进行分类。

(6) 制定措施。根据危险等级,从软件(系统分析、人机工程、管理、规章制度等)、硬件(设备、工具、操作方法等)两方面制定相应的消除危险性的措施和防止伤害的办法。

2. 预先危险性分析应注意的问题

(1) 由于在新开发的生产系统或新的操作方法中,对接触到的危险物质、工具和设备的危险性还没有足够的认识,因此为了使分析获得较好的效果,应采取设计人员、操作人员和安技干部三结合的形式进行。

(2) 根据系统工程的观点,在查找危险性时,应将系统进行分解,按系统、子系统、系统元件一步一步地进行。这样做不仅可以避免过早地陷入细节问题而忽视重点问题的危险,而且可以防止漏项。

(3) 为了使分析人员有条不紊地、合理地从错综复杂的结构关系中查出深潜的危险因素,可采取以下对策。

1) 第一,迭代。对一些深潜的危险,一时不能直接查出危险因素时,可先做一些假设,然后将得出的结果作为改进后的假设,再进一步查危险因素。这样经过一步一步地试析,向更准确的危险因素逼近。

2) 第二,抽象。在分析过程中,对某些危险因素常忽略其次要方面,首先将注意力集中于危险性大的主要问题上。这样可使分析工作能较快地入门，先保证在主要危险因素上取得结果。

另外也可以运用控制论的观点来探求，如图 2-4 所示。输入是一定的，技术系统（具体结构）也是一定的，问题是探求输出哪些危险因素。

（4）在可能条件下，最好事先准备一个检查表，指出查找危险性的范围。

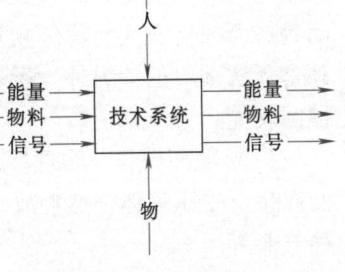

图 2-4 分析系统

2.2.4 危险性辨识

生产现场包含着来自人、机（物）和环境三方面的多种隐患，为确保安全生产，就必须分析和查找隐患，并及早消除，将事故消灭在发生之前，做到预防为主。因此，识别危险性是首要问题。

造成事故必须有两个因素，一是有引起伤害的能量，二是有遭受伤害的对象（人或物），两者缺一不可。而且这两个因素必须相距很近，伤害能量能够作用到对象，才能造成事故。如人的不安全行为和机械或物质危险是人—机"两方共系"中能量逆流的两个系列，其轨迹交叉点就会造成事故。

潜在的危险性只有在一定条件下才能发展成为事故。为了迅速地找出危险源（点），除需具有丰富的理论基础和实践知识外，还可以从能量的转换等几方面入手。

生活和生产都离不开能源，在正常情况下，能量通过做有用功制造产品和提供服务，其能量平衡式为：

$$输入能 = 有用功（做功能）+ 正常耗损能$$

但在非正常运行状态下，其能量平衡式为：

$$输入能 = 有用功 + 正常耗损能 + 逸散能$$

这个逸散能作用在人体上就是伤害事故，作用在设备上则损坏设备。因此，从预防事故来看，关键是查找出生产现场能量体系中潜在的危险因素。

能够转化为破坏能力的能量有：电能、原子能、机械能、势能和动能、压力和拉力、燃烧和爆炸、腐蚀、放射线、热能和热辐射、声能、化学能等。

另一种表示破坏能量的因素及事件也可作为参考：加速度、污染、化学反应、腐蚀、电（电击、电感、电热、电源故障等）、爆炸、火灾、热和温度（高温、低温、温度变化）、泄漏、湿度（高湿、低湿）、氧化、压力（高压、低压、压力变化）、辐射（热辐射、电磁辐射、紫外线辐射、电离辐射）、化学灼伤、结构损害或故障、机械冲击、振动与噪声等。

为便于分析，应了解能量转换过程，为此有必要进一步叙述能量失控情况。一般说来，能量失控情况可分为两种模式：物理模式和化学模式。各类生产企业中，机械设备很多，因此从事故数量上来看，物理模式的能量失控引起的事故占大多数。

1. 物理模式

物理能可分为势能和动能两种形式。以势能的形式出现的，如处于高处的物体（如落体、坠落、倒塌、崩垮、塌方、冒顶等）、受压的弹性元件、储存的热量、电压等。以动能的形式出现的有运动的机械、行驶的车辆、电流、流动的液体等。势能是静止的、潜在的，人们对其危险性的认识往往不敏感。然而由于某种原因，势能转换为动能时，危险性就可能急剧增大。动能凭人的视觉能感觉到它的存在，危险性可以一目了然，但是静止的人会被运动物体所撞伤，人与物体相互运动也可能受伤，行动的人碰到静止物体也会受伤，这些危险都是无法预料的。另外，还要注意有些物体同时具有两种能量，如电动机既有电能，又有机械回转能。

（1）物理爆炸。物理爆炸是纯粹物理现象产生的冲击波，它常常是因压力容器的破坏而产生，受压气体突然释放，能够产生很大的破坏力，如空压机储气罐、液化气储气罐、各种气瓶等。

（2）锅炉爆炸。锅炉是工业生产中用得较多的设备，又是比较容易发生灾害性事故的设备。锅炉爆炸比单纯的受压气体爆炸的破坏性更大，因为在相同压力下，蒸汽比同等体积的气体的能量大很多倍。另外，锅炉的过热水由于锅炉破坏而闪蒸成蒸汽，使蒸汽中所含的热量进一步增多。引起锅炉爆炸的主要事件是锅炉体结垢、炉壁腐蚀、缺水和超压运行。所有的蒸汽发生器、冷却水夹套、烧沸水的设备、家用水暖设备等，都有可能发生锅炉型爆炸。

（3）机械失控。机械把一种形式的能量转换为另一种形式的能量，如把水的势能转换为电能，或把机械能转换成压缩、成形、挤压、破碎、切削等有用功。正在运转的机器有很大的动能，它们不断地有次序地进行能量转换工作或做有用功。由于机械设计不良、强度计算有误或超负荷运转，都可能造成机械失控，对机器本身或其附近目标做破坏功。例如，离心机由于超速运行而发生爆炸。

（4）电气失控。电动机和发电机是转换能量的装置，输电线和变压器、配电设备等则是传输电能的装置，而且前者同时具有电能和机械能。将电能转换为机械能的设备系统或元件若不完善或超负荷运行就可能发生电气失控，电能有逆流到人体的潜在危险，同时也会造成火灾或其他损失。

（5）其他物理能量失控。一些物理因素如热辐射、核污染、噪声和次声、电场和磁场、微波、激光、红外和紫外辐射等，如果失控，都会引起人员伤亡和财产损失。

2. 化学模式

化学模式危险性所产生的破坏力和物理模式不同，它是通过物质化合和分解等化学反应产生的能量失控而造成火灾或爆炸。其过程是静态化学能通过化学反应转变为物理能，由物理能对目标施加破坏力。化学爆炸的起因是由于化学反应失控，瞬时产生大量高温气体，该气体受到约束时可具有极大的压力，高压气体产生冲击波对周围目标造成破坏。化学模式通常有三种情况。

（1）直接火灾。当可燃性物质和氧气共存时，遇到火源就有可能发生火灾。但是，应该注意某些非可燃性物质也有发生直接火灾的可能性，如各类粉尘，包括有机塑料粉尘，染料粉尘，某些金属如镁、铝等粉尘，煤及谷物粉尘等，它们能和空气充分结合，有些还有吸附空气的能力。这些粉尘在加工、运输、储存过程中，容易造成粉尘爆炸，产生严重后果。

在石油和易燃液体加工过程中，一般都注意到尽可能减少与空气接触。但是在储存过程中，如石油储罐都装有呼吸阀，当环境温度高时（中午）排出多余的油气，若油气受到空间的约束，达到爆炸极限时，遇火就会发生爆炸；当环境温度低时（晚上或雨后），则会吸入周围空气，如遇到静电火花也会发生爆炸。

（2）间接火灾。间接火灾是指受外力破坏引起本身发生火灾的情况，如设备或容器遭受外来事故的波及、易燃物质外泄、遇火源发生爆炸等。因此，在设计布局时要注意设备之间、装置之间、工厂之间的距离，避免间接火灾发生。

（3）自动反应。有些化学反应物体本身带有含氧分子团，不需外部供氧就能发生氧化反应。如炸药、过氧化物等，性质极不稳定，遇到冲击振动或其他刺激因素就能发生火灾爆炸。另外，有些化合物本身聚合（不饱和烃类）和分解（乙炔），受到温度、压力或储存时间的影响会自动发生反应，造成火灾爆炸。

3. 有害因素

很多化学物质如氰化物、氯气、光气、氨、一氧化碳等，都会对人体造成急性或慢性的毒害。因此，国家为了保护职工身体健康，规定了这些有害物质在操作环境中的最高允许浓度，超过了规定的允许值则被认为存在着危险性。

要注意惰性气体等对人的危害性，如氮气会使人窒息致死。

生物性有害因素会使人致病，如致病微生物（细菌、病毒、真菌、原生物、螺旋体等）。

4. 外力因素

外力是指受到外界爆炸而产生的冲击波、爆炸碎片的袭击等和地震、洪水、雷击、飓风等自然现象，对生产设备或房屋外施加很大的能量而造成的损坏和人身伤亡。

5. 人的因素

在人—机系统中，人子系统比机械子系统可靠性低很多。因为人具有自由性，再加上构成劳动集体的每个成员的精神素质和心理特征不同，易受环境条件所造成的心理上的影响，从而造成误操作。为了防止事故的发生就必须对人加强教育训练，提高其可靠性、适应能力和应变能力，同时加强人机工程学的研究，使机器能适应人的操作，减少误差。

6. 环境因素

在生产现场，除机器设备能构成不安全状态和人的不安全行为能造成事故外，生产所用的原材料、半成品、成品、工具以及工业废弃物等，若放置不当也会形成不安全状态，因为这些物体具有潜在的势能。还有粉尘、毒气、恶臭、照明、温度、湿度、噪声、振动、高频、微波、放射性等危害。环境危害不只限于在操作点上发生，而是发生在一定的范围内，影响面大。

2.2.5 危险性等级划分与确定

1. 危险性等级的划分

在危险性查出之后，应对其划分等级，排列出危险因素的先后次序和重点，以便分别处理。由于危险因素发展成为事故的起因和条件不同，因此在预先危险性分析中仅能作为定性评价，其等级见表2-6。

表2-6 危险性等级分布表

级　　别	危险程度	可能导致的后果
1级	安全的	不会导致伤害或疾病，系统无损失，可以忽略
2级	临界的	处于事故的边缘状态，暂时还不会造成人员伤亡和系统的损坏，但应予排除或控制
3级	危险的	会造成人员伤亡和系统损坏，要立即采取措施控制
4级	破坏性的	破坏性的，会造成死亡或系统报废，必须设法消除

2. 危险性等级的确定方法

当系统中存在很多危险因素时,如何分清其严重程度,因人而异,带有很大的主观性。为了较好地符合客观性,可集体讨论或多方征求意见,也可采取一些定性的决策方法。下面介绍一种矩阵比较法,其基本思路是:如有很多大小差不多的圆球放在一起,很难一下分出哪个最大,哪个次之。若将它们一对一比较,则较易判明。

其具体方法是列出矩阵表。设某系统共有 6 个危险因素需要进行等级判别,可分别用字母 A、B、C、D、E、F 代表,画出一个如图 2-5a 所示的方阵。

按方阵图中顺序,比较每一列因素的严重性,用"×"号表示在列里严重、在行里不严重的因素。例如比较因素 A 和 B,A 比 B 严重,则在第一列第二行空格内画"×"号。再比较因素 A 和 C,A 比 C 不严重,在第一列第三行空格内不画"×"号。照此方法,依次一一对应比较后,可得出每一列画"×"号的总和。图 2-5a 中结果是因素 E 画"×"号的总和为 5,因素 A、B、C 画"×"号的总和均为 3,因素 F 总和为 1,因素 D 则为零。这样就可得出各危险因素的严重性次序为:E、A、B、C、F、D。其中因素 A、B、C 具有同等的严重性。

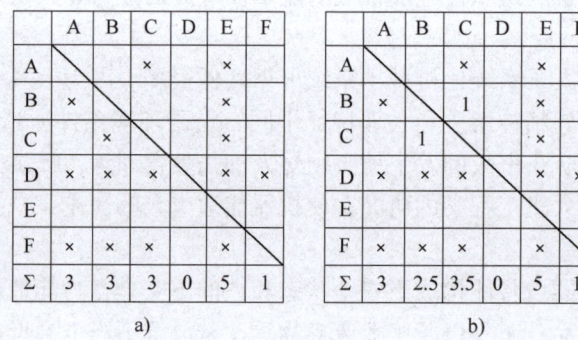

图 2-5 危险因素严重程度比较矩阵表

在这种情况下,可以承认 A、B、C 三因素具有同等严重性。为了分得细一些,也可在方阵图中增加一个"1"符号,以它代表严重性的 1/2,如图 2-5b 所示,在两者有关的行和列各画一个"1"符号。这样处理后,对 A、B、C 三个因素进行比较,可看出,因素 C 画"×"号和"1"符号为 3.5,因素 A 为 3,因素 B 为 2.5。这样,6 个因素的严重性的顺序是:E、C、A、B、F、D。需要指出的是,当因素较多时,这样一一对比会引起混乱,陷入自相矛盾的境地,为此要求在比较时应十分冷静、细致。

2.2.6 危险性控制

危险性识别和等级划分后,就可采取相应的预防措施,避免它发展成为事故。采取预防措施的原则首先是采取直接措施,即从危险源(或起因)着手。其次,则是间接措施,如隔离、个人防护等。其主要方法如下所述。

(1) 限制能量或采用安全能源代替危险能源,如限速装置、低电压设备、安全设备、限制生产能量等。

(2) 防止能量外泄,如自动温度调节器、熔丝、气体检测器、地面装卸作业、锐利工具等。

（3）防止能量散逸，如放射性物质的铅储器、绝缘材料、安全带等。

（4）在能量的放出路线上和放出的时间上采取措施，如排尘装置、安全禁止标志、防护性接地、安全连锁装置等。

（5）能量放出缓冲装置，如爆炸板、安全阀、保险带、冲击吸收装置等。

（6）在能量源上采取防护措施，如防护罩、喷水灭火装置、禁入栅栏、防火墙等。

（7）在能量和人与物之间设立防护措施，如玻璃视镜、过滤器、防噪声装置等。

（8）对人体采取防护措施，如防尘眼镜、安全靴、头盔、手套、呼吸器、防护用具等。

（9）提高耐受能力，选用适应性强的人和耐久性材料。

（10）降低损害程度的措施，如紧急冲浴设备、配置低放射线、救援活动和急救治疗等。

1. 防止能量的破坏性作用

（1）限制能量的集中与蓄积。一定量的能量集中于一点要比大面散开所造成的伤害程度更大。有一些具有能量的物体本身就是工厂的产品或原料，如炼油厂的原油及其成品汽油和轻油，发电厂的电以及一些化工企业原料用轻油等。对这样一些工厂要根据原料或产品的储量和周转量规定限额来限制能量集中。对某些机械能可采用限制能量的速度和大小，规定极限量，如限速装置。对电气设备采用低电压装置，如使用低压测量仪表以及熔丝、断路器和使用安全电压等。

防止能量蓄积，如温度自动调节器、控制爆炸性气体或有害气体浓度的报警器、应用低势能（如地面装卸作业）等。

（2）控制能量的释放。具体如下：

1）防止能量的逸散，如将放射性的物质储存在专用容器内，电气设备和线路采用良好的绝缘材料以防止触电，高空作业人员使用安全带及建筑工地张挂安全网。

2）延缓能量释放，如用安全阀、逸出阀、吸收机械振动的吸振器以及缓冲装置等。

3）另辟能量释放渠道，如接地电线、抽放煤层中的瓦斯、排空管等。

（3）隔离能量。具体如下：

1）在能源上采取措施，如在运动的机件上加防护罩、防冲击波的消波器、防噪声装置等。

2）在能源和人与物之间设防护屏障，如防火墙、防水闸墙、辐射防护屏以及安全帽、安全鞋和手套等个体防护用具等。

3）设置安全区、安全标志等。

（4）其他措施。为提高防护标准，可采用双重绝缘工具、低压电回路、连续监测和遥控等；为提高耐受能力，可挑选适应性强的人员，选用耐高温、高寒以及高强度材料。

2. 采取降低损失程度的措施

事故一旦发生，应马上采取措施，抑制事态发展，减轻危害的严重性，如设置紧急冲浴设备、开展快速救援活动和急救治疗等。

3. 防止人的失误

人的失误是人为地使系统发生故障或发生使机件不良的事件，是违反设计和操作规程的错误行为。人的可靠性比机械、电器或电子元件要低很多，特别是情绪紧张时容易受作业环境影响，失误的可能性更大。为了减少人的失误，应为操作人员创造安全性较强的工作条件，设备要符合人机工程学的要求，重复操作频率大的工作应用机械代替手工，变手工操作为自动控制。

建立健全规章制度、严格监督检查、加强安全教育也是有力措施。

2.2.7 实用实例

预先危险分析的记录结果一般采用表格的形式列出。表格的格式和内容可根据实际情况确定。表2-7~表2-9为几种基本的预先危险分析表（PHA）的表格格式。

表2-7 PHA 工作表

单元：		编制人员：		日期：
危 险	原 因	后 果	危险等级	改进措施/预防方法

表2-8 PHA 工作的典型格式表

地区（单元）：		会议日期：		
图号：		小组成员：		
危险/意外事故	阶 段	原 因	危险等级	对 策
事故名称	危险发生的阶段，如生产、试验、运输、维修、运行等	产生危害的原因	对人员及设备的危害	消除、减少或控制危险的措施

表2-9 PHA 表通用格式

系统：1		子系统：2		状态：3		制表者：			
编号：		日期：				制表单位：			
潜在事故	危险因素	触发事件	发生条件	触发事件	事故后果	危险等级	防范措施		备注
4	5	6	7	8	9	10	11		12

注：1——所分析子系统归属的车间或工段的名称；
2——所分析子系统的名称；
3——子系统处于何种状态或运行方式；
4——子系统可能发生的潜在危害；
5——产生潜在危害的原因；
6——导致产生"危险因素5"的那些不希望事件或错误；
7——使"危险因素5"发展成为潜在危害的那些不希望发生的错误或事件；
8——导致生产"发生条件7"的那些不希望发生的事件及错误；
9——事故后果；
10——危害等级；
11——为消除或控制危害可能采取的措施，其中包括对装置、人员、操作程序等几方面的考虑；
12——有关必要的说明。

PHA 的表格中应该有以下内容：①了解系统的基本目的、工艺工程、控制条件及环境因素等；②划分整个系统为若干子系统（单元）；③参照同类产品或类似的事故教训及经验，查明分析单元可能出现的危害；④确定危害的起因；⑤提出消除或控制危险的对策，在危险不能控制的情况下，分析最好的预防损失的方法。

【例 2-4】 表 2-10 是根据某液化石油气新建项目，做出的预先危险性分析，并提出了可行的防范措施，对表格中存在的事故发生原因进行分析。

表 2-10 液化石油气火灾、爆炸预先危险性分析

危险因素	液化石油气及其残液泄漏，压力容器爆炸
触发事件一	(1) 故障泄漏 ① 储罐、汽化器、管线、阀门、法兰等泄漏或破裂 ② 储罐等超装溢出 ③ 机、泵破裂或转动设备、泵密封处泄漏 ④ 罐、器、机、泵、阀门、管道、流量计、仪表等连接处泄漏 ⑤ 罐、器、机、泵、阀门、管道等因质量不好（如制造加工质量、材质、焊接等）或安装不当泄漏 ⑥ 撞击（如车辆撞击、物体倒落）或人为破坏造成罐、器及管线等破裂而泄漏 ⑦ 由自然灾害造成的破裂泄漏，如雷击、台风等 (2) 运行泄漏 ① 超温、超压造成破裂、泄漏 ② 安全阀等安全附件失灵、损坏或操作不当 ③ 垫片撕裂造成泄漏 ④ 骤冷、急热造成罐、器等破裂、泄漏 ⑤ 液化石油气瓶等压力容器未按有关规定及操作规程操作 ⑥ 转动部分不洁摩擦产生高温及高温物件遇易燃物品
发生条件	(1) 液化石油气浓度达到爆炸极限 (2) 液化石油气及其残液遇明火 (3) 存在点火源、静电火花、高温物体等引燃、引爆能量
触发事件二	(1) 明火 ① 点火吸烟 ② 烟火 ③ 抢修、检修时违章动火，焊接时未按"十不烧"及有关规定动火 ④ 外来人员带入火种 ⑤ 物质过热引起燃烧 ⑥ 其他火源，如电动机不洁、轴承冒烟着火 ⑦ 其他火灾引发二次火灾等 (2) 火花 ① 穿带钉皮鞋 ② 击打管道、设备产生撞击火花 ③ 电气线路陈旧老化或受到损坏产生短路火花，以及因超载、绝缘烧坏引起明火 ④ 静电放电 ⑤ 雷击（直接雷击、雷电二次作用，沿着电气线路或金属管道侵入）

(续)

危险因素	液化石油气及其残液泄漏，压力容器爆炸
触发事件二	⑥ 进入车辆未带阻火器等（一般要禁止驶入） ⑦ 焊、割、打磨产生火花等
事故后果	液化石油气跑损、人员伤亡、停产、造成严重经济损失
危险等级	Ⅳ
防范措施	(1) 控制与消除火源 ① 严禁吸烟、携带火种、穿带钉皮鞋进入易燃易爆区 ② 动火必须严格按动火手续办理动火证，并采取有效防范措施 ③ 易燃易爆场所使用防爆型电器 ④ 使用不发火的工具，严禁钢质工具敲打、撞击、抛掷 ⑤ 按规定安装避雷装置，并定期进行检测 ⑥ 按规定采取防静电措施 ⑦ 加强门卫，严禁机动车辆进入火灾、爆炸危险区，运送液化石油气的车辆必须配置完好的阻火器，正确行驶，杜绝发生任何故障和车祸 (2) 严格控制设备质量及其安装 ① 罐、器、管线、机、泵、阀等设备及其配套仪表要选用质量好的合格产品，并把好质量关和安装关 ② 管道、压力容器及其仪表等有关设施要按要求进行定期检验、检测、试压 ③ 对设备、管线、机、泵、阀、仪表、报警器、监测装置等要定期进行检查、保养、维修，保持完好状态 ④ 按规定安装电气线路，定期进行检查、维修、保养，保持完好状态 ⑤ 有液化石油气泄漏的场所，高温部件要采取隔热、密闭措施 (3) 防止液化石油气及其残液的跑、冒、滴、漏 (4) 加强管理、严格工艺纪律 ① 禁火区内根据"170号公约"和危险化学品安全管理条例张贴作业场所危险化学品安全标签 ② 杜绝"三违"（违章作业、违章指挥、违反劳动纪律），严守工艺纪律，防止生产控制参数发生变化 ③ 坚持巡回检查，发现问题及时处理，如液位报警器、呼吸阀、压力表、安全阀、防寒保温、防腐、联锁仪表、消防及救护设施是否完好，液位报警器是否正常，储罐、管线、截止阀、自动调节阀等有否泄漏，消防通道、地沟是否畅通等 ④ 检修时，特别是液化石油气及其残液储罐，必须做好与其他部分的隔离（如安装盲板等），并且要彻底清理干净，分析合格后，在有现场监护及通风良好的条件下，方能进行动火等作业 ⑤ 检查有否违章、违纪现象 ⑥ 加强培训、教育、考核工作 ⑦ 防止车辆撞坏管线等设施 (5) 安全设施要齐全完好 ① 安全设施（如消防设施、遥控装置）齐全并保持完好 ② 储罐安装高、低液位报警器 ③ 易燃、易爆场所安装可燃气体检测报警装置

【例2-5】 对某新建化工码头项目进行劳动卫生预评价,对码头装卸作业进行预先危险分析并提出了防范措施,分析结果见表2-11。

表2-11 码头装卸作业PHA分析

危险、有害因素	触发事件	现象	形成事故原因事件	事故模式	事故后果	危险等级	措　施
化学性爆炸:苯、苯乙烯等易燃易爆物料泄漏	运行泄漏: ① 码头设备运行泄漏 ② 接卸结束时,接卸臂洒漏 ③ 阀门、法兰等泄漏 ④ 泵破裂或泵、转动设备等动密封处泄漏 ⑤ 阀门、泵、管道、流量计、仪表连接处泄漏 ⑥ 阀门、泵、管道等因质量或安装不当泄漏 ⑦ 撞击或人为破坏等造成管道等破裂而泄漏 ⑧ 由自然灾害造成的破裂泄漏,如雷击等	① 易燃易爆物料蒸气浓度达到爆炸极限 ② 易燃易爆物料泄漏	火花: ① 穿带钉皮鞋 ② 用钢制工具敲打设备、管道产生撞击火花 ③ 电器火花 ④ 电气线路陈旧老化或受到损坏产生短路火花 ⑤ 静电放电 ⑥ 雷击(直接雷击、雷电二次作用,沿着电气线路、金属管道侵入) ⑦ 车辆未配灭火器等	可能引起火灾、爆炸	财产损失、人员伤亡、造成严重经济损失	Ⅳ	(1) 控制与消除火源 ① 严禁吸烟、携带火种、穿带钉皮鞋等进入易燃易爆区 ② 动火必须严格按动火手续办理动火证,并采取有效防范措施 ③ 使用防爆型电器,如防爆手电;使用安全电压(12V)防爆灯 ④ 使用青铜或镀铜工具,严禁钢质工具敲打、撞击、抛掷 ⑤ 按规定要求采取防静电措施,安装避雷装置 ⑥ 加强门卫,严禁机动车辆进入火灾、爆炸危险区 ⑦ 运送物料的机动车辆必须配备完好的阻火器 ⑧ 转动设备部位要保持清洁,防止因摩擦引起杂物等燃烧 ⑨ 周围居民区在一定范围内不能燃放烟花爆竹 (2) 严格控制设备质量及其安装质量 ① 泵、阀、管线等设备及其配套仪表要选用合格产品,并把好安装质量关 ② 管道等有关设施在投产前要按要求进行试压 ③ 对设备、管线、泵、阀、仪表等要定期检查、保养、维修,保持完好状态

通过预先危险分析,可以得知,该工程存在着火灾、爆炸、中毒、窒息、淹溺、触电、噪声等危险因素,引发火灾、爆炸的主要因素是故障泄漏和存在点火源。

【例2-6】 电气危险的PHA分析。

(1) 电气火灾事故的PHA分析(见表2-12)。电气设备火灾、爆炸事故在火灾和爆炸事故中占很大比例,仅就电气火灾而言,无论是发生频率还是所造成的经济损失,在火灾事故中所占的比例都有上升趋势。配电线路、高低压开关电器、熔断器、插座、照明器具、电动机、电热器具等电气设备均可能引起火灾。电容器、变压器等电气装置除可能引起电气火灾外，本身还可能发生爆炸。电气火灾火势凶猛，如不及时扑灭，势必迅速蔓延。电气火灾除可能造成人身伤亡和设备损坏外，还可能造成大规模或长时间停电，给企业、国家财产造成重大损失。

表 2-12　电气火灾事故 PHA 分析

危险、有害因素	事故所处位置	现象	结果	危险等级
安装、接线疏忽引起相间短路	断路器	接触电阻增大、爆出火花	导线烧毁、引起电气火灾	—
安装环境潮湿		电源端相间布满水气引起击穿	配电箱被烧、建筑物起火	
额定电流选择偏大	断路器熔断器	发生过载时在规定时间不动作	损害绝缘、接线端子和周围物体，严重时会引起短路	2
电流偏大	线缆	引起过载	保护不当会短路	2
线路超载		断路器频繁跳闸、无法用电	如强行使用，过载会引起短路	
漏电		三相对地短路	时间略长将引起电火花，酿成火灾	3
三相负载不平衡	单相用电设备	某相电压升高	严重时将烧毁单相用电设备，导致起火	2
中性线断裂		绝缘受损	保护不当将引起单相设备烧坏，产生电气火灾	2
单相接地	相线碰外壳和金属管道	小电流短路	引起打火或接弧，遇可燃物发生火灾	3

(2) 电缆线路故障 PHA 分析（见表 2-13）。电缆线路是供、配电系统的重要组成部分，担负着输送电能的任务。电缆线路应满足生产设施对供电可靠性的要求，且在电能的供应、分配和使用中，不应发生人身事故和设备事故。

电缆线路主要由电力电缆、终端封头和中间接头三部分组成。电缆则主要由导电线芯、绝缘层、保护层组成。

电缆敷设在电缆沟和电缆隧道中，也有直接埋于地下的情况。直接埋在地下的方式，容易施工、散热良好，但检修、更换不便，不能可靠地防止外力损伤，而且易受土壤中酸碱物质的腐蚀。电缆终端头和中间接头是整个电缆线路的薄弱环节。约有 70% 的电缆线路故障发生在终端头和中间接头部位。安全运行对防止和减少事故发生有着十分重要的意义。

表 2-13　电缆线路故障 PHA 分析

危险、有害因素	事故原因	现象	结果	危险等级
外力破坏	机械损伤	线缆短路或断裂	意外断电	3

(续)

危险、有害因素	事 故 原 因	现 象	结 果	危险等级
终端头污染	绝缘表面脏污	绝缘击穿	断电	3
中间接头爆炸	接头浸水	爆炸	意外断电	3
腐蚀	化学腐蚀和电腐蚀	金属护套腐蚀	绝缘破坏	3
虫害	白蚁破坏	金属护套穿孔，绝缘受潮	绝缘击穿	3
长期负荷运行	设计和管理不当	在电场的作用下，会发生绝缘老化现象	电缆绝缘击穿或意外断电	3
电缆进水	储存、敷设、电缆头制作过程不良	金属护套胀裂，绝缘浸水	绝缘击穿或中间接头爆炸	3
	外力破坏、中间接头击穿			

(3) 雷电事故的 PHA 分析（见表 2-14）。雷电是大气中的一种放电现象。雷电放电具有电流大、电压高的特点。其能量释放出来可能形成极大的破坏力。其破坏作用主要有以下几个方面：

1) 直击雷放电、二次放电、雷电流的热量会引起火灾和爆炸。
2) 雷电的直接击中、金属导体的二次放电、跨步电压的作用及火灾与爆炸的间接作用，均会造成人员的伤亡。
3) 强大的雷电流、高电压可导致电气设备击穿或烧毁；发电机、变压器、电力线路等遭受雷击，可导致大规模停电事故；雷击可直接毁坏建（构）筑物。

表 2-14 雷电事故的 PHA 分析

危险、有害因素	事 故 原 因	现 象	结 果	危险等级
雷击	防雷装置未动作	绝缘被击穿后剧烈放电使人身触电	火灾、爆炸设备伤害或人身伤亡	3
反击事故	接闪器、引下线、接地装置与邻近导体安全距离不够	绝缘击穿、剧烈放电	火灾、爆炸或人身伤亡	3
雷电侵入波	雷电侵入波沿低压线路进入室内	人身触电变压器绝缘击穿	人身伤亡设备损坏	3
	雷电侵入波的正变换电压与来自高压边的反变换电压击穿变压器的绝缘			

2.3 故障类型及影响分析

故障类型及影响分析（Failure Modes and Effects Analysis，简称 FMEA），是安全系统工

程中重要分析方法之一。它采取系统分割的概念，根据实际需要把系统分割成子系统，或进一步分割成元件。然后对系统的各个组成部分进行逐个分析，寻求各组成部分中可能发生的故障、故障因素以及可能出现的事故，可能造成的人员伤亡的事故后果，查明各种故障类型对整个系统的影响，并提出防止或消除事故的措施。

FMEA分析方法源于可靠性技术，最初只能做定性分析，后来在分析中增加了故障发生难易程度或发生概率的评价，将它与危险度分析（Criticality Analysis，CA）结合起来，发展成故障类型和影响危险性分析（FMECA），这样，如果确定了每个元件（或子系统）的故障发生概率，就可以确定系统的故障发生概率，从而实现对故障影响的定量评价。

2.3.1 基本概念及格式

1. 基本概念

（1）故障。故障是指系统或元素在运行过程中，不能达到设计规定的要求，因而不能实现预定功能的状态。通常情况下，研究系统中相同的组成部分和元素发生的故障并不是也不可能是相同的。

（2）故障类型。故障类型是指系统中相同的组成部分和元素所发生故障的不同形式，一般可从五个方面来考虑，即：运行过程中的故障；过早地起动；规定时间内不能起动；规定时间内不能停车；运行能力降级、超量或受阻。

（3）危险度。危险度分析是对系统中组成部分和元素的不同故障类型危险程度（危险度）的分析。通常用不同故障类型发生的概率来衡量其危险程度。

（4）故障等级。故障等级是衡量故障对系统任务、人员和财务安全造成影响的尺度。人们根据故障造成影响的大小而采取相应的处理措施，因此评定故障等级很有必要，评定时可以从以下几个方面来考虑：

1）故障影响大小。
2）对系统造成影响的范围。
3）故障发生的频率。
4）防止故障的难易。
5）是否重新设计。

2. 格式

表2-15为故障类型与影响分析一般格式。

表2-15 故障类型与影响分析表

子系统或设备部件	故 障 类 型	故 障 原 因	故 障 影 响	故障的识别	校正措施

对于故障类型及影响和危险度分析，在编制分析图表时，只需在故障类型及影响分析的图表之中加上通过分析计算得出的危险程度数值和故障发生概率数值两列栏目即可。

3. 故障类型及影响分析的适用范围

FMEA是一种归纳分析方法，主要是对系统的各组成部分，即元件、组件、子系统等进行分析，找出它们所能产生的故障及其类型，查明每种故障对系统安全的影响，判明故障的重要度，以便采取措施予以防止和消除。其优点是：从部件分析到故障，侧重上、下逻辑关系，容易掌握，有针对性，对硬件分析有较大优势；对于高风险的系统或子系统采用这种分析方法可以得到比 PHA 更为精确的结果。其缺点是：必须对系统的每个部件都进行分析，从经济上考虑较为不合理，尤其是大型、复杂系统，需耗费大量时间和精力；重在对单点故障及其对系统的影响分析，忽略了部件之间的相互作用，无法识别它们导致的组合故障类型对系统的影响。

在产品或系统的设计和研发阶段应合理使用 FMEA 方法，尤其在详细设计阶段，因为系统设计已细致到元器件层次，采用 FMEA 分析方法进行分析对保证设计的正确合理有积极作用，此时发现问题及时修改无需太昂贵的费用。理论上，FMEA 法适用于从系统到元器件任一层次的分析，实际中，常用于较低层次的分析，也常与其他方法结合使用。

2.3.2　FMEA 的步骤

（1）调查所分析系统的情况，收集整理资料。将所分析的系统或设备部件的工艺、生产组织、管理和人员素质、设备等情况，以及投产或运行以来的设备故障和伤亡事故情况进行全面调查分析，收集整理伤亡事故、设备故障等方面的有关数据和资料。

（2）危险源初步辨识。组织与该系统或设备部件有关的工人、技术人员和安全管理人员开展危险预知活动，摆明问题，从操作行为、设备、工艺、环境因素、管理状态等方面进行危险源辨识和分析。

（3）故障类型、影响及组成因素分析。危险源列出后，即根据收集整理的设备故障、伤亡事故情况等资料进行故障类型、影响及组成因素分析。

（4）故障等级分析。通过危险源辨识、故障类型及组成因素的分析，对系统中危险因素的基本情况有了初步了解，此时需进行故障等级分析，以衡量故障对系统造成的影响程度。

1）简单划分法。一般将故障对子系统或系统影响的严重程度分为 4 个等级，见表 2-16。简单划分法即以表 2-16 为依据，采用这种定性方法，直接判定故障模式的故障等级。

表 2-16　故障类型等级

故障等级	影响程度	危害后果
Ⅰ级	破坏性的	会造成严重人员伤害或系统损坏，必须设法消除
Ⅱ级	危险的	会造成较重人员伤害或系统损坏，需立即采取控制措施
Ⅲ级	临界的	会造成较轻人员伤害或系统损坏，但可排除和控制
Ⅳ级	可忽略	不会造成人员伤害和系统损坏

2）评点法。由于简单划分法是一种直接定性判别方法，基本上只考虑故障的危险性，不考虑其发生概率，因而具有一定的片面性。评点法可考虑故障影响大小、对系统造成影响的范围、故障发生概率等多个因素，实现对故障等级的半定量评估，因而得到了较为广泛的应用。评点法的计算形式多样，主要分为"乘积评点"和"求和评点"两种形式。

"乘积评点"形式：故障等级值 c_s 计算式为：

$$c_s = \sqrt[n]{c_1 c_2 \cdots c_i} = \sqrt[5]{c_1 c_2 c_3 c_4 c_5} \tag{2-1}$$

式中　c_s——总点数，$0 < c_s < 10$；

c_i——各因素的取值，$0 < c_i < 10$；

i——考虑的因素种类，$i = 1, 2, 3, \cdots, n$，一般取 $n = 5$，即：

c_1——故障影响大小，即损失严重程度；

c_2——故障影响范围，即影响到系统的哪个层次；

c_3——故障频率；

c_4——防止故障的难易程度；

c_5——是否为新设计的工艺。

最后，根据 c_s 值划分故障等级，划分标准见表 2-17。

表 2-17 评点法故障等级划分表

故 障 等 级	c_s 值	内　容	应采取的措施
Ⅰ（破坏性的）	7～10[①]	完不成任务，人员伤亡	变更设计
Ⅱ（危险的）	4～7	大部分任务完不成	重新讨论设计，也可变更设计
Ⅲ（临界的）	2～4	一部分任务完不成	不必变更设计
Ⅳ（可忽略）	<2	无影响	无

① 当 c_s 值大于 10 时，按 10 计。

"求和评点"形式：故障等级值 c_s 计算式为：

$$c_s = \sum_{i=1}^{n} c_i \tag{2-2}$$

同理，一般取 $n = 5$，此时 c_i 取值按表 2-18 划分。

表 2-18 "求和评点" c_i 取值划分表

评价因素	内　容	c_i 值
故障影响大小 c_1	造成生命损失	5.0
	造成相当程度的损失	3.0
	组件功能损失	1.0
	无功能损失	0.5
故障影响范围 c_2	对系统造成两处以上的重大影响	2.0
	对系统造成一处重大影响	1.0
	对系统无过大影响	0.5
故障频率 c_3	容易发生	1.5
	能够发生	1.0
	不大发生	0.7
防止故障的难易程度 c_4	不能防止	1.3
	能够防止	1.0
	易于防止	0.7
是否为新设计的工艺 c_5	内容相当新的工艺	1.2
	内容和过去类似的设计	1.0
	内容和过去一样的设计	0.8

注：故障发生概率，非常容易发生，1×10^{-1}；容易发生，1×10^{-2}；较容易发生，1×10^{-3}；不容易发生，1×10^{-4}；难以发生，1×10^{-5}；极难发生，1×10^{-6}。

(5) 检测方法与预防措施。检测主要采用常规或专门的方法测定故障和危险因素。预防措施是对故障因素和危险源的控制措施。

（6）按故障危险程度与概率大小，分先后次序，轻重缓急地逐项采取预防措施。

2.3.3 FMEA（故障类型及影响分析）举例

【例 2-7】 空气压缩机是在土木工程的道桥工程、地下工程等施工时常用的动力设备。空气压缩机的储气罐属于一种易于出现事故的高压容器，是安全管理工作中的重点设备系统。在此对空气压缩机储气罐的罐体和安全阀两元素的故障类型及影响进行了分析。分析后的结果列于表 2-19 中。

表 2-19 空气压缩机储气罐的故障类型及影响分析

组成元素	故障类型	故障的原因	故障的影响	故障的识别	校正措施
罐体	轻微漏气	接口不严	能耗增加	漏气噪声、空气压缩机频繁打压	加强维修保护
	严重漏气	焊接裂缝	压力迅速下降	压力表读数下降，巡回检查	停机修理
	破裂	材料缺陷、受冲压等	压力迅速下降、损伤人员和设备	压力表读数下降，巡回检查	停机修理
安全阀	漏气	接口不严、弹簧疲劳	能耗增加、压力下降	漏气噪声，空气压缩机频繁打压	加强维修保护
	错误开启	弹簧疲劳折断	压力迅速下降	压力表读数下降，巡回检查	停机修理
	不能安全泄压	由锈蚀污物等造成	超压时失去安全功能，系统压力迅速增高	压力表读数升高，阀门检验	停机检查更换

【例 2-8】 表 2-20 为起重机防止过卷装置和钢丝绳两组系统的 FMECA 应用实例。

表 2-20 起重机部分组成元素 FMECA 分析表

名称	组成元素	故障类型	故障原因	故障影响	发生概率	检查方法	校正措施	故障级别
防止过卷装置	电器零件	动作不可靠	零件失修	误动作	1×10^{-2}	通电检查	立即维修	$c_s = 1+1+1.5+0.7+0.8=5$ Ⅱ（危险的）
	机械部分	变形、生锈	使用过久	损坏	1×10^{-4}	观察	警惕	$c_s = 1+0.5+0.7+0.7+0.8=3.7$ Ⅲ（临界的）
	制动瓦块	间隙过大	螺钉松动	制动失灵	1×10^{-3}	观察	及时紧固	$c_s = 3+1+1+0.7+0.8=6.5$ Ⅱ（危险的）
钢丝绳	绳股	变形、扭结	使用过久	绳断裂	1×10^{-4}	观察	及时更换	$c_s = 1+0.5+0.7+0.7+0.8=3.7$ Ⅲ（临界的）
	钢丝	断丝 15%	使用过久	绳断裂	1×10^{-1}	观察	立即更换	$c_s = 1+1+1.5+1+0.8=5.3$ Ⅱ（危险的）

注：此处故障级别判断按照"求和评点"法进行，对每一类故障类型依据表 2-18 进行 c_i 取值，取值结果累加求得 c_s 值，最后按照表 2-17 划分故障等级。

2.4 危险性与可操作性研究

2.4.1 基本概念及特点

1. 基本概念

危险性与可操作性研究（Hazard and Operability Study，简记为 HAZOP），是英国帝国化学工业公司（ICI）于 1974 年针对化工装置而开发的一种危险性评价方法。

HAZOP 的基本过程是以关键词为引导，找出系统中工艺过程的状态参数（如温度、压力、流量等）的变化（即偏差），然后再继续分析造成偏差的原因、后果及可以采取的对策。通过危险性与可操作性研究的分析，能够探明装置及过程存在的危险，根据危险带来的后果，明确系统中的主要危险；如果需要，可利用事故树对主要危险继续分析，因此它又是确定事故树"顶上事件"的一种方法。在进行 HAZOP 分析过程中，分析人员对单元中的工艺过程及设备状况要深入了解，对于单元中的危险及应采取的措施要有透彻的认识，因此，HAZOP 分析还被认为是对工人培训的有效方法。

可操作性研究既适用于设计阶段，又适用于现有的生产装置。对现有生产装置分析时，如能吸收有操作经验和管理经验的人员共同参加，会收到很好的效果。

英国帝国化学工业公司开发的 HAZOP 分析方法，主要是应用于连续的化工过程。在进行若干改进以后，也能很好地应用于间歇过程的危险性分析。我国安全生产监督管理总局已于 2013 年 6 月 8 日发布了《危险与可操作性分析（HAZOP 分析）应用导则》（AQ/T 3049—2013），用于石油、化工、电子等工业的 HAZOP 分析。HAZOP 分析是一个对工艺单元或操作步骤运用引导词和工艺参数进行组合系统分析的过程，如图 2-6 所示。HAZOP 分析必须由不同的专业人员分组完成。

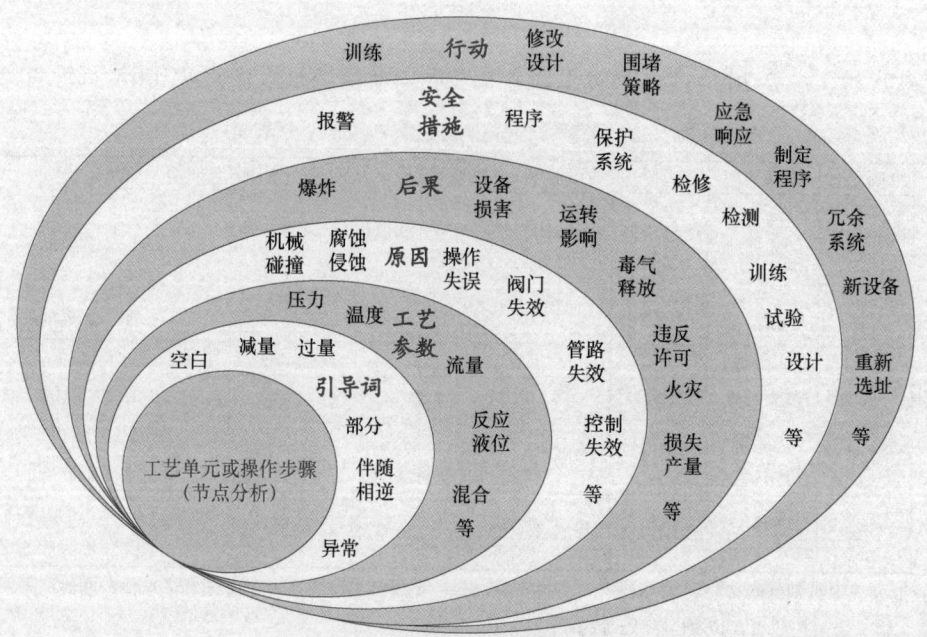

图 2-6 HAZOP 分析示意图

2. HAZOP 分析的特点

HAZOP 分析具备以下特点：

（1）它从生产系统中的工艺状态参数出发来研究系统中的偏差，运用启发性引导词来研究因温度、压力、流量等状态参数的变动可能引起的各种故障的原因、存在的危险以及采取的对策。

（2）它是故障类型及影响分析的发展。它研究和运行状态参数有关的因素。它从中间过程出发，向前分析其原因，向后分析其结果。向前分析是事故树分析，向后分析是故障类型及影响分析，它有两种分析的特长，因为两种方法都有中间过程。中间过程可理解为故障类型及影响分析中的故障模式对子系统的影响，或者是事故树分析的中间事件。它承上启下，既表达了元件故障包括人的失误相互作用的状态，又表达了接近顶上事件更直接的原因。因此，不仅直观有效，而且更易查找事故的基本原因和发展结果。

（3）HAZOP 分析方法，不需要有可靠性工程的专业知识，因而很易掌握。使用引导词进行分析，既可启发思维，扩大思路，又可避免漫无边际地提出问题。

（4）研究的状态参数正是操作人员控制的指标，针对性强，利于提高安全操作能力。

（5）研究结果既可用于设计的评价，又可用于操作评价；既可用来编制、完善安全规程，又可作为可操作的安全教育材料。

2.4.2 分析步骤

HAZOP 全面考察分析对象，对每一个细节提出问题，如在工艺过程的生产运行中，要了解工艺参数（温度、压力、流量、浓度等）与设计要求不一致的地方（即发生偏差），继而进一步分析偏差出现的原因及其产生的后果，并提出相应的对等措施，如图 2-7 所示。

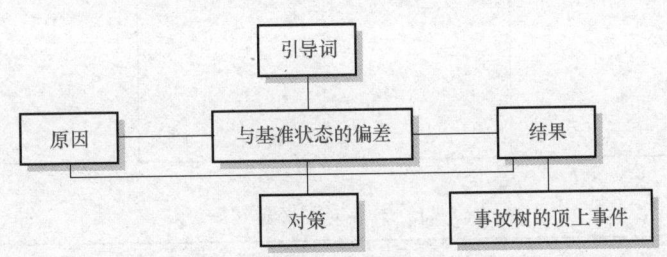

图 2-7 可操作性研究的分析步骤

（1）提出问题。为了对分析的问题能开门见山，单刀直入，所以在提问题时，只用 No（无）、More（多）、Less（少）、As Well As（伴随）、Part of（部分）、Reverse（相反）、Other Than（异常）来涵盖所有出现的偏差。

（2）划分单元，明确功能。将分析对象划分为若干单元，在连续过程中单元以管道为主，在间歇过程中单元以设备为主。明确各单元的功能，说明其运行状态和过程。

在 HAZOP 分析中，通常依据工艺划分为若干工艺单元（亦称为节点），然后对工艺单元内的工艺参数偏差进行分析。常见的工艺单元见表 2-21。

表 2-21　常见工艺单元一览表

序　号	工艺单元（节点）	序　号	工艺单元（节点）
1	管线	8	熔炉/炉/窑
2	分批反应器	9	热交换器
3	连续反应器	10	软管
4	罐/槽/容器	11	公用工程和辅助设施
5	塔	12	其他
6	压缩机	13	以上节点的合理组合
7	鼓风机		

（3）定义引导词表。按引导词逐一分析每个单元可能产生的偏差，一般从工艺过程的起点、管线、设备等一步步分析可能产生的偏差，直至工艺过程结束。

（4）分析原因及后果。以化工装置为例，应分析工艺条件（温度、压力、流量、浓度、杂质、催化剂、泄漏、爆炸、静电等），开停车条件（试验、开车、检修；设备和管线，如标志、反应情况、混合情况、定位情况、工序情况等），紧急处理（气、汽、水、电、物料、照明、报警、联系等非计划停车情况），甚至自然条件（风、雷、雨、霜、雪、雾、地质以及建筑安装等）。分析发生偏差的原因及后果。

（5）制定对策。

（6）填写汇总表。为了按危险性与可操作性研究分析表（表2-22）进行汇总填写，保证分析详尽而不发生遗漏，分析时应按照引导词表逐一进行。引导词表可以根据研究的对象和环境确定。表 2-23 和表 2-24 为两个引导词定义表。

表 2-22　危险性与可操作性研究分析表

引 导 词	偏　差	可能原因	结　果	修正措施

表 2-23　引导词定义表（一）

引导词	意　义	说　明
空白	设计与操作所要求的事件完全没有发生	没有物料输入，流量为零
过量	与标准值比较，数量增加	流量或压力过大
减量	与标准值比较，数量减少	流量或压力减小
部分	只完成功能的一部分	物料输送过程中某种成分消失或仅输送一部分
伴随	在完成预定功能的同时，伴随多余事件发生	物料输送过程中发生组分及相的变化
相逆	出现与设计和操作相反的事件	发生反向的输送
异常	出现与设计和操作要求不相干的事件	异常事件发生

表 2-24 引导词定义表（二）

引导词	意 义	说　　明
否	对标准值的完全否定	完全没有完成规定功能，什么都没有发生
多	数量增加	包括：数量的多与少、性质的好与坏、完成功能程序的高与低
少	数量减少	
而且	质的增加	完成规定功能，但有其他事件发生，如增加过程、组分变多
部分	质的减少	仅实现部分功能，有的功能没有实现
相反	逻辑上与规定功能相反	对于过程：反向流动、逆反应、程序颠倒 对于物料：用催化剂还是抑制剂
其他	其他运行状况	包括：其他物料和其他状态、其他过程、不适宜的运行过程、不希望的物理过程等

由表 2-23 和表 2-24 可以看出，在研究不同的系统时，可以定义不同的引导词，且即使引导词相同，其代表的意义也可以是不同的。因此，在进行可操作性研究时，必须根据引导词表分析各个单元产生的偏差。

2.4.3　实用实例

【例 2-9】　以 35t/h 燃油锅炉为例进行危险性与可操作性研究（见表 2-25）。

表 2-25　35t/h 燃油锅炉危险性与可操作性研究

引导词	偏差	可能原因	结果	修正措施
否	严重缺水	① 水位超限保护失灵，水位计失灵 ② 给水系统故障 ③ 排污阀泄漏 ④ 判断失误（假水位） ⑤ 工作失误，误操作	造成爆管甚至锅炉爆炸	① 确保自动给水，高低位水位报警，低水位连锁等自动保护装置安全可靠，水位计灵敏可靠 ② 加强设备维修，确保给水系统、排污系统、设备、阀门、管道完好、可靠 ③ 提高职工技术水平，严格执行操作规程 ④ 加强劳动纪律，杜绝"三违"（违章作业、违章指挥、违反劳动纪律）
否	锅炉灭火	① 燃油质量低劣或含水太多 ② 炉膛大量漏风，燃烧不稳 ③ 燃油雾化不良 ④ 燃油与空气混合差 ⑤ 操作不当或不遵守操作规程 ⑥ 喷燃器设计、制造不合理	锅炉灭火引发锅炉炉膛爆炸	① 燃油应符合设计要求 ② 锅炉炉膛和燃烧器的设计，应与设计使用燃油的特性相适应 ③ 燃油变化范围应符合有关技术标准 ④ 根据油品选择合理的雾化方法，确保燃油雾化质量 ⑤ 严格按操作规程操作，杜绝"三违" ⑥ 装设性质良好、安全可靠的灭火保护装置和炉膛火焰监控装置 ⑦ 在炉膛装设防爆门，炉墙应严密不漏

（续）

引导词	偏差	可能原因	结果	修正措施
多	锅炉超压	① 安全阀失灵 ② 压力表故障 ③ 超压报警及联锁保护失灵 ④ 操作不当或不遵守操作规程或脱岗	造成爆管甚至锅炉爆炸	① 安全阀必须做到安全可靠，动作灵敏，定期校验，定期做排汽试验 ② 压力表必须做到灵敏可靠，装置齐全，定期校验 ③ 确保超压报警及联锁保护装置安全、可靠 ④ 应装设燃烧自动调节装置，并确保可靠 ⑤ 严格按操作规程操作，杜绝"三违"
	锅炉漏水	① 水位超限报警保护失灵，水位计失灵 ② 自动给水故障 ③ 判断失误 ④ 工作失误，误操作，违反劳动纪律（脱岗）	① 造成蒸汽管道水冲击 ② 带汽轮发电机组：造成汽轮机水冲击	① 确保自动给水装置，高水位报警装置可靠 ② 水位计应灵敏可靠，定期冲洗，定期校验 ③ 提高职工技术水平，严格执行操作规程 ④ 加强劳动纪律，杜绝"三违"
	锅炉过热蒸汽超温（对无过热蒸汽的锅炉，此项无）	① 蒸汽温度自动调节装置失灵 ② 超温报警装置失灵 ③ 温度计故障 ④ 工作失误、误操作、脱岗	过热器管过热、爆管	① 确保蒸汽温度自动调节装置安全可靠 ② 确保超温报警装置灵敏可靠 ③ 确保温度计灵敏可靠，定期校验 ④ 提高职工技术水平，严格执行操作规程 ⑤ 加强劳动纪律，杜绝"三违"
	锅炉严重结垢	① 炉外水处理不合格，入炉水质超标 ② 炉内处理不当 ③ 没有排污或排污量不够 ④ 生水直接入炉	造成锅炉受热面结垢，导致受热面过热而引发爆管	① 给水必须经炉外处理合格后才能进入锅炉，同时进行炉内水处理 ② 生水及不合格的水不得进入锅炉 ③ 根据炉水碱度或含盐量进行排污
少	锅炉严重腐蚀	① 没有对锅炉进行定期检查 ② 因空气潮湿及烟气冲刷造成外部腐蚀 ③ 停炉未做保养或保养方法不当造成停炉腐蚀 ④ 给水未除氧，pH值偏小等造成运行腐蚀	使受热面壁厚减薄造成爆管，甚至锅炉爆炸	① 坚持每年对锅炉定期检查，测定其壁厚，并制定相应措施 ② 切实加强停炉保养工作 ③ 按规定控制运行锅炉水碱度，锅炉给水的含氧量必须控制在规定范围内 ④ 停运锅炉应保持锅炉四周空气干燥，运行时尽可能少用含硫量较大的油，并防止尾部低温腐蚀
	供油量不足	油泵不够、油管道故障、油箱油不够	影响负荷、压力	① 加强维修检查 ② 提供充足的油源

(续)

引导词	偏差	可能原因	结果	修正措施
部分	油系统泄漏	① 油系统的设备管道阀门的设计、安装、检验、造型、材质存在缺陷 ② 误操作或违章操作 ③ 无定期维护、保养	泄漏的燃油遇明火或高温引发火灾甚至爆炸	① 油系统的设备、管线的设计、安装、检验、造型、材质应符合相应的规程、规范、标准,做到严密不漏 ② 加强定期维护、保养,发现泄漏应及时处理 ③ 油系统周围的高温管道、设备应严格保温,其表面温度低于50℃ ④ 严格执行操作规程,加强劳动纪律,杜绝"三违" ⑤ 油系统附近应严禁烟火
	噪声	① 风机、水泵等设备运行产生噪声 ② 蒸汽排放	听力损伤	① 选用噪声小的设备 ② 应加装消声设施及放在单独的隔声机房内 ③ 蒸汽排放应设置消声器 ④ 对控制室采用隔离门、双层玻璃窗等隔声措施
	机械伤害	无罩及无防护栏杆	伤害职工身体	按规定对机械转动设备加罩或防护栏杆
	高温	① 锅炉及汽水管道保温不良 ② 高温汽水管道泄漏	灼伤、烫伤	① 加强汽水管道维护,确保严密不漏,发现泄漏应及时处理 ② 锅炉及汽、水应加强保温,使其表面温度低于50℃
其他	地震、雷电	自然灾害	危及设备和人身安全	① 锅炉房厂房应根据标准按相应的地震烈度设计 ② 高层建筑物的层顶、烟囱顶部应设置避雷带,使需要保护的建筑物均在保护之内 ③ 控制室要防止感应电和雷电侵入

【例2-10】 某工厂生产工艺简图如图2-8所示。物料A和物料B通过泵连续从各自的供料罐输送至反应器,在反应器中生成产品C。假定为了避免爆炸危险,在反应器中物料A总是多于物料B。为简化示例,将完整设计的诸多细节如压力影响、反应和反应物的温度、搅拌、反应时间、泵A和泵B的匹配性等简化和忽略。

按照HAZOP分析法,首先根据工厂生产工艺划分工艺单元如下:①物料A存储输送单元,即从盛有物料A的供料罐到反应器之间的管道,包括泵A;②物料B存储输送单元,即从盛有物料B的供料罐到反应器之间的管道,包括泵B;③反应器及产品输出单元,即反应器及相应物料或产品输出管道。此处对上述①工艺单元进行HAZOP分析,见表2-26。对关键工艺单元,由引导词进行引导,形成偏差,分析偏差可能产生的原因、可能导致的后果,进而提出安全措施建议。对于其他工艺单元,亦可采用类似方法进行分析,直至对该生产系统的所有部分都分析完毕,并对结果进行整理和记录。

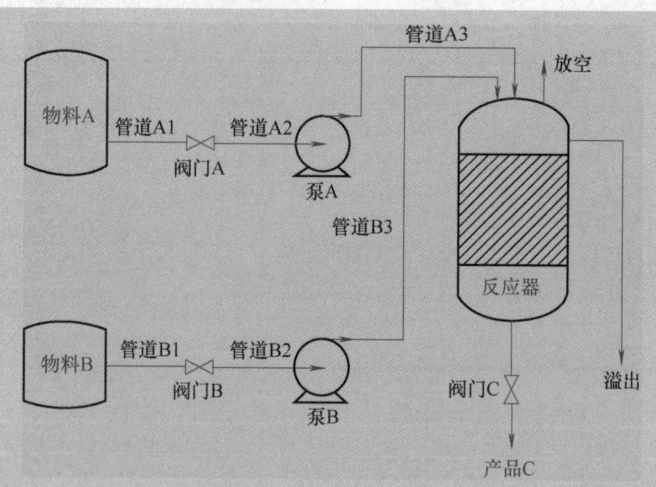

图2-8 某工厂生产工艺简图

表2-26 物料A存储输送单元的HAZOP分析表

引导词	要素	偏差	可能原因	后果	修正措施
无 No	供料罐A	无物料A	A供料罐是空的	没有A流入反应器；爆炸	考虑在A供料罐安低液位报警器，外加一个液位低/低连锁停止泵
	阀门A	没有输送物料A	阀门A故障	没有A流入反应器；爆炸	① 物料A流量测量，外加一个低流量报警器以及当A低流量时联锁停泵B ② 阀门、泵、管道日常检查和检修
	泵A	没有输送物料A	泵A停止	没有A流入反应器；爆炸	
	管道A	没有输送物料A	管路堵塞	没有A流入反应器；爆炸	
多 More	供料罐A	物料A过量	向罐中加料超过罐容量	物料从罐A溢出	① 通过对罐的检测加以识别 ② 若没有预先识别，则可考虑高液位报警
	阀门A	物料A流速增大	阀门A开度过大	输送到泵A的物料增加	通过对阀门的检测加以识别
	泵A	物料A流速增大	叶轮尺寸选错；泵选型不对	产量可能减少；产品C中A过量	试车时检查泵的流量和特性
	管道A	物料A流速增大	供料罐、阀门或泵故障导致	产量可能减少；产品C中A过量	管道A3加流量测速器
少 Less	供料罐A	物料A更少	向罐中加料过少	产量可能减少；反应无法完成；爆炸	在供料罐A安装一个低液位报警器
	阀门A	物料A流速降低	阀门A开度过小	输送到泵A的物料减少	通过对阀门的检测加以识别
	泵A	物料A流速降低	叶轮尺寸选错；泵选型不对	产量可能减少；反应无法完成；爆炸	试车时检查泵的流量和特性

(续)

引导词	要素	偏差	可能原因	后果	修正措施
少 Less	管道A	物料A流速降低	供料罐、阀门或泵故障；管道堵塞、泄漏	产量可能减少；反应无法完成；爆炸	管道A3加流量测速器
伴随 As Well As	供料罐A	供料罐除A外还有其他物料	供料罐被污染	未知	① 进料前对卸入罐中的物料进行检查和分析 ② 检查操作程序
伴随 As Well As	阀门A 泵A 管道A	物料A输送过程中在阀门、泵或管道处混入其他物质	阀门、泵、管道可能发生侵蚀、腐蚀、结晶或分解	未知	① 根据具体物料A物理化学特性，选用合适材质的输送器件 ② 检查操作程序
相反 Reverse	阀门A 泵A 管道A	反向输送物料A	泵故障；反应器压力高于泵出口压力	供料罐被返回的反应料污染	考虑管道A3安装一个止逆阀
异常 Other Than	供料罐A	物料A异常	供料罐内原料错误	未知	进料前对卸入罐中的物料进行检查和分析
异常 Other Than	阀门A 泵A 管道A	物料A输送过程流速异常	阀门、泵故障；管道破裂	环境污染；可能爆炸	建议流量连锁跳车应有足够快的响应时间以阻止发生爆炸

【例2-11】 考虑某个安全关键塑料元件的小批量生产过程。该元件必须严格满足材料特性和颜色的规范要求。加工顺序如下：①取12kg粉末A；②放在搅拌器中；③取3kg着色剂粉末B；④放在搅拌器中；⑤起动搅拌器；⑥混合15min，停止搅拌器；⑦取出搅拌的混合物，分成3包（每包5kg）；⑧清洗搅拌器；⑨向混合容器中加入50L树脂；⑩向混合容器中加入0.5kg硬化剂；⑪加入5kg混合粉末（A和B）；⑫搅拌1min；⑬在5min内把混合物倒入模具。

HAZOP分析的目的是检查哪些步骤有可能造成产品不符合规范要求。作为程序化的顺序，HAZOP分析的部分是相关的连续指令。对这一顺序的HAZOP分析的部分内容示例见表2-27，本示例采用了"问题记录"报告形式。

表2-27 程序的HAZOP工作表示例

分析题目：程序								表页：	
程序题目：某元件的小规模生产			修订号：					日期：	
小组成员：								会议日期：	
分析部分：					指令：取12kg粉末A				
序号	要素	引导词	偏差	可能原因	后果	安全措施	注释	建议安全措施	执行人
1	取粉末A	无 No	没有取A	操作失误	最终产品不合格	操作人员会注意到搅拌机中颗粒太小，颜色可能太亮	完全无物料A被认为是不可信的	无	

(续)

序号	要素	引导词	偏差	可能原因	后果	安全措施	注释	建议安全措施	执行人
2	取粉末A	伴随 As Well As	有其他原料和A一起添加	原料A被杂质污染	颜色不合格，最终混合物不合格	使用前对所有交付的样品A进行检验		检查生产商的质量保证程序	
3	取粉末A	异常 Other Than	取用了除A之外的物料	操作人员取用了错误的物料	混合物不可用；导致财产损失	仅把装有A和B的袋子放在操作区		每周检查物料保存是否规范；考虑对每种原料与混合产品使用不同颜色的包装袋	
4	取12kg粉末A	多 More	取了过量的A	称重错误/操作人员失误	产品颜色不合格	每周检查一次称重；每6个月保养一次称重设备		对操作人员强调精确称重的重要性	
5	取12kg粉末A	少 Less	取了过少的A	称重错误/操作人员失误	产品颜色不合格	每周检查一次称重；每6个月保养一次称重设备		对操作人员强调精确称重的重要性	
6	搅拌器	异常 Other Than	原料A没有正确地放入搅拌器内，而是放在了其他地方	操作人员失误		操作现场只有一台搅拌器		如果需要安装其他搅拌器，那么要对安装位置进行审查	
7	加硬化剂	无 No	未加入硬化剂	操作人员失误	最终混合物不合格；财产损失	操作人员必须签署一系列表格以确保硬化剂已经加入；最后还要对浇筑强度进行检测		审查操作人员失误概率，看是否还需要其他安全措施	
8	加硬化剂	伴随 As Well As	其他物料同硬化剂一起加入	硬化剂被污染	最终混合物不可用	厂商提供的质量保证书；对所有样品进行检测		无	
9	加硬化剂	异常 Other Than	加入的不是硬化剂而是其他物质		最终混合物不可用	不同硬化剂的物理隔离；操作人员检查	硬化剂提前称好并装袋，错误的概率会大大降低	等待硬化结果；采购询问和审查	

(续)

序号	要素	引导词	偏差	可能原因	后果	安全措施	注释	建议安全措施	执行人
10	取0.5kg硬化剂	多 More	加入了过多的硬化剂	称重错误/操作人员失误	产品组件过脆；可能导致灾难性后果	每周检查一次称重；每6个月保养一次设备	安全措施不够	调查获得0.5kg预先称好的袋装催化剂的可能性；对每一交付样品进行检查	
11	取0.5kg硬化剂	少 Less	加入了过少的硬化剂	称重错误/操作人员失误	产品组件过脆；可能导致灾难性后果	每周检查一次称重；每6个月保养一次设备	安全措施不够	调查获得0.5kg预先称好的袋装催化剂的可能性；对每一交付样品进行检查	

2.4.4 适用范围

HAZOP 法是一个能发现新的危险性的定性评价方法，特别适用于尚无经验的新技术开发，能辨识静态和动态生产过程中的危险性。所以危险与可操作性研究既适用于设计阶段，又适用于现有的生产装置。对现有生产装置进行分析时，如能吸收有操作经验和管理经验的人员共同参加，会收到很好的效果。

化工生产既有连续过程，又有间歇过程，原化工部劳动保护研究所在进行"光气及光气化产品企业安全评价"课题研究中对间歇过程中应用可操作性研究方法进行了研究，结果表明，在进行若干改进以后，可操作性研究也能很好地应用于间歇过程的危险性分析。在间歇过程中，分析的对象将不再是管道，而应该是主体设备，如反应器等。根据间歇生产的特点，分成3个阶段（即进料、反应、出料）对反应器加以分析。同时，在这3个阶段内不仅要按照关键词来确定工艺状态及参数可能产生的偏差，还要考虑操作顺序等项因素可能出现的偏差。这样就可对间歇过程进行全面、系统的考察。

尽管 HAZOP 分析方法在多个领域被证明是十分有效的，在实际应用中也不能忽略 HAZOP 本身的局限性：首先，HAZOP 独立地考虑系统中的部分及每个部分中工艺偏差的影响，无法有效解决工艺系统之间的问题，这时应考虑采用事件树或事故树等更为详细的分析方法。其次，对于复杂系统，HAZOP 不能完全识别出系统所有的危险和操作性问题，同时由于 HAZOP 分析是一种定性的分析方法，不能衡量系统失效后果的严重程度和可能性大小，因此，不能完全依赖于 HAZOP 分析，应联合其他方法对系统进行综合评价。此外，HAZOP 分析的效果依赖于 HAZOP 组长能力及参会人员的经验，这对 HAZOP 分析会议的开展提出了较高的要求。

2.5 鱼刺图法

2.5.1 基本概念

鱼刺图又称因果分析图、因果图、特性图或树枝图等。该法在1953年首次应用于日本，后来介绍到其他国家，把它移植到安全分析方面，成为一种重要的事故分析方法。

用这种方法分析事故，可以使复杂的原因系统化、条理化，把主要原因搞清楚，也就明确了预防对策。因其所绘制的分析图形像一条完整的鱼，有骨有刺，故名鱼刺图。

2.5.2 绘制方法

鱼刺图由原因和结果两部分构成。一般情况下，可从人的不安全行为（安全管理者、设计者、操作者等）和物质条件构成的不安全状态（设备缺陷、环境不良等）两大因素中，从大到小，从粗到细，由表及里，一层一层深入分析，则可得到如图 2-9 所示的鱼刺图。

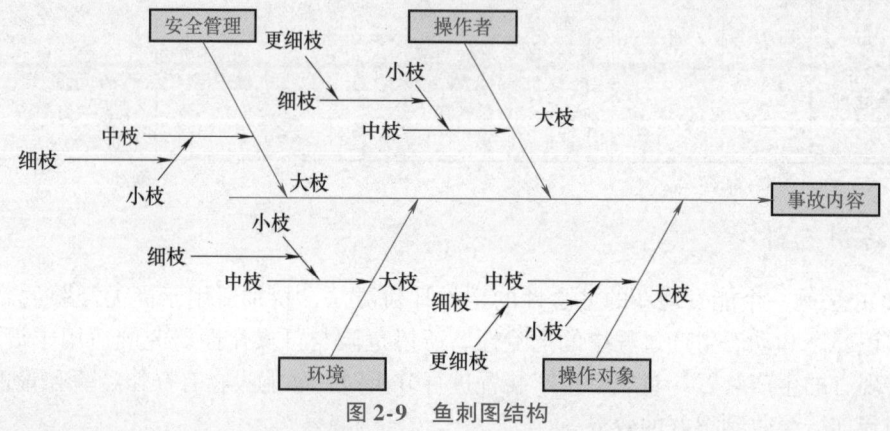

图 2-9　鱼刺图结构

在绘制图形时，一般可按下列步骤进行：

（1）确定要分析的某个特定问题或事故，写在图的右边，画出主干，箭头指向右端。

（2）确定造成事故的因素分类项目，如安全管理、操作者、材料、方法、环境等并画大枝。

（3）将上述项目深入发展，中枝表示对应的项目造成事故的原因，一个原因画出一枝，文字记在中枝线的上下。

（4）将上述原因层层展开，一直到不能再分为止。

（5）确定鱼刺图中的主要原因，并标上符号，作为重点控制对象。

（6）注明鱼刺图的名称。

上述步骤可归纳为：针对结果，分析原因；先主后次，层层深入。

2.5.3 实用实例

【例 2-12】　矿山事故的危险源存在于生产过程的各个环节，人与机的交界面是事故多发的场所，危险物的质量和能量的积聚是构成重大恶性事故的物质根源。这就需要应用系统工程的理论和方法，去分析、识别和评价生产系统中的危险性，根据其结果调整生产工艺、生产设备、操作规程、生产周期和投资等因素，使系统可能发生的事故得到控制，并使系统的安全性达到最佳状态。人的不安全行为和矿山机械是人—机关系中能量逆流的两大系列，其轨迹交叉点就构成事故。在人为因素系列中，不安全行为是基于生理、心理、动作几个方面而产生的；在机械因素系列中，从设计开始，经过制造的各种加工程序直至使用的整个过程，各个阶段都可能产生不安全状态。

对井下开采生产工艺事故、潜在的危险事故及生产爆炸事故分析如图 2-10、图 2-11、图 2-12 所示。

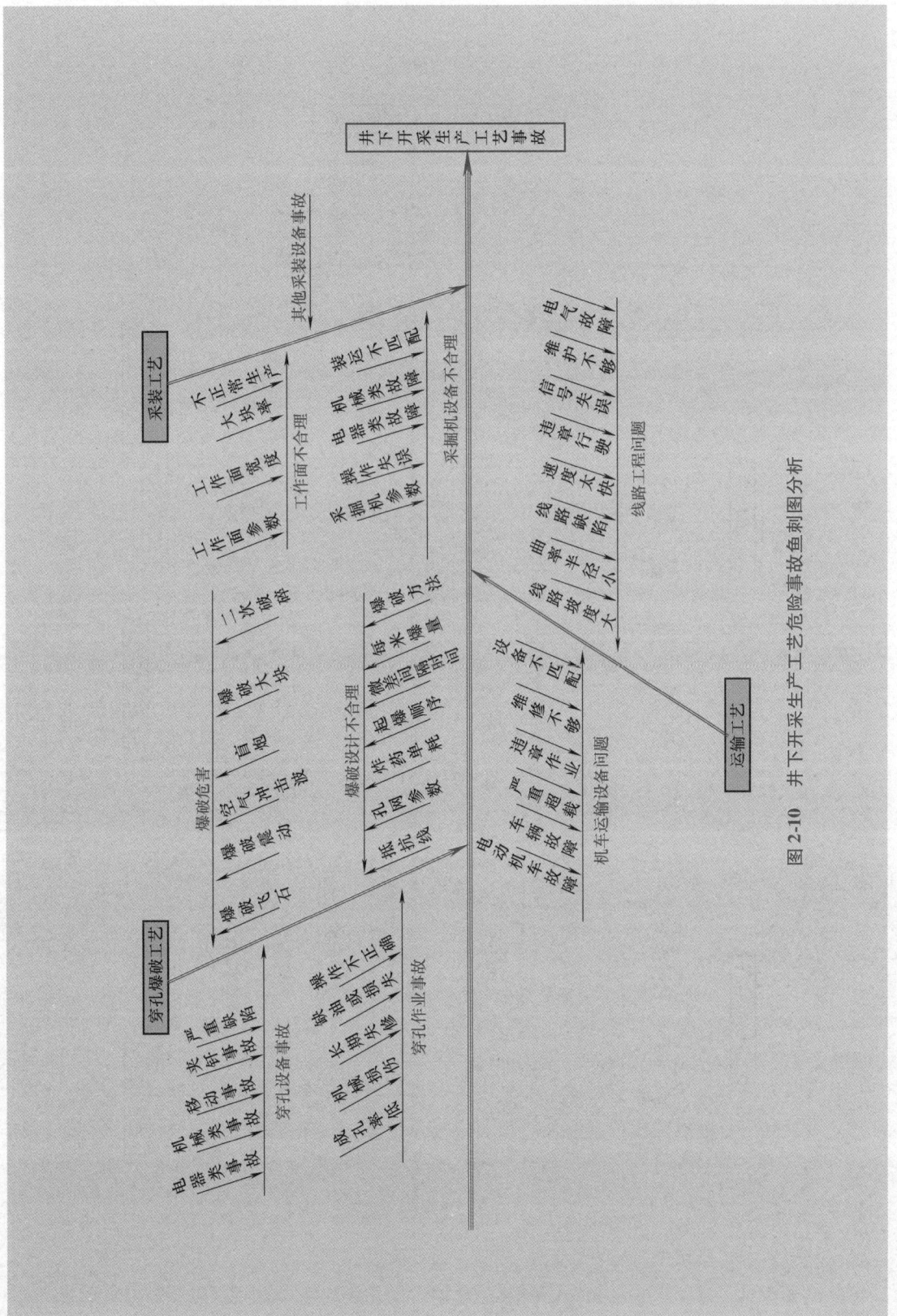

图 2-10 井下开采生产工艺危险事故鱼刺图分析

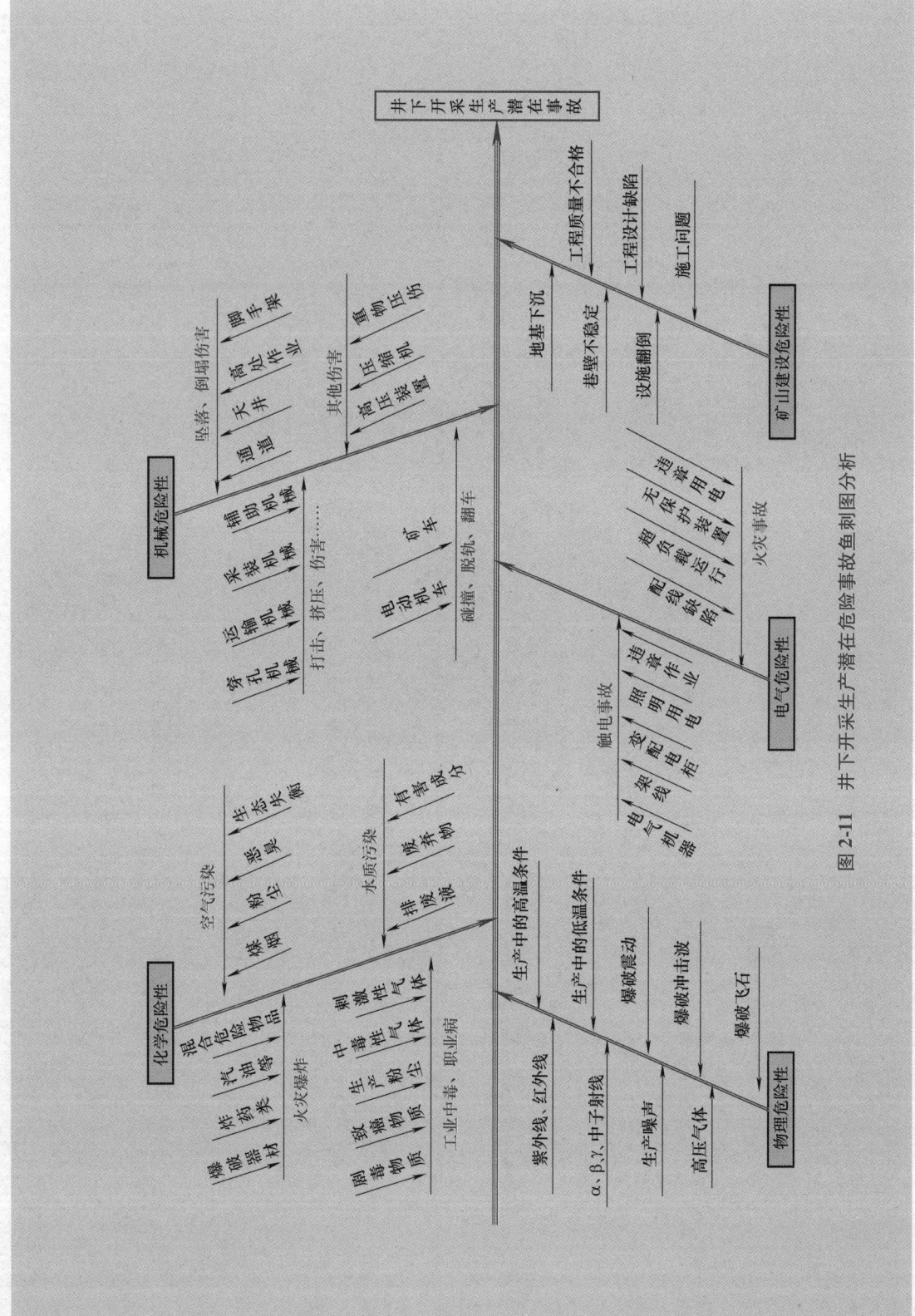

图 2-11 井下开采生产潜在危险事故鱼刺图分析

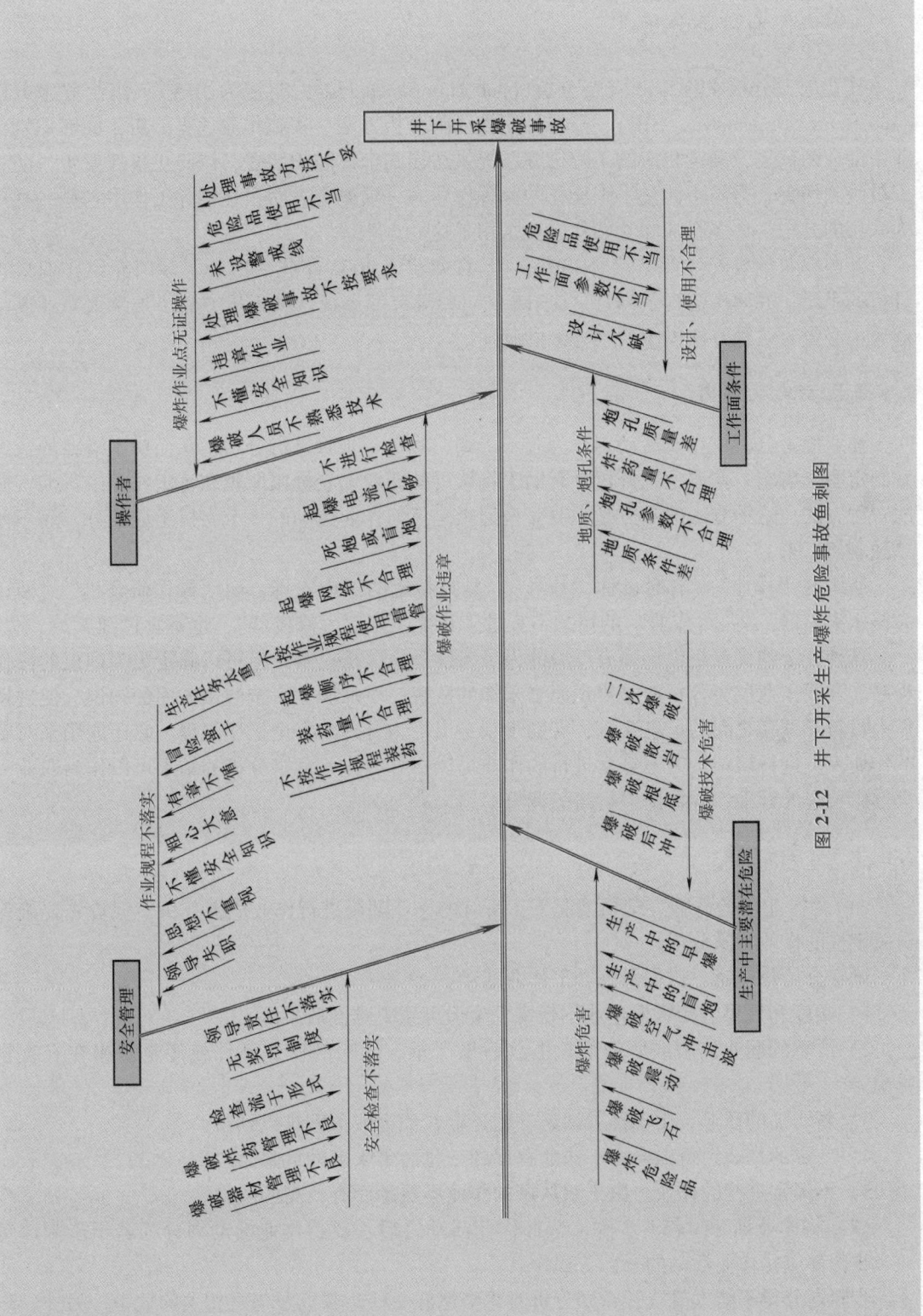

图 2-12 井下开采生产爆炸危险事故鱼刺图

2.6 作业危害分析

作业危害分析又称作业安全分析（Job Hazard Analysis，简记为 JHA）、作业危害分解（Job Hazard Breakdown，JHB），是一种定性风险分析方法。实施作业危害分析，能够识别作业中潜在的危害，确定相应的工程措施，提供适当的个体防护装置，以防止事故发生，防止人员受到伤害。适用于涉及手工操作的各种作业。一项调查表明，在实际工作中它是一种广为采用的方法。许多石油和天然气企业采用了这一方法。

美国职业健康安全管理局（OSHA）于 1998 年、2002 年先后出版了专门介绍作业危害分析的手册，并两次进行了修订。OSHA 的一些规范都重视这种分析方法。加拿大职业安全健康中心曾对这种方法做了较为详细的阐述。

2.6.1 含义及作用

作业危害分析将作业活动划分为若干步骤，对每一步骤进行分析，从而辨识潜在的危害并制定安全措施。作业危害分析是有助于将认可的职业安全健康原则在特定作业中贯彻实施的一种方法。这种方法的基点是职业安全健康是任何作业活动的一个有机组成部分，而不能单独剥离出来。

所谓的"作业"（有时也称"任务"）是指特定的工作安排，如"操作研磨机""使用高压水灭火器"等。"作业"的概念不宜过于笼统，如"大修机器"，也不宜过细。

这种方法的优点是由许多有经验的人员参加危害分析，其结果可以确定更为理想的操作程序。开展作业危害分析能够辨识原来未知的危害，增加职业安全健康方面的知识，促进操作人员与管理者之间的信息交流，有助于制定出更为合理的安全操作规程。它还能用来对新的作业人员进行培训，为不经常进行的作业提供指导。作业危害分析的结果可以作为职业安全健康检查的标准，并协助进行事故调查。

2.6.2 分析过程

（1）"作业"的选择。理想情况下，所有的作业都要进行作业危害分析，但首先要确保对关键性的作业实施分析。

确定分析作业时，优先考虑如下作业活动：

1）频度和后果。频繁发生或不经常发生但可致灾难性后果的。

2）严重的职业伤害或职业病。事故后果严重、危险的作业条件或经常暴露在有害物质中。

3）新增加的作业。由于经验缺乏，明显存在危害或危害难以预料。

4）变更的作业。可能会由于作业程序的变化而带来新的危险。

5）不经常进行的作业。由于对从事的作业不熟悉而有较高的风险。

（2）将作业划分为若干步骤。选择作业活动之后，要将作业活动划分为若干步骤。每一个步骤都应是作业活动的一部分操作。

步骤划分得不能太笼统，否则分析时将会遗漏一些步骤以及与之相关的危害。另外，步骤划分也不宜太细，以避免出现太多的步骤。根据经验，一项作业活动的步骤一般不超过

10 项。如果作业活动划分的步骤实在太多，可先将该作业活动分为两个部分，分别进行危害分析。重要的是要保持各个步骤正确的顺序，顺序改变后的步骤在危害分析时有些潜在的危害可能不会发现，也可能增加一些实际并不存在的危害。按照顺序在表中记录每一步骤，说明它是什么而不是怎样做。

划分作业步骤之前，应观察操作人员的操作过程。观察人通常是操作人员的直接管理者，但较为透彻的分析常需要另外的人，职业安全健康委员会的成员是合适的人选，关键是要熟悉这种方法。被观察的操作人员应具有工作经验并熟悉整个作业，非常需要操作人员的充分合作和参与，因为他们的经验是至关重要的。

还应当在正常的工作时间和工作状态下观察作业活动，如一项作业活动是在夜间进行的，那么就应在夜间进行观察。

(3) 辨识危害。根据对作业活动的观察、掌握的事故（伤害）的资料以及经验，依照危害辨识清单依次对每一步骤进行危害的辨识，辨识的危害列入表中。

为了辨识危害，还需要对作业活动作进一步的观察和分析。另外，在辨识危害阶段不必试图去解决发现的问题。

辨识危害应该思考的问题是：可能发生的故障或错误是什么？其后果如何？事故是怎样发生的？其他的影响因素有哪些？发生的可能性？以下是危害辨识清单的部分内容：

1）是否穿戴个体防护服或配备个体防护器具？
2）操作环境、设备、地槽、坑以及危险的操作是否得到有效的防护？
3）维修设备时，是否对惰性化处理的设备采取了隔离？
4）是否有能引起伤害的固定物体，如锋利的设备边缘？
5）操作者能否触及机器部件或夹在机器部件之间？
6）操作者能否受到运动的机器部件或移动物品的伤害？
7）操作者是否会处于失去平衡的状态？
8）操作者是否管理着带有潜在危险的装置？
9）操作者是否需要从事可能使头、脚受伤或被扭伤的活动（往复运动的危害）？
10）操作者是否会被物体冲撞或撞击到机器或物体？
11）操作者是否会跌倒？
12）操作者是否会由于提升、拖拉物体或运送笨重物品而受到伤害？
13）作业环境是否存在危害因素——粉尘、化学物质、放射线、电焊弧光、热、高噪声？

(4) 确定相应的对策。危害辨识以后，需要制定消除或控制危害的对策。确定对策时，从工程控制、管理措施和个体防护三个方面加以考虑：

1）消除危害。消除危害是最有效的措施，有关这方面的技术包括：改变工艺路线、修改现行工艺、以危害较小的物质替代、改善环境（通风）、完善或改换设备及工具。

2）控制危害。当危害不能消除时，采取隔离、机器防护、工作鞋等措施控制危害。

3）修改作业程序。完善危险操作步骤的操作规程、改变操作步骤的顺序以及增加一些操作程序（如锁定能源的措施）。

4）减少暴露。这是在没有其他解决办法时的一种选择。减少暴露的一种办法是减少在危害环境中暴露的时间，如完善设备以减少维修时间、配备合适的个体防护器材等。为了降低事故的影响程度，设置一些应急设备（如洗眼器等）。确定的对策要填入表中。对策的描述应具体,说明应采取何种做法以及怎样做,避免过于原则的描述,如"小心""仔细操作"等。

(5)信息传递。作业危害分析是消除和控制危害的一种行之有效的方法,因此,应当将作业危害分析的结果传递给所有从事该作业的人员。

2.6.3 应用举例

【例2-13】 作业活动为:从储罐顶部人孔进入,清理化学物质储罐的内表面。运用作业危害分析方法,将该作业活动划分为9个步骤并逐一进行分析,分析结果列于表2-28。

表2-28 作业危害分析表

步 骤	危 害 辨 识	对 策
① 确定罐内的物质种类,确定在罐内的作业及存在的危险	▲爆炸性气体 ▲氧含量不足 ▲化学物质暴露的气体、粉尘、蒸气(刺激性、毒性)、液体(刺激性、毒性、腐蚀、过热) ▲运动的部件/设备	▲根据标准制定有限空间进入规程 ▲取得有安全、维修和维护人员签字的作业许可证 ▲具备资格的人员对气体检测 ▲通风至氧含量为19.5%~21.5%,并且任一可燃气体的含量低于其爆炸下限的10% ▲提供合适的呼吸器材 ▲提供保护头、眼、身体和脚的防护服 ▲参照有关规范提供安全带和救生索,如果有可能,清理罐体外部
② 选择和培养操作者	▲操作人员呼吸系统或心脏有疾患,或有其他身体缺陷 ▲操作人员的操作失误	▲卫生医师检查,能适应于该工作,培训操作人员 ▲按照有关规范,对作业进行预演
③ 设置检修用设备	▲软管、绳索、器具脱落的危险 ▲电气设施中电压过高、导线裸露 ▲电动机未锁定并未做出标记	▲按照位置,顺序地设置软管、绳索、管线及器材以确保安全 ▲设置接地故障断路器 ▲如果有搅拌电动机,加以锁定做出标记
④ 在罐内安放梯子	▲梯子滑倒	▲将梯子牢固地固定在孔顶部或其他固定部件上
⑤ 准备入罐	▲罐内有气体或液体	▲通过现有的管道清空储罐 ▲审查应急预案 ▲打开罐 ▲工业卫生专家或安全专家检查现场 ▲罐体接管法兰处设置盲板(隔离) ▲具备资格的人员检测罐内气体(经常检测)
⑥ 罐入口处安放设备	▲脱落或倒下	▲使用机械操作设备 ▲罐顶作业处设置防护栏
⑦ 入罐	▲从梯子上滑脱 ▲暴露于危险的作业环境中	▲按有关标准,配备个体防护器具 ▲外部监护人员观察、指导入罐作业人员,在紧急情况下能将作业人员自罐内营救出来

(续)

步骤	危害辨识	对策
⑧ 清洗储罐	▲发生化学反应，生成烟雾或散发空气污染物	▲为所有操作人员和监护人员提供防护服及器具 ▲提供罐内照明 ▲提供排气设备 ▲向罐内补充空气 ▲随时检测罐内空气 ▲轮换操作人员或保证一定时间的休息 ▲如果需要，提供通信工具以便于得到帮助 ▲提供2人作为后备救援，以应付紧急情况
⑨ 清理	▲使用工具而引起伤害	▲预先演习 ▲使用运料设备

复习题

1. 安全检查表的优点有哪些？其适用范围如何？
2. 使用预先危险分析法应注意哪些问题？预先危险分析一般以表格形式列出，请编制 PHA 的典型格式表。
3. 什么是故障类型与影响分析？试采用"乘积评点法"对起重机防止过卷装置和钢丝绳两组系统进行 FMECA 分析。
4. HAZOP 分析的适用条件如何？试用 HAZOP 法对图 2-8 的反应器及产品输出单元进行分析。
5. 在 JHA 分析中，通常把正常的工作分解为若干步骤，对每一步骤的危害进行辨识，本章列出了辨识清单的部分内容，在此基础上，你是否有新的分类方法对辨识内容进行归类？
6. 某废气洗涤系统如图 2-13 所示，废气中主要危险有害气体包括：HCl 气体、CO 气体。洗涤流程如下：为了稀释废气中 CO 气体和 HCl 气体的浓度，在洗涤废气之前先向废气中通入一定量的 N_2 气体，然后再进行洗涤。首先 NaOH 溶液反应器，会吸收混合气中的 HCl 气体，HCl 气体处理完，会进入第二个 CO 处理的氧化反应器，在这里会供应氧气进来，跟 CO 起反应燃烧，然后产生 CO_2 排放到大气。

(1) 简要说明以下安全评价方法：安全检查表法、预先危险性分析、故障类型及影响分析、危险和可操作性研究及故障树分析方法各自主要适用的评价对象。
(2) 从以上评价方法中选出一种最适用本例的方法对该系统中氮气流量危险有害因素进行分析。

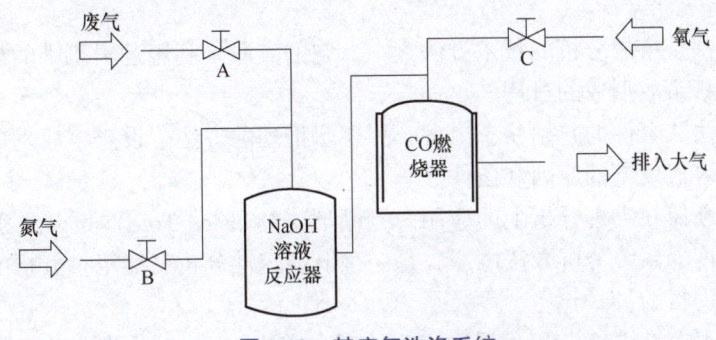

图 2-13 某废气洗涤系统

第 3 章

系统安全定量分析

本章学习目标：

了解事件树分析和事故树分析的基本原理，掌握事件树编制并学会运用其进行系统定性和定量分析，重点掌握事故树的编制及其运用，包括：最小径集、最小割集、结构重要度的计算和分析，顶上事件发生概率的计算和分析。

本章学习方法：

可参考有关布尔代数、概率论的书籍，首先掌握事故树符号及其运算相关的基本概念；在分析、理解事件树和事故树分析原理的基础上，明确事件树和事故树的编制原理和计算原理，并注重理论联系实际，具备运用以上方法开展系统安全分析的实践能力。

3.1 事件树分析

事件树分析（Event Tree Analysis，简称 ETA）是安全系统工程中重要的分析方法之一。它建立在概率论和运筹学的基础之上。在运筹学中，它用于对不确定的问题做决策，故又称为决策分析法（Decision Tree Analysis，简称 DTA）。虽然在不同的地方应用时名称不同，但方法是一样的。

3.1.1 事件树分析的含义、目的及特点

事件树分析法是事故分析的技术方法之一。它的实质是利用逻辑思维的规律和形式，从宏观的角度去分析事故形成的过程。

事件树分析法从事件的起始状态出发，用逻辑推理的方法，设想事故发展过程；进而根据这一过程了解事故发生的原因和条件。

事件树是判断树在灾害分析上的应用。判断树（Decision Tree）是以元素的可靠性系数表示系统可靠程度的系统分析方法之一，是一种既能定性分析又能定量分析的方法。

事件树分析的目的：

(1) 判断事故发生与否，以便采取直观的安全措施。

(2) 指出消除事故的根本措施，改进系统的安全状况。

(3) 从宏观角度分析系统可能发生的事故，掌握事故发生的规律。
(4) 找出最严重的事故后果，为确定顶上事件提供依据。

事件树分析的主要特点如下：

(1) 用于对已发生事故的分析，也可用于对未发生事故的预测。
(2) 在对事故分析和预测时，事件树分析法比较明确，寻求事故对策时比较直观。
(3) 事件树分析可用于管理上对重大问题的决策。
(4) 搞清楚初期事件到事故的过程，系统地图示出种种故障与系统成功、失败的关系。
(5) 对复杂的问题，可以用此方法进行简捷推理和归纳。
(6) 提供定义故障树顶上事件的手段。

事件树分析技术基于如下定义：

(1) 事故场景（Accident Scenario）：最终导致事故的一系列事件。这些事件的后果是从一个初始事件开始，随后按照时空序列开展的中枢事件，最终导致不期望的状态出现。
(2) 初始事件（Initiating Event）：触发事故序列开始的故障或不期望事件。初始事件是否导致事故，依赖于系统中安全控制措施是否成功运行。
(3) 环节事件（Pivotal Event）：介于初始事件和最终事故之间的中间事件。环节事件是系统中安全措施的成功或者失败事件。
(4) 事件树（Event Tree）：将某一初始事件可能导致的事故场景和产生的多个后果加以图形化的模型。
(5) 事件树分析（Event Tree Analysis）：通过建立事件树，利用逻辑思维的规律和形式，分析事故的起因、发展和结果的过程。

3.1.2 事件树分析的基本原理

事件树是一种从原因到结果的过程分析。其基本原理是：任何事物从初始原因到最终结果所经历的每一个中间环节都有成功（或正常）或失败（或失效）两种可能或分支。如果将成功记为1，并作为上分支，将失败记为0，作为下分支；然后再分别从这两个状态开始，仍按成功（记为1）或失败（记为0）两种可能分析；这样一直分析下去，直到最后结果为止，最后即形成一个水平放置的树状图。

从事故的发生过程看，任何事故的瞬间发生都是由于在事物的一系列发展变化环节中接二连三"失败"所致。因此，利用事件树原理对事故的发展过程进行分析，不但可以掌握事故过程规律，还可以辨识导致事故的危险源。

事件树分析是利用逻辑思维的规律和形式，分析事故的起因、发展和结果的整个过程。利用事件树，分析事故的发生过程，是以"人、机、物、环境"综合系统为对象，分析各环节事件成功与失败两种情况，从而预测系统可能出现的各种结果。

3.1.3 事件树分析的步骤

事件树分析通常包括四步：确定初始事件、找出与初始事件有关的环节事件、画事件树、说明分析结果。

(1) 确定初始事件。初始事件是事件树中在一定条件下造成事故后果的最初原因事件。它可以是系统故障、设备失效、人员误操作或工艺过程异常等。一般情况下分析人员选择最感兴趣的异常事件作为初始事件。

(2) 找出与初始事件有关的环节事件。环节事件可看作对初始事件依次做出响应的安全功能事件，即可成为防止初始事件造成不期望后果的预防措施。

(3) 画事件树。把初始事件写在最左边，各种环节事件按顺序写在右面；从初始事件画一条水平线到第一个环节事件，在水平线末端画一垂直线段，垂直线段上端表示成功，下端表示失败；再从垂直线两端分别向右画水平线到下个环节事件，同样用垂直线段表示成功和失败两种状态；依次类推，直到最后一个环节事件为止。如果某一个环节事件不需要往下分析，则水平线延伸下去，不发生分支，如此便得到事件树。

(4) 说明分析结果。在事件树最后面写明由初始事件引起的各种事故结果或后果。为清楚起见，对事件树的初始事件和各环节事件用不同字母加以标记。

事件树的树形结构如图 3-1 所示。

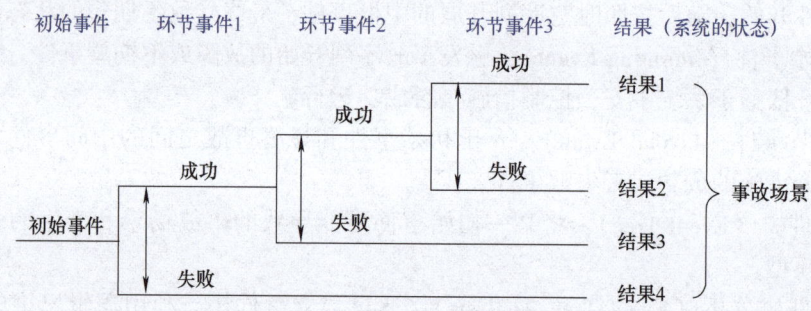

图 3-1　事件树的树形结构

在事件树分析中，大多环节事件都具有"成功"和"失败"这两个二元特征，但这并不是必须的，环节事件可以有多个分支，但各个分支必须是互斥的。如果能够获得初始事件和各环节事件的可靠度/发生概率，就可以计算系统失败的概率，从而实现定量化评估。事件树定量分析的概念如图 3-2 所示。

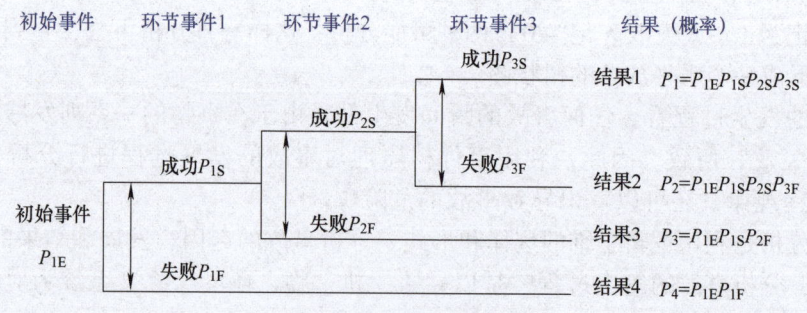

图 3-2　事件树定量分析概念图

3.1.4　事件树分析实例

【例 3-1】　对于图 3-3 的反应装置流程，取出输送原料 A 的泵与阀门系统进行事件树分析，如图 3-4、图 3-5 所示。

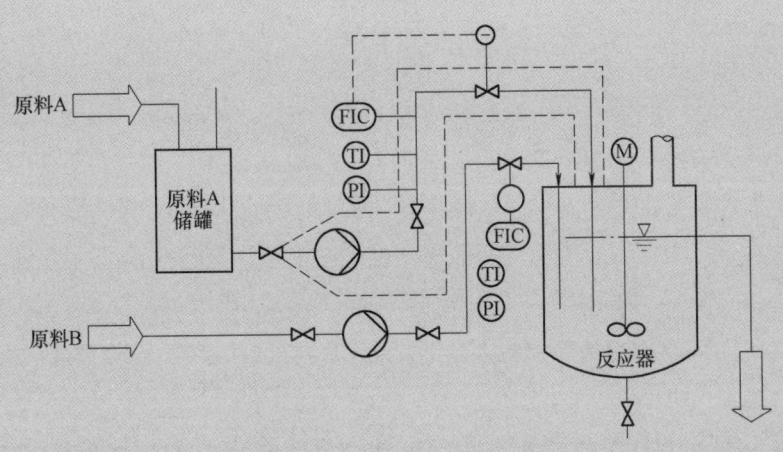

图 3-3 反应装置流程示意图
FIC—流量调节　TI—温度测量　PI—压力测量

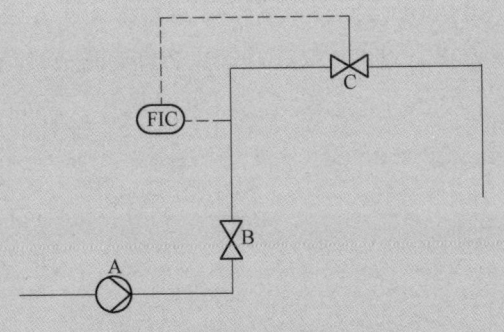

图 3-4 原料 A 输送系统示意图

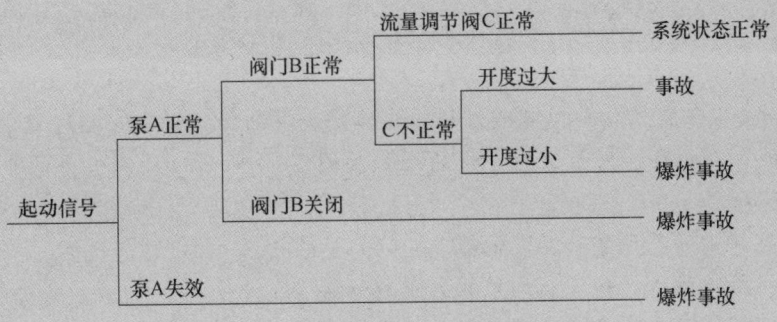

图 3-5 原料 A 输送系统事件树

由图 3-5 可以看出，导致事故的危险源有泵 A 失效、阀门 B 关闭、流量调节阀 C 不正常。

【例 3-2】 有一泵和两个串联阀门组成的物料输送系统如图 3-6 所示。物料沿箭头方向顺序经过泵 A、阀门 B 和阀门 C，泵起动后的物料输送系统的事件树如图 3-7 所示。设泵 A、阀门 B 和阀门 C 的可靠度分别为 0.95、0.9、0.9，则系统成功的概率为 0.7695，系统失败的概率为 0.2305。

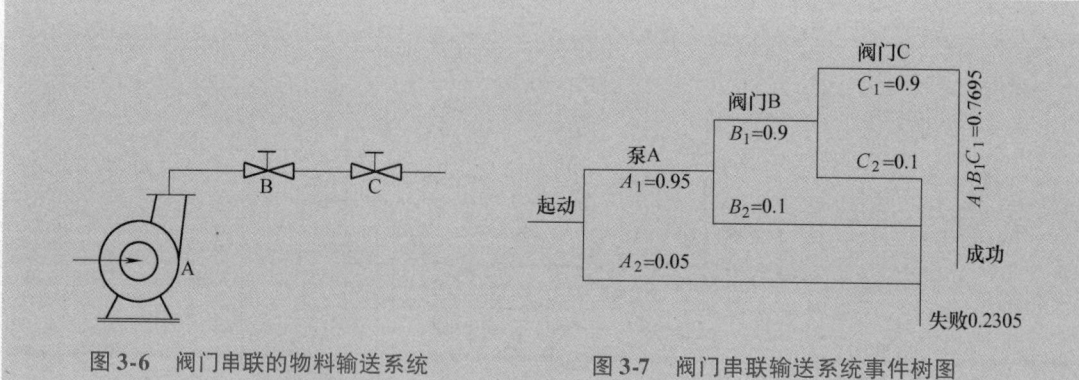

图 3-6　阀门串联的物料输送系统　　　　图 3-7　阀门串联输送系统事件树图

【例 3-3】　有一个泵和两个并联阀门组成的物料输送系统，如图 3-8 所示。

图 3-8 中 A 代表泵，阀门 C 是阀门 B 的备用阀，只有当阀门 B 失效时，阀门 C 才开始工作。同【例 3-2】一样，假设泵 A、阀门 B 和阀门 C 的可靠度分别为 0.95、0.9、0.9，则按照它的事件树（图 3-9），可得知这个系统成功的概率为 0.9405，系统失效的概率为 0.0595。从以上两例可以看出，阀门并联物料系统的可靠度比阀门串联时要大得多。

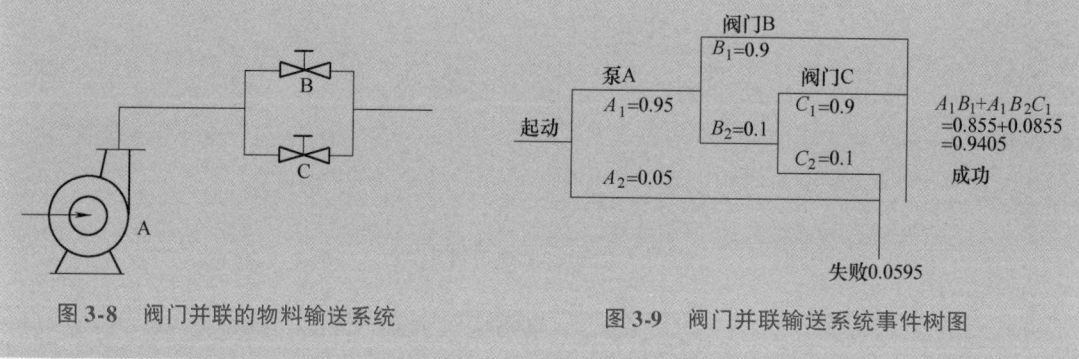

图 3-8　阀门并联的物料输送系统　　　　图 3-9　阀门并联输送系统事件树图

【例 3-4】　某工厂有 4 台氯磺酸储罐，在检修失灵的紧急切断阀的过程中氯磺酸罐发生爆炸，致使 3 人死亡，用事件树分析的结果如图 3-10 所示。检修失灵的紧急切断阀的一般程序如下：

（1）反应罐内的氯磺酸移至其他罐。
（2）将水徐徐注入，使残留的浆状氯磺酸分解。
（3）氯磺酸全部分解且烟雾消失以后，往罐内注水至满罐为止。
（4）静置一段时间后，将水排出。
（5）打开人孔盖，进入罐内检修。

可是在这次检修时，负责人为了争取时间，在上述第（3）项任务未完成的情况下，连水也没排净就命令维修工人去开人孔盖。由于人孔盖螺栓锈死，两名检修工用气割切断螺栓时，突然发生爆炸，负责人（安全科长）和两名检修工当场死亡。

从分析这次事故的事件树图可以看出，紧急阀失灵会引起事故，对其进行修理时，会发生如图 3-10 所示的 16 种不同的情况，这次爆炸事故属于图 3-10 中的第 12 种情况。

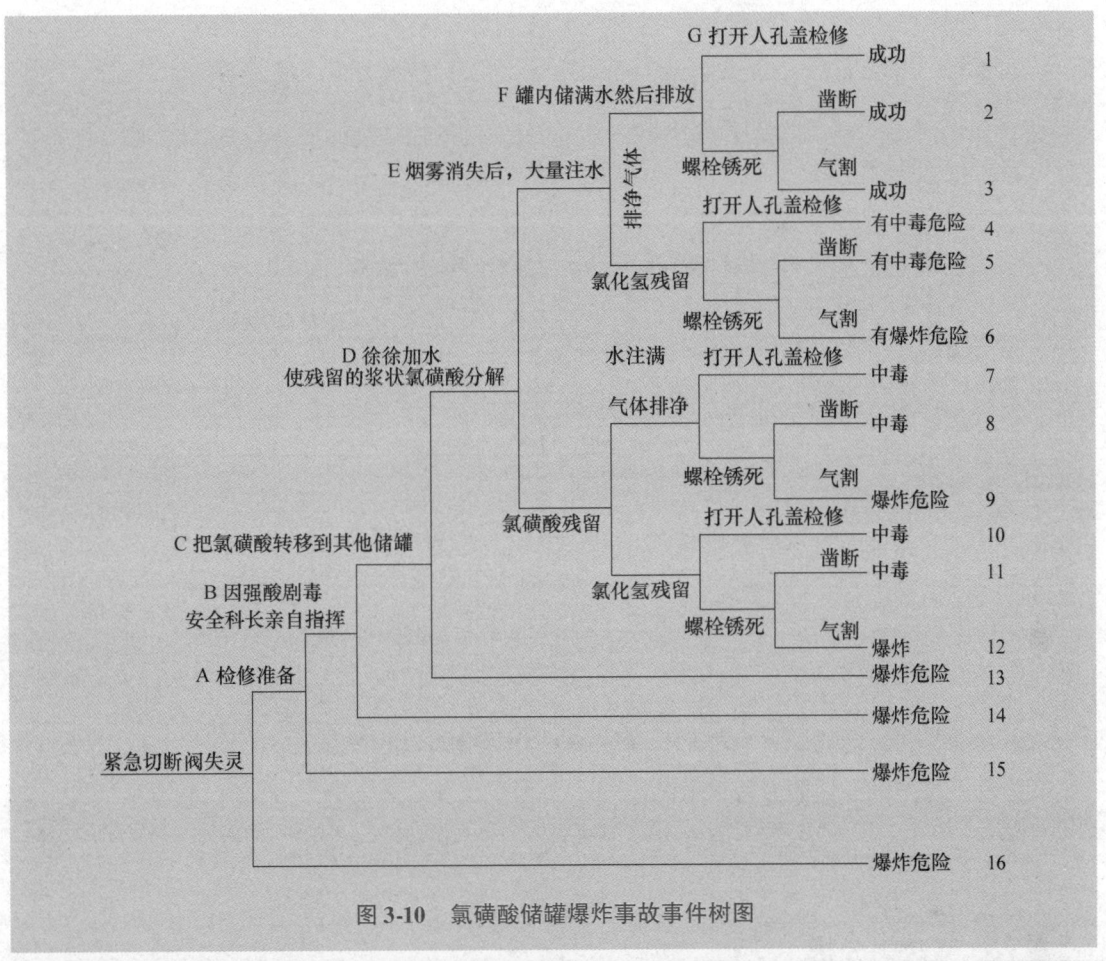

图 3-10 氯磺酸储罐爆炸事故事件树图

【例 3-5】 一斜井提升系统，为防止跑车事故，在矿车下端安装了阻车叉，在斜井里安装了人工起动的捞车器。当提升钢丝绳或连接装置断裂时，阻车叉插入轨道枕木下阻止矿车下滑。当阻车叉失效时，人员起动捞车器拦住矿车。设钢丝绳断裂概率为 10^{-4}，连接装置断裂概率为 10^{-6}，阻车叉失效概率为 10^{-3}，捞车器失效概率为 10^{-3}，人员操作捞车器失误概率为 10^{-2}。画出因钢丝绳（或连接装置）断裂引起跑车事故的事件树，计算跑车事故发生概率。

(1) 编制跑车事故事件树如图 3-11 所示。

(2) 由编制的斜井矿车提升事件树可知，系统状态为"跑车事故"的有④、⑤、⑧、⑨，它们的概率分别为：

$P_4 = P(A) \times P(\bar{B}) \times P(C) \times P(D) \times P(\bar{E}) = (1-10^{-4}) \times 10^{-6} \times 10^{-3} \times (1-10^{-2}) \times 10^{-3}$
$= 9.899 \times 10^{-13}$

$P_5 = P(A) \times P(\bar{B}) \times P(\bar{C}) \times P(\bar{D}) = (1-10^{-4}) \times 10^{-6} \times 10^{-3} \times 10^{-2} = 9.999 \times 10^{-12}$

$P_8 = P(\bar{A}) \times P(\bar{C}) \times P(D) \times P(\bar{E}) = 10^{-4} \times 10^{-3} \times (1-10^{-2}) \times 10^{-3} = 9.9 \times 10^{-11}$

$P_9 = P(\bar{A}) \times P(\bar{C}) \times P(\bar{D}) = 10^{-4} \times 10^{-3} \times 10^{-2} = 10^{-9}$

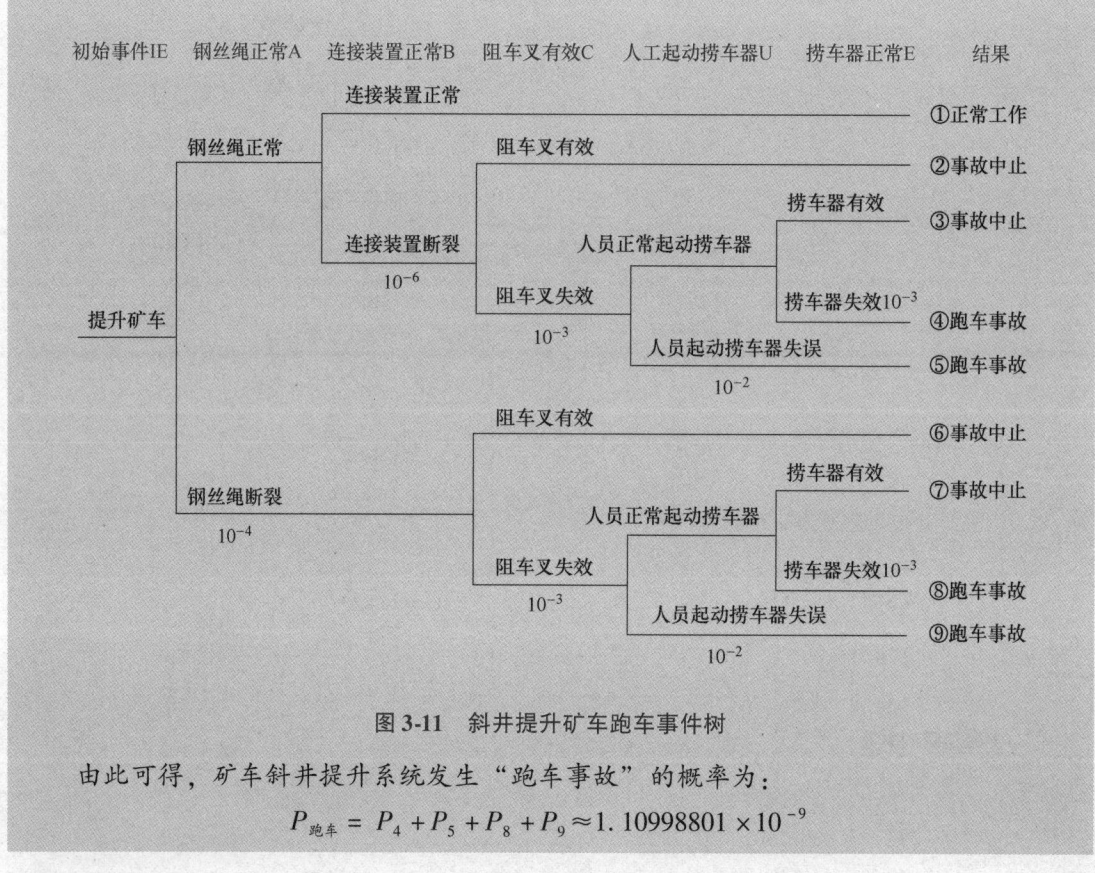

图 3-11 斜井提升矿车跑车事件树

由此可得，矿车斜井提升系统发生"跑车事故"的概率为：

$$P_{跑车} = P_4 + P_5 + P_8 + P_9 \approx 1.10998801 \times 10^{-9}$$

3.2 事故树分析

事故树就是从结果到原因描述事件发生的有向逻辑树，对这种树进行演绎分析，寻求防止结果发生的对策，这种方法就称为事故树分析法（Fault Tree Analysis，简称 FTA）。"树"的分析技术属于系统工程的图论范畴，是一个无圈（或无回路）的连通图。

从以上事故树分析的定义来看，事故树分析从结果开始，寻求结果事件（通称顶上事件）发生的原因事件，是一种逆时序的分析方法，这与事件树方法相反。另外事故树分析是一种演绎的逻辑分析法，将结果演绎成构成这一结果的多种原因，再按逻辑关系构建，寻求防止结果发生的措施。

事故树分析能对各种系统的危险性进行辨识和评价，不仅能分析出事故的直接原因，而且能深入地揭示出事故的潜在原因。用它描述事故的因果关系直观、明了，思路清晰，逻辑性强，既可定性分析，又可定量分析。现在 Matlab 等计算工具都有用于 FTA 定量分析的子程序（模块），其功能非常强大，而且使用方便。事故树分析已成为系统分析中应用最广泛的方法之一。

3.2.1 事故树分析的发展概况

事故树分析描述了事故发生和发展的动态过程，便于找出事故的直接原因和间接原因及原因的组合。可以用其对事故进行定性分析，辨明事故原因的主次及未曾考虑到的隐患；也可以进行定量分析，预测事故发生的概率。但事故树分析是数学和专业知识的密切结合，事故树的编制和分析需要坚实的数学基础和相当的专业技能。

事故树分析是一种演绎推理法，这种方法把系统可能发生的某种事故与导致事故发生的各种原因之间的逻辑关系用一种称为事故树的树形图表示，通过对事故树的定性与定量分析，找出事故发生的主要原因，为确定安全对策提供可靠依据，以达到预测与预防事故发生的目的。FTA 具有以下特点：

（1）事故树分析是一种图形演绎方法，是事故事件在一定条件下的逻辑推理方法。它可以围绕某特定的事故作层层深入的分析，因而在清晰的事故树图形下，表达系统内各事件间的内在联系，并指出单元故障与系统事故之间的逻辑关系，便于找出系统的薄弱环节。

（2）FTA 具有很大的灵活性，不仅可以分析某些单元故障对系统的影响，还可以对导致系统事故的特殊原因如人为因素、环境影响进行分析。

（3）采用 FTA 进行分析的过程，是一个对系统更深入认识的过程，它要求分析人员把握系统内各要素间的内在联系，弄清各种潜在因素对事故发生影响的途径和程度，因而许多问题在分析的过程中就被发现和解决了，从而提高了系统的安全性。

（4）利用事故树模型可以定量计算复杂系统发生事故的概率，为改善和评价系统安全性提供了定量依据。

事故树分析还存在许多不足之处，主要是：FTA 需要花费大量的人力、物力和时间；FTA 的难度较大，建树过程复杂，需要经验丰富的技术人员参加，即使这样，也难免发生遗漏和错误；FTA 只考虑（0，1）状态的事件，而大部子系统存在局部正常、局部故障的状态，因而建立数学模型作结构重要度分析时，会产生较大误差；FTA 虽然可以考虑人的因素，但人的失误很难量化。

事故树分析仍处在发展和完善中。目前，事故树分析在自动编制、多状态系统 FTA、相依事件的 FTA、数据库的建立及 FTA 技术的实际应用等方面尚待进一步分析研究，以求新的发展和突破。

3.2.2　事故树的基本结构

事故树的基本结构如图 3-12 所示。在事故树中，各事件之间的基本关系是因果逻辑关系，通常用逻辑门来表示。树中以逻辑门为中心，其上层事件是下层事件发生后所导致的结果，称为输出事件；下层事件是上层事件的原因，称为输入事件。

所要研究的特定事故被绘制在事故树的顶端，称为顶上事件，如图 3-12 中表示的事件。导致顶上事件发生的最初的原因事件绘制于事故树下部的各分支的终端，称为基本事件，如图 3-12 中 X_i 所表示的事件。处于顶上事件和基本事件中间的事件称为中间事件，它们既是造成顶上事件的原因，又是由基本事件产生的结果，如图 3-12 中 A_1、A_2、A_3、A_4、A_5 所表示的事件。

3.2.3　事故树的符号及其意义

事故树是由各种符号和其连接的逻辑门组成的。下面仅将常见的符号予以介绍和说明。

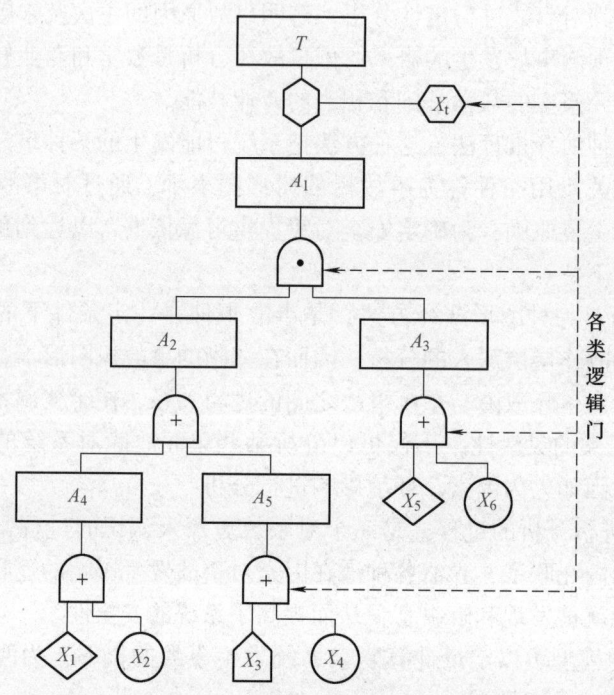

图 3-12 事故树的基本结构

1. 事件符号

（1）矩形符号。如图 3-13a 所示，用矩形符号表示顶上事件或中间事件。将事件扼要记入矩形框内。必须注意，顶上事件一定要清楚明了，不要太笼统。例如"交通事故""爆炸着火事故"，对此人们无法下手分析，而应当选择具体事故。如"机动车追尾""机动车与自行车相撞""建筑工人从脚手架上坠落死亡""道口火车与汽车相撞"等具体事故。

（2）圆形符号。如图 3-13b 所示，圆形符号表示基本事件，可以是人的差错，也可以是设备、机械故障、环境因素等。它表示最基本的事件，不能再继续往下分析了。例如，影响驾驶员视野条件的"曲线地段""照明不好"，驾驶员本身问题影响行车安全的"酒后开车""疲劳驾驶"等原因，将事故原因扼要记入圆形符号内。

（3）屋形符号。如图 3-13c 所示，屋形符号表示正常事件，是系统在正常状态下发生的正常事件。如："机车或车辆经过道岔""因走动取下安全带"等，将事件扼要记入屋形符号内。

（4）菱形符号。如图 3-13d 所示，菱形符号表示省略事件，即表示事前不能分析，或者没有再分析下去的必要的事件。例如，"驾驶员间断瞭望""天气不好""臆测行车""操作不当"等，将事件扼要记入菱形符号内。

图 3-13 事件符号

2. 逻辑门符号

即连接各个事件，并表示逻辑关系的符号。其中主要有：与门、或门、条件与门、条件或门以及限制门。

（1）与门符号。与门连接表示输入事件 B_1、B_2 同时发生的情况下，输出事件 A 才会发生的连接关系。两者缺一不可，表现为逻辑积的关系，即 $A = B_1 \cap B_2$。在有若干输入事件时也是如此，如图 3-14a 所示。

"与门"用与门电路图来说明更容易理解，如图 3-14b 所示。

当 B_1、B_2 都接通（$B_1 = 1$，$B_2 = 1$）时，电灯才亮（出现信号），用布尔代数表示为 $X = B_1 B_2 = 1$。

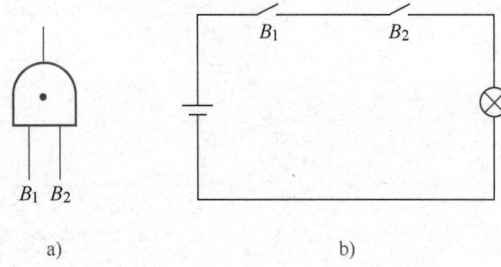

图 3-14 与门符号及与门电路图

当 B_1、B_2 中有一个断开或都断开（$B_1 = 1$，$B_2 = 0$ 或 $B_1 = 0$，$B_2 = 1$ 或 $B_1 = 0$，$B_2 = 0$）时，电灯不亮（没有信号），用布尔代数表示为 $X = B_1 B_2 = 0$。

（2）或门符号。表示输入事件 B_1 或 B_2 中，任何一个事件发生都可以使事件 A 发生，表现为逻辑和的关系即 $A = B_1 \cup B_2$。在有若干输入事件时，情况也是如此，如图 3-15a 所示。

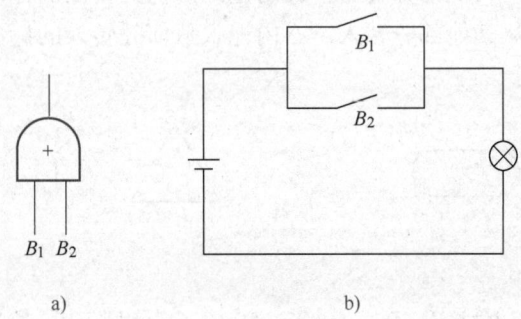

图 3-15 或门符号及或门电路图

或门用相对的逻辑电路来说明更好理解，如图 3-15b 所示。

当 B_1、B_2 断开（$B_1 = 0$，$B_2 = 0$）时，电灯才不会亮（没有信号），用布尔代数表示为 $X = B_1 + B_2 = 0$。

当 B_1、B_2 中有一个接通或两个都接通（即 $B_1 = 1$，$B_2 = 0$ 或 $B_1 = 0$，$B_2 = 1$ 或 $B_1 = 1$，$B_2 = 1$）时，电灯亮（出现信号），用布尔代数表示为 $X = B_1 + B_2 = 1$。

（3）条件与门符号。表示只有当 B_1、B_2 同时发生，且满足条件 α 的情况下，A 才会发生，相当于三个输入事件的与门。即 $A = B_1 \cap B_2 \cap \alpha$。将条件 α 记入六边形内，如图 3-16 所示。

（4）条件或门符号。表示 B_1 或 B_2 任何一个事件发生，且满足条件 β，输出事件 A 才会发生，将条件 β 记入六边形内，如图 3-17 所示。

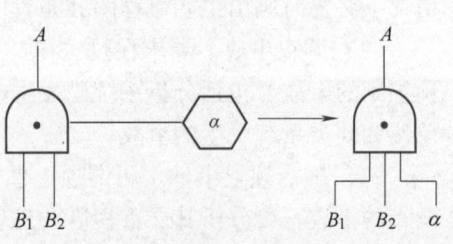

图 3-16 条件与门符号图

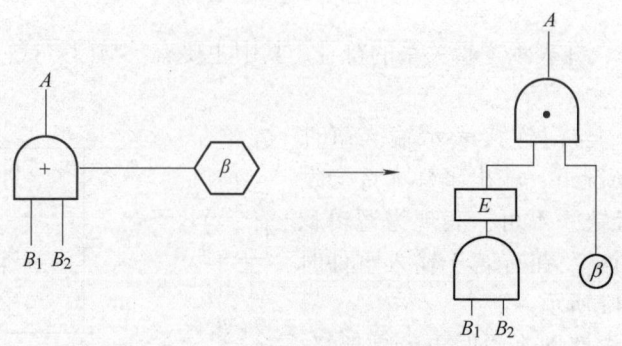

图 3-17　条件或门符号图

（5）限制门符号。它是逻辑上的一种修正符号，即输入事件发生且满足条件 γ 时，才产生输出事件。相反，如果不满足，则不发生输出事件，条件 γ 写在椭圆形符号内，如图 3-18 所示。

3. 转移符号

当事故树规模很大时，需要将某些部分画在别的纸上，这就要用转出和转入符号，以标出向何处转出和从何处转入。

转出符号，它表示向其他部分转出，△内记入向何处转出的标记，如图 3-19a 所示。

转入符号，它表示从其他部分转入，△内记入从何处转入的标记，如图 3-19b 所示。

图 3-18　限制门符号图　　　　图 3-19　转移符号

3.2.4　事故树分析程序

事故树分析虽然根据对象系统的性质、分析目的的不同，分析的程序也不同，但是一般都按照下面介绍的基本程序进行。有时，使用者还可根据实际需要和要求，来确定分析程序。图 3-20 为事故树分析的一般程序。

（1）熟悉系统。要求全面了解系统的整个情况，包括工作程序、各种重要参数、作业情况。必要时画出工艺流程图和布置图。

（2）调查事故。要求在过去事故实例、有关事故统计的基础上，尽量广泛地调查所能预想到的事故。包括分析系统已发生的事故，也包括未来可能发生的事故，同时也要调查外单位和同类系统发生的事故。

（3）确定顶上事件。所谓顶上事件就是我们要分析的对象事件——系统失效事件。对调查的事故，要分析其严重程度和发生的概率，从中找出后果严重且发生概率大的事件作为顶上事件。

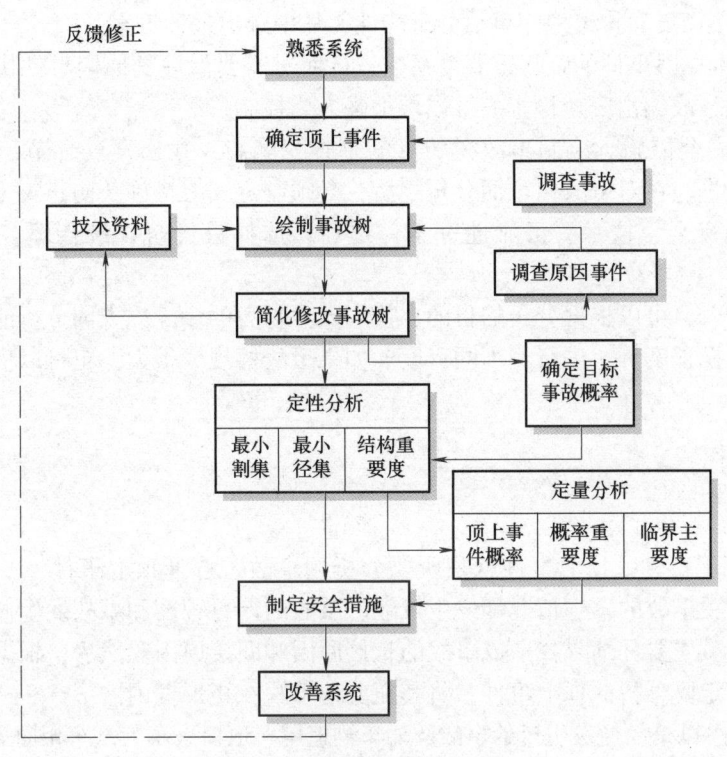

图 3-20 事故树分析的一般程序

（4）确定目标事故概率。根据以往的事故记录和同类系统的事故资料进行统计分析，求出事故发生的概率（或频率），然后根据这一事故的严重程度确定要控制的事故发生概率的目标值。

（5）调查原因事件。调查与事故有关的所有原因事件和各种因素，包括设备故障、机械故障、操作者的失误、管理和指挥错误、环境因素等，尽量详细查清原因和影响。

（6）绘制事故树。这是事故树分析的核心部分之一。根据上述资料，从顶上事件开始，按照演绎法，运用逻辑推理，一级一级地找出所有直接原因事件，直到最基本的原因事件为止。按照逻辑关系，用逻辑门连接输入输出关系（即上下层事件），画出事故树。

（7）定性分析。根据事故树结构进行化简，求出事故树的最小割集和最小径集，确定基本事件的结构重要度大小。根据定性分析的结论，按轻重缓急分别采取相应对策。

（8）计算顶上事件发生概率。首先根据所调查的情况和资料，确定所有原因事件的发生概率，并标在事故树上。根据这些基本数据，求出顶上事件（事故）发生概率。

（9）分析比较。要根据可维修系统和不可维修系统分别考虑。对可维修系统，把求出的概率与通过统计分析得出的概率进行比较，如果两者不符，则必须重新研究，看原因事件是否齐全，事故树逻辑关系是否清楚，基本原因事件的数值是否设定得过高或过低等。对不可维修系统，求出顶上事件发生概率即可。

（10）定量分析。定量分析包括下列三个方面的内容：

1）当事故发生概率超过预定的目标值时，要研究降低事故发生概率的所有可能途径，可从最小割集着手，从中选出最佳方案。

2）利用最小径集，找出根除事故的可能性，从中选出最佳方案。

3）求各基本原因事件的临界重要度系数，从而对需要治理的原因事件按临界重要度系数大小进行排列，或编出安全检查表，以求加强人为控制。

（11）制定安全措施。绘制事故树的目的是查找隐患，找出薄弱环节，查出系统的缺陷，然后加以改进。在对事故树全面分析之后，必须制定安全措施，防止灾害发生。安全措施应在充分考虑资金、技术、可靠性等条件之后，选择最经济、最合理、最切合实际的对策。

在具体分析时，可以根据分析的目的、投入人力物力的多少、人的分析能力的高低以及对基础数据的掌握程度等，进行到不同程度。如果事故树规模很大，也可以借助电子计算机进行分析。

3.2.5 事故树的编制

1. 编制程序

（1）确定顶上事件。顶上事件就是所要分析的事故。选择顶上事件，一定要在详细了解系统情况、有关事故的发生情况和发生可能、事故的严重程度和事故发生概率等资料的情况下进行，而且事先要仔细寻找造成事故的直接原因和间接原因。然后，根据事故的严重程度和发生概率确定要分析的顶上事件，将其扼要地填写在矩形框内。

顶上事件也可以是已经发生过的事故。如车辆追尾、道口火车与汽车相撞等事故。通过编制事故树，找出事故原因，制定具体措施，防止事故再次发生。

（2）调查或分析造成顶上事件的各种原因。顶上事件确定之后，为了编制好事故树，必须将造成顶上事件的所有直接原因事件找出来，尽可能不要漏掉。直接原因事件可以是机械故障、人的因素或环境因素等。

要找出直接原因，可以采取对造成顶上事件的原因进行调查，召开有关人员座谈会的方法，也可根据以往的一些经验进行分析，确定造成顶上事件的原因。

（3）绘制事故树。在确定顶上事件并找出造成顶上事件的各种原因之后，就可以用相应事件符号和适当的逻辑门把它们从上到下分层连接起来，层层向下，直到最基本的原因事件，这样就构成一个事故树。

在用逻辑门连接上下层之间的事件原因时，若下层事件必须全部同时发生，上层事件才会发生时，就用"与门"连接。逻辑门的连接问题在事故树中是非常重要的，含糊不得，它涉及各种事件之间的逻辑关系，直接影响着以后的定性分析和定量分析。

（4）认真审定事故树。画成的事故树图是逻辑模型事件的表达。既然是逻辑模型，那么各个事件之间的逻辑关系就应该相当严密、合理。否则在计算过程中将会出现许多意想不到的问题。因此，对事故树的绘制要十分慎重。在制作过程中，一般要进行反复推敲、修改，除局部更改外，有的甚至要推倒重来，有时还要反复进行多次，直到符合实际情况、比较严密为止。

2. 事故树编制的注意事项

事故树应能反映出系统故障的内在联系和逻辑关系，同时能使人一目了然，形象地掌握这种联系与关系，并据此进行正确的分析，为此，编制事故树应注意以下几点：

（1）熟悉分析系统。绘制事故树由全面熟悉开始，必须从功能的联系入手，充分了解与人员有关的功能，掌握使用阶段的划分等与人员有关的功能，包括现有的冗余功能以及安全、保护功能等。此外，使用、维修状况也要考虑周全。这就要求广泛地收集与系统相关的设计、运行、流程图、设备技术规范等技术文件及资料，并进行深入细致的分析研究。

(2) 循序渐进。事故树的编制过程是一个逐级展开的演绎过程。首先，从顶上事件开始分析其发生的直接原因，判断逻辑关系，给出逻辑门；其次，找出逻辑门下的全部输入事件；再分析引起这些事件发生的原因，判断逻辑关系，给出逻辑门；继续逐层分析，直至列出引起顶上事件发生的全部基本事件和上下逻辑关系。

(3) 选好顶上事件。建造事故树首先要选定一个顶上事件，顶上事件是指系统不希望发生的故障事件。选好顶上事件有利于使整个系统故障分析相互联系起来，因此，对系统的任务、边界以及功能范围必须给予明确的定义。顶上事件在大型系统中可能不止一个，一个特定的顶上事件可能只是许多系统失效事件之一。顶上事件在很多情况下是用FMEA——故障类型及影响分析、危险预先性分析或事件树分析得出的。一般考虑的事件有：对安全构成威胁的事件——造成人身伤亡或导致设备财产的重大损失（火灾爆炸、中毒、严重污染等），妨碍完成任务的事件——系统停工或丧失大部分功能，严重影响经济效益的事件——通信线路中断、交通停顿等妨碍提高经济收益的因素。

(4) 准确判明各事件间的因果关系和逻辑关系。对系统中各事件间的因果关系和逻辑关系必须分析清楚，不能有逻辑上的紊乱及因果矛盾。每一个故障事件包含的原因事件都是事故事件的输入，即原因——输入，结果——输出。逻辑关系应根据输入事件的具体情况来定，若输入事件必须全部发生时顶上事件才发生，则用"与门"；若输入事件中任何一个发生时顶上事件即发生，则用"或门"。

(5) 避免门与门相连。为了保证逻辑关系的准确性，事故树中任何逻辑门的输出都必须也只能有一个结果，不能将逻辑门与其他逻辑门直接相连。

3. 常用的事故树编制软件

事故树被广泛应用于系统安全评价中，而在实际应用中，系统往往由众多复杂要素构成，手工绘制事故树工作量较大，且对复杂事故树最小割集、最小径集、顶上事件概率的计算是一个庞大的工程，基于此，很多学者或机构开发了事故树绘制与分析软件，给安全工程技术和管理人员提供操作简单、功能丰富、快速实现事故树绘制及分析的工具。

常用的事故树分析软件有：FreeFta、EasyDraw、CARA-FaultTree、CAFTA 等。通过应用软件，可以很方便地选择各种事件符号和逻辑门符号，快速绘制事故树，并通过相应的最小割集、最小径集、顶上事件概率计算等软件功能，实现快速求解。图 3-21 展示了常用分析软件的界面。

各种事故树软件为事故树的编制及相应计算提供了简单快捷的工具，但事故树编制是建立在对系统进行全面分析基础上的。也就是说，事故树软件仅提供了一个绘制和分析的工具，事故树分析的核心内容依然是分析人员运用事故树分析的原理和方法对研究对象进行系统的分析。

3.2.6 事故树的数学表达

为了对事故树进行详细的分析，在编制出事故树模型后，还要利用布尔代数列出它的数学表达式。布尔代数是完成事故树分析的数学基础。

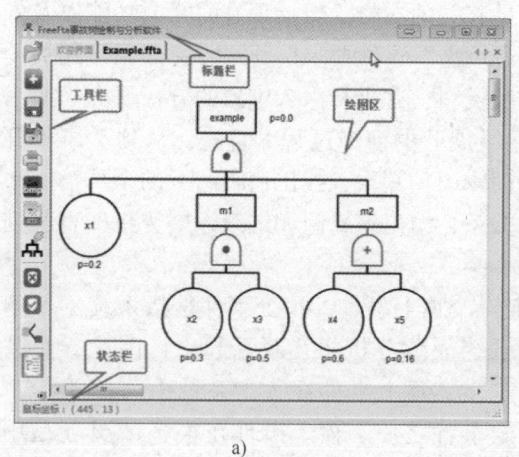 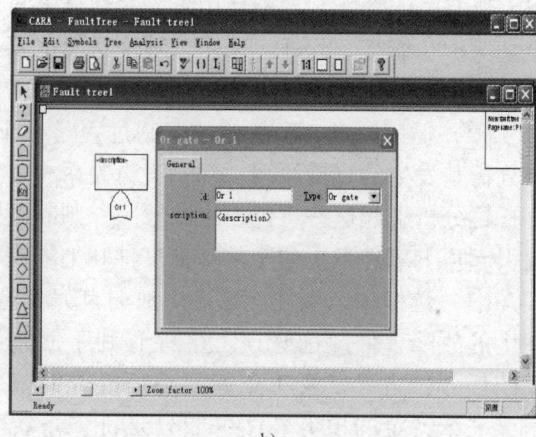

图 3-21 常用的事故树分析软件的界面
a) FreeFta 主界面 b) CARA-FaultTree 主界面

布尔代数是集合论数学的组成部分,是一种逻辑运算方法,也称为逻辑代数。布尔代数特别适用于描述只能取两种对立状态的事物变化过程,这正适合于事故树分析的特点。

1. 布尔代数的基本知识

(1) 集合的概念。具有某种共同属性的事物的全体叫作集合,集合中的事物叫作元素。包含一切元素的集合称为全集,用符号 Ω 表示;不包含任何元素的集合称为空集,用符号 Φ 表示。

集合之间关系的表示方法如下:

1) 集合以大写字母表示,集合的定义写在括号中。

2) 集合之间的包含关系(即从属关系)用符号表示,子集 B_1 包含于全集 Ω 中,记为 $B_1 \in \Omega$。

3) 两个子集相交之后,相交的部分为两个子集的共有元素的集合,称之为交集。两个集合相交的关系用符号 $\cap$ 表示,如 $C_1 = B_1 \cap B_2$。

4) 两个子集相交之后,合并成一个较大的子集,这两个子集中元素的全体构成的集合称之为并集,并集的关系用符号 $\cup$ 表示,如 $C_2 = B_1 \cup B_2$。

事故树分析就是研究某一个事故树中各基本事件构成的各种集合,以及它们之间的逻辑关系,最后达到最优化处理的一门技术。

(2) 逻辑运算。逻辑运算的对象是命题。命题是具有判断性的语言。成立的命题叫作真命题,其真值等于 1;不成立的命题叫作假命题,其真值等于 0。这里的真值"1"和"0"并不是数字,而是表示两个对立事物的符号。例如命题"8-3=5"成立,这是真命题,其真值为 1;命题"2+3>5"不成立,这是假命题,其真值为 0。

逻辑代数也可进行运算,其基本运算有三种,即逻辑加、逻辑乘、逻辑非。其中逻辑加、逻辑乘用得较普遍。

1) 逻辑加。给定两个命题 A、B,对它们进行逻辑运算后构成的新命题为 S,若 A、B 两者有一个成立或同时成立,S 就成立;否则 S 不成立。则这种 A、B 间的逻辑运算叫作逻辑加,也叫"或"运算。构成的新命题 S,叫作 A、B 的逻辑和。记作 $A \cup B = S$ 或记作 $A +$

$B=S$。均读作"$A+B$"。逻辑加相当于集合运算中的"并集"。

根据逻辑加的定义可知:
$$1+1=1;\ 1+0=1;\ 0+1=1;\ 0+0=0$$

2)逻辑乘。给定两个命题A、B,对它们进行逻辑运算后构成新的命题P。若A、B同时成立,P就成立,否则P不成立。则这种A、B间的逻辑运算,叫作逻辑乘,也叫"与"运算。构成的新命题P叫作A、B的逻辑积。记作$A\cap B=P$,或记作$A\times B=P$,也可记作$AB=P$,均读作A乘B。逻辑乘相当于集合运算中的"交集"。

根据逻辑乘的定义可知:
$$1\times 1=1;\ 1\times 0=0;\ 0\times 1=0;\ 0\times 0=0$$

3)逻辑非。给定一个命题A,对它进行逻辑运算后,构成新的命题为F,若A成立,F就不成立;若A不成立,F就成立。这种对A所进行的逻辑运算,叫作命题A的逻辑非,构成的新命题F叫作命题A的逻辑非。A的逻辑非记作"$\overline{A}$",读作"A非"。逻辑非相当于集合运算的求"补集"。

根据逻辑非的定义,可以知道:
$$\overline{1}=0;\ \overline{0}=1;\ \overline{\overline{1}}=1;\ \overline{\overline{0}}=0$$

(3)逻辑运算的法则。逻辑代数运算的法则很多,有的与代数运算法则一致,有的不一致。这里只介绍几种常用的运算法则,以便记忆和运用。

对合律:$\overline{\overline{A}}=A$

交换律:$A+B=B+A$,$AB=BA$

结合律:$A+(B+C)=(A+B)+C$,$A(BC)=(AB)C$

分配律:$A+BC=(A+B)(A+C)$,$A(B+C)=AB+AC$

等幂律:$A+A=A$,$A\cdot A=A$

吸收律:$A+AB=A$,$A(A+B)=A$

在事故树分析中"$A+AB=A$""$A+A=A$"和"$A\cdot A=A$"几个法则用得较多。

2. 概率论的一些基本知识

进行事故树分析需要用到概率论的一些基本知识。例如,概率和与概率积的计算。为了给出概率和与概率积的计算公式,必须首先给出下列定义:

(1)相互独立事件。一个事件发生与否不受其他事件的发生与否的影响。假定有A、B、C、$\cdots$、N事件,其中每一个事件发生与否都不受其他事件发生与否的影响,则称A、B、C、$\cdots$、N为独立事件。

(2)相互排斥事件。不能同时发生的事件。一个事件发生,其他事件必然不发生。它们之间互相排斥,互不相容。假定有A、B、C、$\cdots$、N事件,A发生时,B、C、$\cdots$、N必然不发生;B发生时,A、C、$\cdots$、N事件必须不发生,则A、B、C、$\cdots$、N事件称为互斥事件。

(3)相容事件。一个事件发生与否受其他事件的约束,即在其他事件发生的条件下才发生的事件。设A、B两事件,B事件只有在A事件发生的情况下才发生,反之亦然,则A、B事件称为相容事件。

在事故树分析中,遇到的基本事件大多数是独立事件。所以下面简单介绍n个独立事件的概率和与概率积的计算公式。

n个独立事件的概率和,其计算公式为:

$$P(A+B+C+\cdots+N) = 1-[1-P(A)][1-P(B)][1-P(C)]\cdots[1-P(N)] \quad (3\text{-}1)$$

式中 P——独立事件的概率。

n 个独立事件的概率积，其计算公式为：

$$P(ABC\cdots N) = P(A)P(B)P(C)\cdots P(N) \quad (3\text{-}2)$$

3. 事故树的布尔代数表达式

将事故树中连接各事件的逻辑门用相应的布尔代数运算表示，就得到了事故树的布尔代数表达式。通常，可以自上而下地将事故树逐渐展开后，便得到了布尔代数表达式。以图 3-22（事故树结构）为例，其布尔代数表达式及展开过程如下：

$$\begin{aligned} T &= A_1 X_t = A_2 A_3 X_t \\ &= (A_4 + A_5)(X_5 + X_6) X_t \\ &= (X_1 + X_2 + X_3 + X_4)(X_5 + X_6) X_t \end{aligned}$$

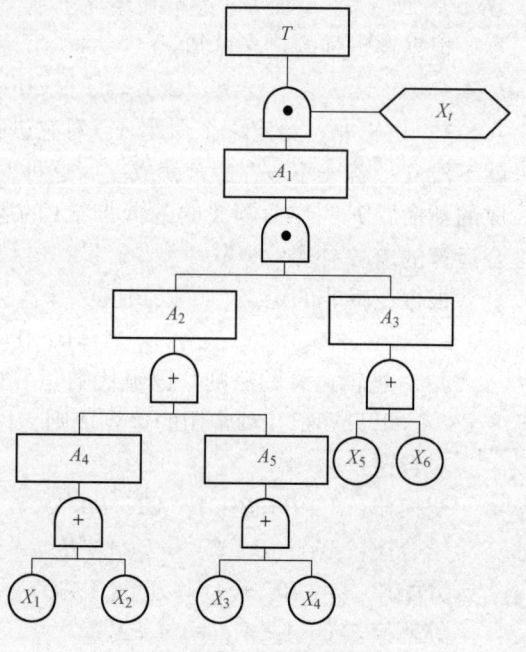

此式还可以继续化简至若干基本事件相"乘"后再相"加"的形式。故障树的布尔代数表达式是事故树的数学表述。对于给出的事故树可以写出相应的布尔代数表达式；相反，给出布尔代数表达式就可以绘出相应的事故树。

4. 事故树的概率函数

事故树的概率函数是指事故树中由基本事件概率所组成的顶上事件概率的计算式。

如果事故树中各基本事件是相互统计独立的，布尔代数表达式中各基本事件逻辑"乘"的概率应为：

$$g(x_1 x_2 \cdots x_n) = q_1 q_2 \cdots q_n = \prod_{i=1}^{n} q_i \quad (3\text{-}3)$$

图 3-22 某事故树图

各基本事件逻辑"加"的概率应为：

$$g(x_1 + x_2 + \cdots + x_n) = 1-(1-q_1)(1-q_2)\cdots(1-q_n) = 1 - \prod_{i=1}^{n}(1-q_i) \quad (3\text{-}4)$$

式中 q_i——第 i 个基本事件的发生概率；

$\prod$——数学运算符号，求概率积。

如果图 3-22 中各基本事件是相互独立的，利用上述式（3-1）和式（3-2），求图 3-22 事故树的概率函数，代入下式：

$$g(q) = \left[1 - \prod_{i=1}^{4}(1-q_i)\right]\left[1 - \prod_{i=5}^{6}(1-q_i)\right] q_t$$

式中 q_t——控制门事件的发生概率。

3.2.7 事故树的化简及意义

在事故树编制完成之后，为了准确计算顶上事件发生的概率，需要化简事故树，消除多余事件，特别是在事故树的不同位置存在同一基本事件时，必须利用布尔代数进行整理，然后才能计算顶上事件的发生概率，否则就会造成定性分析或定量分析的错误。

化简的方法就是反复运用布尔代数法则，化简的程序是：①代数式若有括号应先去括号将函数展开；②利用幂等法则归纳相同的项；③充分利用吸收法则直接化简。

【例 3-6】 如图 3-23 所示，在该事故树中 3 个基本事件概率为 $q_1 = q_2 = q_3 = 0.1$，求顶上事件的发生概率。

解：
$$T = A_1 A_2 = X_1 X_2 (X_1 + X_3)$$

按独立事件概率和与积的计算公式，顶上事件发生概率为：

$$q_T = q_1 q_2 [1 - (1 - q_1)(1 - q_3)]$$
$$= 0.1 \times 0.1 \times [1 - (1 - 0.1) \times (1 - 0.1)]$$
$$= 0.0019$$

布尔代数化简：

$$T = X_1 X_2 (X_1 + X_3) \quad (未经化简形式)$$
$$= X_1 X_2 X_1 + X_1 X_2 X_3 \quad (应用分配律展开)$$
$$= X_1 X_2 + X_1 X_2 X_3 \quad (应用等幂律去掉多余的 X_1)$$
$$= X_1 X_2 \quad (应用吸收律去掉多余的 X_3，达到最简形式)$$

所以：
$$q_T = q_1 q_2 = 0.01$$

其等效树图如图 3-24 所示。没简化时，有无关事件 X_3，化简后，只要有 X_1、X_2 发生，不论 X_3 发生与否，顶上事件都发生。因此，必须化简，才能正确进行事故树的定性、定量分析。

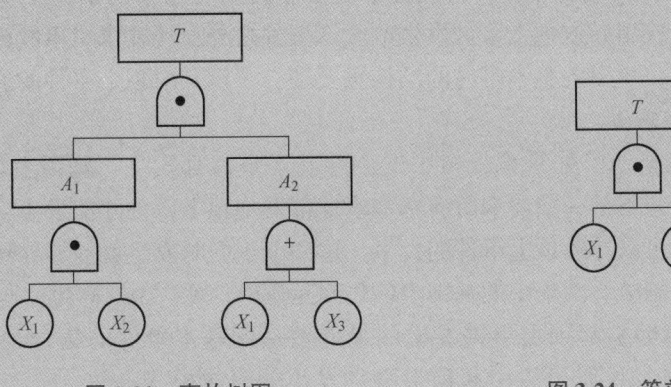

图 3-23 事故树图　　　　图 3-24 等效树图

【例 3-7】 化简如图 3-25 所示的事故树。

解：事故树的结构函数为：

$$T = A_1 + A_2$$
$$= X_1 X_2 + (X_3 + B)$$

$$= X_1X_2 + [X_3 + (X_1X_3)]$$
$$= X_1X_2 + X_3$$

所以，其等效图如图 3-26 所示。

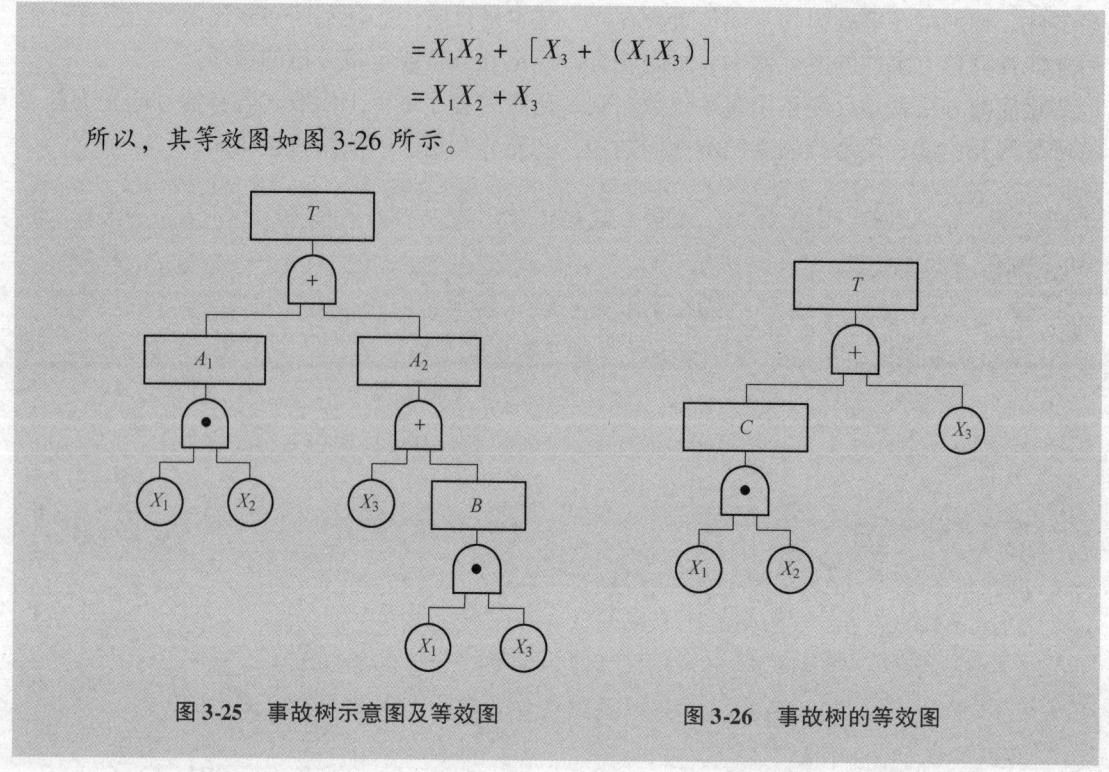

图 3-25　事故树示意图及等效图　　　图 3-26　事故树的等效图

3.2.8　事故树的定性分析

事故树的定性分析，是依据事故树对所有事件只有发生"1"或不发生"0"两种状态进行分析的方法。定性分析的目的是根据事故树的结构查明顶上事件发生的途径，确定顶上事件的发生模式、起因及影响程度，为改善系统安全提供可选择的措施。事故树定性分析时，除编制事故树、找出导致顶上事件发生的全部事件之外，还要求出事故树中基本事件的最小割集和最小径集，求出各基本事件的结构重要度，了解其对顶上事件的影响程度。

1. 最小割集及其求法

(1) 最小割集的概念。如果事故树中的全部基本事件都发生，则顶上事件必然发生。但是，大多数情况下并不是一定要求所有基本事件都发生顶上事件才能发生，而是只要某些基本事件一起发生就可以导致顶上事件的发生。这些由于同时发生就能够导致顶上事件发生的基本事件集合称为割集。割集中的基本事件之间是逻辑"乘"（或称为"与"）的关系。

最小割集是指能够引起顶上事件发生的最低数量的基本事件的集合。最小割集指明了哪些基本事件同时发生就可以引起顶上事件发生的事故模式。

(2) 求解方法。求解方法有三种。

1) 行列法。行列法是 1972 年福塞尔提出的方法，所以也称其为福塞尔法。其理论依据是："与门"使割集容量增加，而不增加割集的数量；"或门"使割集的数量增加，而不增加割集的容量。这种方法是从顶上事件开始，用下一层事件代替上一层事件，把"与门"连接的事件按行横向排列，把"或门"连接的事件按列纵向摆开。这样，逐层向下，直至各基本事件，列出若干行，最后利用布尔代数化简，便得到所求的最小割集。

为了说明这种计算方法，下面以图 3-27 所示的事故树为例，求其最小割集。

可以看到，顶上事件 T 与中间事件 A_1、A_2 是用"或门"连接的，所以，应当成列摆开，即：

$$T \xrightarrow{\text{或门}} \begin{cases} A_1 \\ A_2 \end{cases}$$

A_1、A_2 与下一层事件 B_1、B_2、X_1、X_2、X_4 的连接均为"与门"，所以成行排列：

$$\begin{cases} A_1 \xrightarrow{\text{与门}} X_1 B_1 X_2 \\ A_2 \xrightarrow{\text{与门}} X_4 B_2 \end{cases}$$

下面依此类推：

$$\begin{cases} X_1 B_1 X_2 \xrightarrow{\text{或门}} \begin{cases} X_1 X_1 X_2 \\ X_1 X_3 X_2 \end{cases} \\ X_4 B_2 \xrightarrow{\text{或门}} \begin{cases} X_4 C \xrightarrow{\text{与门}} X_4 X_4 X_5 \\ X_4 X_6 \end{cases} \end{cases}$$

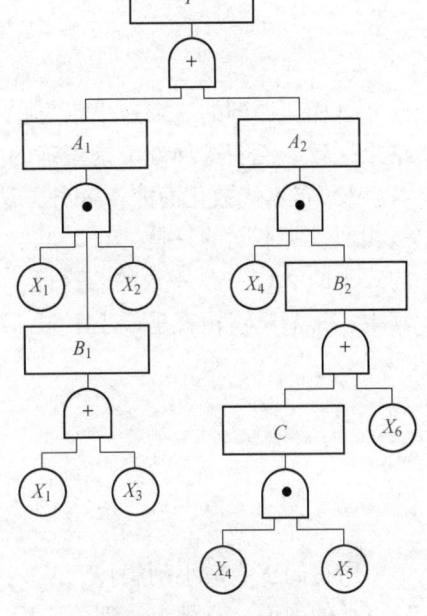

图 3-27　事故树示意图

整理上式得：

$$\begin{cases} X_1 X_1 X_2 \\ X_1 X_3 X_2 \\ X_4 X_4 X_5 \\ X_4 X_6 \end{cases}$$

下面对这四组集合用布尔代数化简，根据 $A \cdot A = A$，则 $X_1 \cdot X_1 = X_1$，$X_4 \cdot X_4 = X_4$，即：

$$\begin{cases} X_1 X_1 X_2 \\ X_1 X_3 X_2 \\ X_4 X_4 X_5 \\ X_4 X_6 \end{cases} \rightarrow \begin{cases} X_1 X_2 \\ X_1 X_2 X_3 \\ X_4 X_5 \\ X_4 X_6 \end{cases}$$

又根据 $A + A \cdot B = A$，则 $X_1 \cdot X_2 + X_1 \cdot X_2 \cdot X_3 = X_1 \cdot X_2$，即：

$$\begin{cases} X_1 X_2 \\ X_1 X_2 X_3 \\ X_4 X_5 \\ X_4 X_6 \end{cases} \rightarrow \begin{cases} X_1 X_2 \\ X_4 X_5 \\ X_4 X_6 \end{cases}$$

于是，就得到三个最小割集 $\{X_1, X_2\}$、$\{X_4, X_5\}$、$\{X_4, X_6\}$。按最小割集化简后的事故树，如图 3-28 所示。

2) 结构法。这种方法的理论根据是事故树的结构完全可以用最小割集来表示。下面再来分析图 3-27 所示事故树示意图：

$$T = A_1 \cup A_2 = (X_1 B_1 X_2) \cup (X_4 B_2)$$

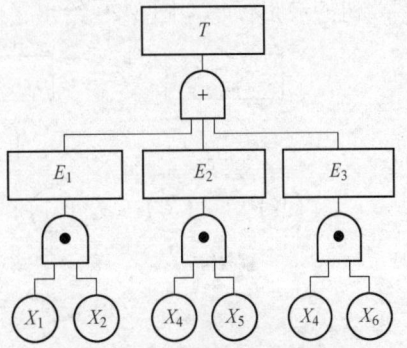

图 3-28　图 3-27 事故树的等效图

$$= X_1(X_1 \cup X_3)X_2 \cup X_4(C \cup X_6)$$
$$= (X_1X_2) \cup (X_1X_3X_2) \cup X_4(X_4X_5 \cup X_6)$$
$$= (X_1X_2) \cup (X_1X_2X_3) \cup (X_4X_4X_5) \cup (X_4X_6)$$
$$= (X_1X_2) \cup (X_4X_5) \cup (X_4X_6)$$

这样，得到的三个最小割集$\{X_1, X_2\}$、$\{X_4, X_5\}$、$\{X_4, X_6\}$完全与上例用行列法得到的结果一致。说明这种方法是正确的。

3）布尔代数化简法。这种方法的理论依据是：上述结构法完全和布尔代数化简事故树法相似，所不同的只是"∪"与"+"的问题。实质上，布尔代数化简法中的"+"和结构式中的"∪"是一致的。这样，用布尔代数化简法最后求出的若干事件逻辑积的逻辑和，其中，每个逻辑积就是最小割集。现在还以图3-27所示为例，进行化简：

$$T = A_1 + A_2 = X_1B_1X_2 + X_4B_2$$
$$= X_1(X_1 + X_3)X_2 + X_4(C + X_6)$$
$$= X_1X_2 + X_1X_3X_2 + X_4(X_4X_5 + X_6)$$
$$= X_1X_2 + X_1X_2X_3 + X_4X_4X_5 + X_4X_6$$
$$= X_1X_2 + X_4X_5 + X_4X_6$$

所得的三个最小割集$\{X_1, X_2\}$、$\{X_4, X_5\}$、$\{X_4, X_6\}$与第一种、第二种算法的结果相同。总的来说，三种求法都可应用，而以第三种算法最为简单，较为普遍采用。

2. 最小径集的概念及求法

（1）最小径集的概念。如果事故树中的全部基本事件都不发生，则顶上事件一定不会发生。但是，如果事故树中某些基本事件不同时发生，则也可以使得顶上事件不发生。这些不同时发生时，可以使顶上事件不发生的基本事件集合称为径集。径集中的基本事件之间是逻辑"加"（或称为"或"）的关系。

最小径集是指能够使得顶上事件不发生的最低数量的基本事件的集合。最小径集指明了哪些基本事件不同时发生就可以使顶上事件不发生的安全模式。

（2）最小径集的求法。求最小径集是利用它与最小割集的对偶性，首先作出与事故树对偶的成功树，就是把原来事故树的"与门"换成"或门"，"或门"换成"与门"，各类事件发生换成不发生。然后，利用上节所述方法，求出成功树的最小割集经对偶变换后就是事故树的最小径集。图3-29给出了两种常用的转换方法。

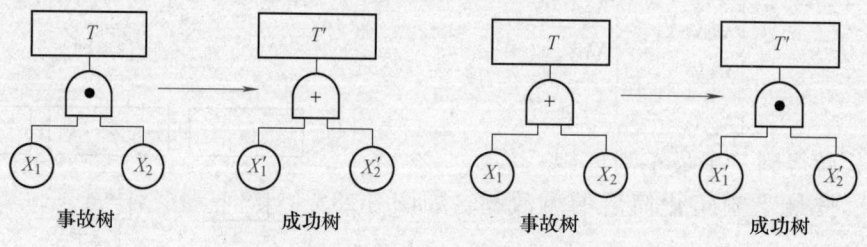

图3-29 与事故树对偶的成功树的转换关系图

为什么要这样转换呢？因为，对于"与门"连接输入事件和输出事件的情况，只要有一个事件不发生，输出事件就可以不发生，所以，在成功树中换用"或门"连接输入事件和输出事件；而对于"或门"连接的输入事件和输出事件的情况，则必须所有输入事件均不发生，输出事件才不发生，所以，在成功树中换用"与门"连接输入事件和输出事件。例如图 3-29 所示，其中：T'、X_1'、X_2' 表示事件 T、X_1、X_2 不发生。

例如，图 3-30 所示为与图 3-27 事故树对偶的成功树。

用 T'、A_1'、A_2'、B_1'、B_2'、C'、X_1'、X_2'、X_3'、X_4'、X_5'、X_6' 分别表示各事件 T、A_1、A_2、B_1、B_2、C、X_1、X_2、X_3、X_4、X_5、X_6 不发生。

用布尔代数化简法求最小径集：

$$\begin{aligned} T' &= A_1' A_2' \\ &= (X_1' + B_1' + X_2')(X_4' + B_2') \\ &= (X_1' + X_1'X_3' + X_2')(X_4' + C'X_6') \\ &= (X_1' + X_2')[X_4' + (X_4' + X_5')X_6'] \\ &= (X_1' + X_2')(X_4' + X_4'X_6' + X_5'X_6') \\ &= (X_1' + X_2')(X_4' + X_5'X_6') \\ &= X_1'X_4' + X_1'X_5'X_6' + X_2'X_4' + X_2'X_5'X_6' \end{aligned}$$

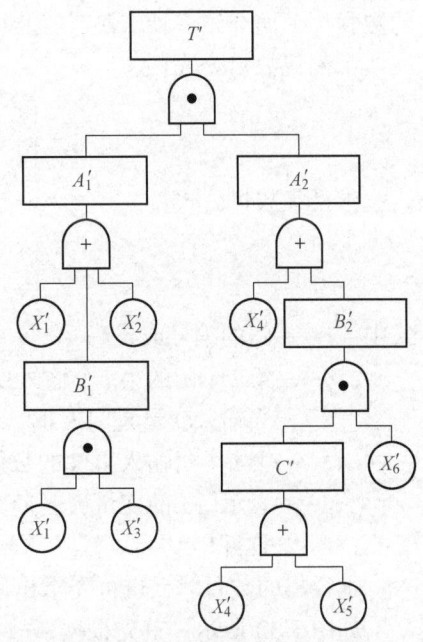

图 3-30　与图 3-27 所示事故树对偶的成功树图

这样，就得到成功树的 4 个最小割集，经对偶变换就是事故树的 4 个最小径集，即：

$$T = (X_1 + X_4)(X_1 + X_5 + X_6)(X_2 + X_4)(X_2 + X_5 + X_6)$$

每一个逻辑和就是一个最小径集，则得到事故树的 4 个最小径集为：$\{X_1, X_4\}$、$\{X_2, X_4\}$、$\{X_1, X_5, X_6\}$、$\{X_2, X_5, X_6\}$。

同样，也可以用最小径集表示事故树，如图 3-31 所示。其中 P_1、P_2、P_3、P_4 分别表示 4 个最小径集。

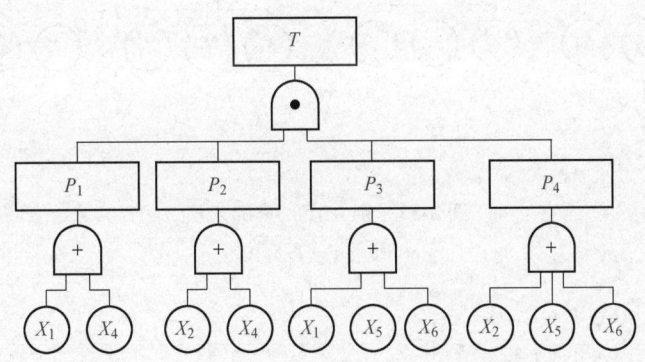

图 3-31　用最小径集等效表示的图 3-27 中的事故树

3. 判别割（径）集数目的方法

就一个具体的系统而言，如果事故树中的"与门"多、"或门"少时，则最小割集的数目较少，分析时从最小割集入手较为简便。反之，如果事故树中的"或门"多、"与门"少时，则最小径集的数目较少，分析时从最小径集入手较为简便。

但是，一个系统往往是很复杂的，有时很难根据"与门""或门"的数目判定割、径集的数目。下面介绍一种求割、径集的数目的公式。

求割集数目公式：

$$x_i = \begin{cases} x_{i,1} x_{i,2} \cdots x_{i,\lambda_i}, & i \text{ 为与门时} \\ x_{i,1} + x_{i,2} + \cdots + x_{i,\lambda_i}, & i \text{ 为或门时} \end{cases}$$

求径集数目公式：

$$x_i = \begin{cases} x_{i,1} x_{i,2} \cdots x_{i,\lambda_i}, & i \text{ 为或门时} \\ x_{i,1} + x_{i,2} + \cdots + x_{i,\lambda_i}, & i \text{ 为与门时} \end{cases}$$

式中　i——门的编号或代码；

　　　$x_{i,j}$——第 i 个门的第 j 个输入变量（$j=1,2,\cdots,\lambda_i$）；当输入变量是基本事件时，$x_{i,j}=1$；当输入变量是门 K 时，$x_{i,j}=x_k$；

　　　λ_i——第 i 个门输入事件的数量；

　　　x_i——表示门 i 的变量，若门 i 是紧接着顶上事件的门，则 $x_i = X_{\text{TOP}}$ 即为割（径）集的数目。

求径集的数目时，也可先求出原事故树的成功树，然后用求割集数目公式求取。

如图 3-32 所示：首先根据事故树画出成功树，再给各基本事件赋予"1"，然后根据输入与输出事件之间的逻辑门确定"加"或"乘"。

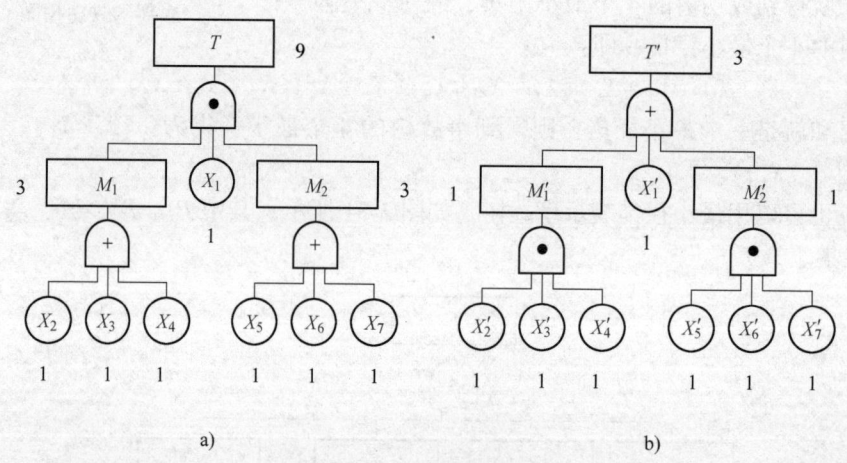

图 3-32　割（径）集的求法
a）事故树　b）成功树

割集数目：$M_1 = 1+1+1=3$
　　　　　$M_2 = 1+1+1=3$
　　　　　$T = 3\times 3\times 1 = 9$
径集数目：$M_1 = 1\times 1\times 1 = 1$
　　　　　$M_2 = 1\times 1\times 1 = 1$
　　　　　$T = 1+1+1 = 3$

从上例可看出，割集数目比径集数目多，此时用径集分析要比用割集分析简单。如果估算出某事故树的割、径集数目相差不多，一般从分析割集入手较好。这是因为最小割集的意义是导致事故发生的各种途径，得出的结果简明、直观。另外，在做定量分析时，用最小割集分析，还可采用较多的近似公式，而最小径集则不能。

必须注意，用上述方法得到的割、径集数目，不是最小割、径集的数目，而是最小割、径集的上限。只有当事故树中没有重复事件时，得到的割、径集数目才是最小割、径集的数目。

4. 最小割集和最小径集在事故树分析中的作用

最小割集和最小径集在事故树分析中起着极其重要的作用，其中，尤以最小割集最突出，透彻掌握和灵活运用最小割集和最小径集能使事故树分析收到事半功倍的效果，并为有效地控制事故的发生提供重要依据。

最小割集和最小径集的主要作用是：

（1）最小割集表示系统的危险性。一般认为，事故树的最小割集越多，系统越危险。求出最小割集可以掌握事故发生的各种可能，为事故调查和事故预防提供方便。

一起事故的发生，并不都遵循一种固定的模式，如果求出了最小割集，就可以马上知道发生事故的所有可能途径。例如：求得图 3-27 所示事故树的最小割集为 $\{X_1, X_2\}$、$\{X_4, X_5\}$、$\{X_4, X_6\}$，并绘出了它的等效图。这样，它就直观明了地告诉我们，造成顶上事件（事故）发生的途径共三种；或者 X_1、X_2 同时发生；或者 X_4、X_5 同时发生；或者 X_4、X_6 同时发生。这对全面掌握事故发生规律，找出隐藏的事故模式是非常有效的，而且对事故的预防工作提供了非常全面的信息。这样就可以防止头痛医头、脚痛医脚、挂一漏万的问题。

（2）最小径集表示系统的安全性。一般认为，事故树的最小径集越多，系统越安全。求出最小径集可以知道，要使事故不发生，有几种可能方案。例如：图 3-31（最小径集等效表示的图 3-27 中的事故树）共有 4 个最小径集：$\{X_1, X_4\}$，$\{X_2, X_4\}$，$\{X_1, X_5, X_6\}$，$\{X_2, X_5, X_6\}$。从这个等效图的结构看出，只要卡断"与门"下的任何一个最小径集 P_i，就可以使顶上事件不发生，也就是说，上述四组事件中，任何一组不发生，顶上事件就可以不发生。

（3）最小割集能直观地、概略地告诉人们，哪种事故模式最危险，哪种稍次，哪种可以忽略。例如，某事故树有三个最小割集：$\{X_1\}$、$\{X_1, X_3\}$、$\{X_4, X_5, X_6\}$（如果各基本事件的发生概率都相等）。一般来说，一个事件的割集比两个事件的割集容易发生；两个事件的割集比三个事件的割集容易发生……因为一个事件的割集只要一个事件发生，如 X_1 发生，顶上事件就会发生；而两个事件的割集则必须满足两个条件（即 X_1 和 X_3 同时发生）才能引起顶上事件发生，这是显而易见的。

（4）利用最小径集可以经济地、有效地选择预防事故的方案。从图 3-31 中看出，要消除顶上事件 T 发生的可能性，可以有四种途径，究竟选择哪种途径最省事、最经济呢？从直观角度看，一般以消除含事件少的最小径集中的基本事件最省事、最经济。消除一个基本事件应比消除两个或多个基本事件要省力。

（5）利用最小割集和最小径集可以直接排出结构重要度顺序（详见结构重要度求解）。

（6）利用最小割集和最小径集计算顶上事件的发生概率和定量分析（详见顶上事件的发生概率求解）。

5. 结构重要度分析

结构重要度分析是从事故树结构入手分析各基本事件的重要程度。结构重要度分析一般可以采用两种方法，一种是精确求出结构重要度系数，一种是用最小割集或最小径集排出结构重要度顺序。

（1）求各基本事件的结构重要度系数。在事故树分析中，各个事件都是两种状态，一种状态是发生，即 $X_i=1$；一种状态是不发生，即 $X_i=0$。各个基本事件状态的不同组合又构成顶上事件的不同状态，即 $\Phi(X)=1$ 或 $\Phi(X)=0$。

在某个基本事件 X_i 的状态由 0 变成 1（即 $0_i \to 1_i$），其他基本事件的状态保持不变，顶上事件的状态变化可能有三种情况：

$\Phi(0_i, X)=0 \to \Phi(1_i, X)=0$，则 $\Phi(1_i, X) - \Phi(0_i, X) = 0$
$\Phi(0_i, X)=0 \to \Phi(1_i, X)=1$，则 $\Phi(1_i, X) - \Phi(0_i, X) = 1$
$\Phi(0_i, X)=1 \to \Phi(1_i, X)=1$，则 $\Phi(1_i, X) - \Phi(0_i, X) = 0$

第一种情况和第三种情况都不能说明 X_i 的状态变化对顶上事件的发生起什么作用，唯有第二种情况说明 X_i 的作用，即当基本事件 X_i 的状态从 0 变到 1，其他基本事件的状态保持不变，顶上事件的状态 $\Phi(0_i, X)=0$ 变到 $\Phi(1_i, X)=1$，也就说明，这个基本事件 X_i 的状态变化对顶上事件的发生与否起了作用。把所有这样的情况累加起来乘以一个系数 $1/2^{n-1}$，定义为结构重要度系数（n 是该事故树的基本事件的个数）。

现在，以图 3-33 所示的事故树为例，求出各基本事件的结构重要度系数。

图 3-33 所示的事故树共有五个基本事件，其状态组合和顶上事件的状态见表 3-1。

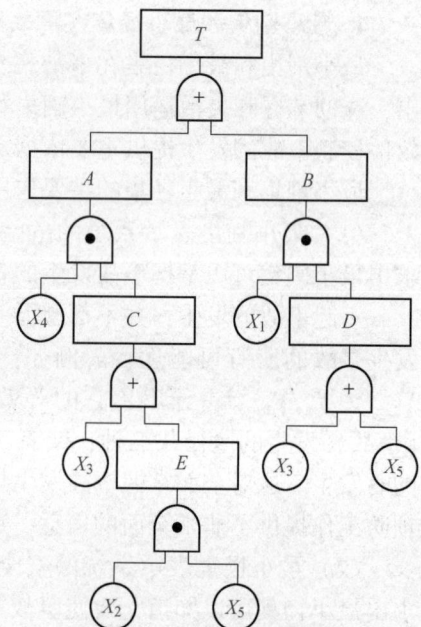

图 3-33　事故树示意图

表 3-1　基本事件的状态值与顶上事件的状态值表

编号	X_1	X_2	X_3	X_4	X_5	$\Phi(X)$	编号	X_1	X_2	X_3	X_4	X_5	$\Phi(X)$
1	0	0	0	0	0	0	17	1	0	0	0	0	0
2	0	0	0	0	1	0	18	1	0	0	0	1	1
3	0	0	0	1	0	0	19	1	0	0	1	0	0
4	0	0	0	1	1	0	20	1	0	0	1	1	1
5	0	0	1	0	0	0	21	1	0	1	0	0	1
6	0	0	1	0	1	0	22	1	0	1	0	1	1
7	0	0	1	1	0	1	23	1	0	1	1	0	1
8	0	0	1	1	1	1	24	1	0	1	1	1	1
9	0	1	0	0	0	0	25	1	1	0	0	0	0
10	0	1	0	0	1	0	26	1	1	0	0	1	1
11	0	1	0	1	0	0	27	1	1	0	1	0	0
12	0	1	0	1	1	0	28	1	1	0	1	1	1
13	0	1	1	0	0	0	29	1	1	1	0	0	1
14	0	1	1	0	1	0	30	1	1	1	0	1	1
15	0	1	1	1	0	1	31	1	1	1	1	0	1
16	0	1	1	1	1	1	32	1	1	1	1	1	1

以基本事件 X_1 为例，可从表3-1查出，基本事件 X_1 发生（即 $X_1=1$），不管其他基本事件发生与否，顶上事件也发生（即 $\Phi(X)=1$）的组合，共12个，即编号18、20、21、22、23、24、26、28、29、30、31、32。这12个组合中的基本事件 X_1 的状态由发生变为不发生时，即 $X_1=0$，其顶上事件也不发生（即 $\Phi(X)=0$）的组合，共7个，即编号18（1 0 0 0 1），20（1 0 0 1 1），21（1 0 1 0 0），22（1 0 1 0 1），26（1 1 0 0 1），29（1 1 1 0 0），30（1 1 1 0 1）。也就是说，在12个组合当中，有5个组合不随基本事件 X_1 的状态变化而改变顶上事件的状态，即 $X_1=0$ 时，顶上事件也发生，编号为23、24、28、31、32的5个组合就是这类情况。上面谈到的7个组合就是前面讲的第二种情况的个数。用7再乘一个系数 $1/2^{n-1}=1/16$，就得出基本事件 X_1 的结构重要度系数 7/16，用公式表示为：

$$I_{\Phi(1)} = \frac{1}{2^{n-1}} \sum [\Phi(1_i,X) - \Phi(0_i,X)] = \frac{1}{16} \times (12-5) = \frac{7}{16}$$

同样，可以逐个求出事件2~事件5的结构重要度系数为：

$$I_{\Phi(2)} = \frac{1}{16};\ I_{\Phi(3)} = \frac{7}{16};\ I_{\Phi(4)} = \frac{5}{16};\ I_{\Phi(5)} = \frac{5}{16}$$

因而，基本事件结构重要度排序如下：

$$I_{\Phi(1)} = I_{\Phi(3)} > I_{\Phi(4)} = I_{\Phi(5)} > I_{\Phi(2)}$$

如果不考虑基本事件的发生概率，仅从基本事件在事故树结构中所在位置来看，事件 X_1、X_3 最重要，其次是 X_4、X_5，最不重要的是基本事件 X_2。

下面用简易办法确定各基本事件的结构重要度系数：

X_1 的结构重要度系数：从表3-1中可知，$X_1=1$，$\Phi(X)=1$ 的个数是12个，而 $X_1=0$ 时，$\Phi(X)=1$ 的个数为5（即编号为7、8、12、15、16），那么：

$$I_{\Phi(1)} = \frac{1}{2^{n-1}} \times (12-5) = \frac{1}{16} \times 7 = \frac{7}{16}$$

X_2 的结构重要度系数：从表3-1可知，$X_2=1$，$\Phi(X)=1$ 的个数是9，而 $X_2=0$ 时，$\Phi(X)=1$ 的个数为8（即编号7、8、18、20、21、22、23、24），那么：

$$I_{\Phi(2)} = \frac{1}{2^{n-1}} \times (9-8) = \frac{1}{16} \times 1 = \frac{1}{16}$$

X_3 的结构重要度系数：从表3-1中可知 $X_3=1$，$\Phi(X)=1$ 的个数是12，而 $X_3=0$ 时，$\Phi(X)=1$ 的个数为5（即编号12、18、20、26、28），那么：

$$I_{\Phi(3)} = \frac{1}{2^{n-1}} \times (12-5) = \frac{1}{16} \times 7 = \frac{7}{16}$$

X_4 的结构重要度系数：从表3-1中可知 $X_4=1$，$\Phi(X)=1$ 的个数是11，而 $X_4=0$ 时，$\Phi(X)=1$ 的个数为6（即编号18、21、22、26、29、30），那么：

$$I_{\Phi(4)} = \frac{1}{2^{n-1}} \times (11-6) = \frac{1}{16} \times 5 = \frac{5}{16}$$

X_5 的结构重要度系数：从表3-1中可知，$X_5=1$，$\Phi(X)=1$ 的个数是11，而 $X_5=0$ 时，$\Phi(X)=1$ 的个数为6（即编号7、15、21、23、29、31），那么：

$$I_{\Phi(5)} = \frac{1}{2^{n-1}} \times (11-6) = \frac{1}{16} \times 5 = \frac{5}{16}$$

这样，用简易方法计算出的各基本事件结构重要度系数与上述方法计算出的结果完全一致，但这种方法简便得多。

结构重要度分析属于定性分析，要排出各基本事件的结构重要度顺序，不一定非求出结构重要度系数不可，因而大可不必花很大的精力编排基本事件状态值和顶上事件状态值表，而一个个去数去算。如果事故树结构很复杂，基本事件很多，列出的表就很庞大，基本事件状态值的组合很多（共2^n个），这就给求结构重要度系数带来很大困难。因此，一般用最小割集或最小径集来排列各种基本事件的结构重要度顺序。这样较简单，而效果相同。

（2）用最小割集或最小径集进行结构重要度分析。

1）最小割集或最小径集排列法。这种直接排序方法的基本原则如下：

① 频率。当最小割集中的基本事件个数不等时，基本事件少的割集中的基本事件比基本事件多的割集中的基本事件结构重要度大。

例如，某事故树的最小割集为$\{X_1,X_2,X_3,X_4\}$，$\{X_5,X_6\}$，$\{X_7\}$，$\{X_8\}$。从其结构情况看，第三、四两个最小割集都只有一个基本事件，所以X_7和X_8的结构重要度最大；其次是X_5，X_6，因为它们位于两个事件的最小割集中；最不重要的是X_1，X_2，X_3，X_4，因为它们所在的最小割集中基本事件最多。这样就可以很快排出各基本事件的结构重要度顺序：

$$I_\phi(7) = I_\phi(8) > I_\phi(5) = I_\phi(6) > I_\phi(1) = I_\phi(2) = I_\phi(3) = I_\phi(4)$$

② 频数。当最小割集中基本事件的个数相等时，重复在各最小割集中出现的基本事件，比只在一个最小割集中出现的基本事件结构重要度大；重复次数多的比重复次数少的结构重要度大。

例如，某事故树有8个最小割集：$\{X_1,X_5,X_7,X_8\}$，$\{X_1,X_6,X_7,X_8\}$，$\{X_2,X_5,X_7,X_8\}$，$\{X_2,X_6,X_7,X_8\}$，$\{X_3,X_5,X_7,X_8\}$，$\{X_3,X_6,X_7,X_8\}$，$\{X_4,X_5,X_7,X_8\}$，$\{X_4,X_6,X_7,X_8\}$。在这8个最小割集中，X_7和X_8均各出现过8次；X_5和X_6均各出现过4次；X_1，X_2，X_3，X_4均各出现过2次。这样，尽管8个最小割集基本事件个数都相等（4个），但由于各基本事件在其中出现的次数不同，仍可以排出其结构重要度顺序：

$$I_\phi(7) = I_\phi(8) > I_\phi(5) = I_\phi(6) > I_\phi(1) = I_\phi(2) = I_\phi(3) = I_\phi(4)$$

③ 看频率又看频数。在基本事件少的最小割集中出现次数少的事件与基本事件多的最小割集中出现次数多的事件相比较，一般前者大于后者。

例如，某事故树的最小割集为$\{X_1\}$，$\{X_2,X_3\}$，$\{X_2,X_4\}$，$\{X_2,X_5\}$，其结构重要度顺序为：

$$I_\phi(1) > I_\phi(2) > I_\phi(3) = I_\phi(4) = I_\phi(5)$$

上述原则，对最小径集同样适用。当然，也可以用两种方法互相检验结果的正确性。

2）简易算法。给每一最小割集都赋予1，而最小割集中每个基本事件都得到相同的一份，然后每个基本事件积累得分，按其得分多少，排出结构重要度的顺序。

【例3-8】 某事故树最小割集$K_1 = \{x_5, x_6, x_7, x_8\}$，$K_2 = \{x_3, x_4\}$，$K_3 = \{x_1\}$，$K_4 = \{x_2\}$。试确定各基本事件的结构重要度。

解：
$$x_5 = x_6 = x_7 = x_8 = \frac{1}{4}$$

$$x_3 = x_4 = \frac{1}{2}$$

$$x_1 = x_2 = 1$$

所以 $I_{\Phi(1)} = I_{\Phi(2)} > I_{\Phi(3)} = I_{\Phi(4)} > I_{\Phi(5)} = I_{\Phi(6)} = I_{\Phi(7)} = I_{\Phi(8)}$

(3) 用最小割集或最小径集进行结构重要度分析的3个公式。

公式一：
$$I_{\Phi(i)} = \frac{1}{k} \sum_{j=1}^{k} \frac{1}{n_j} \quad (j \in k_j) \tag{3-5}$$

式中　k——最小割集总数；
　　　k_j——第 j 个最小割集；
　　　n_j——第 k_j 个最小割集的基本事件数。

公式二：
$$I_{\Phi(i)} = \sum_{x_i \in k_j} \frac{1}{2^{n_j - 1}} \tag{3-6}$$

式中　$n_j - 1$——为第 i 个基本事件所在 K_j 中各基本事件总数减1；
　　　$I_{\Phi(i)}$——第 i 个基本事件的结构重要度系数。

公式三：
$$I_{\Phi(i)} = 1 - \prod_{x_i \in k_j} \left(1 - \frac{1}{2^{n_j - 1}}\right) \tag{3-7}$$

式中　$I_{\Phi(i)}$——第 i 个基本事件的结构重要度系数；
　　　n_j——第 i 个基本事件所在 K_j 的基本事件总数；
　　　$n_j - 1$——2 的指数。

【例3-9】 已知某事故树的最小割集 $K_1 = \{x_1, x_2, x_3\}$，$K_2 = \{x_1, x_2, x_4\}$。利用上述3个近似式求 $I_{\Phi(i)}$。

解：(1) 利用近似计算式 (3-5) 求解。

因为 $I_{\Phi(1)} = \frac{1}{k} \sum_{j=1}^{k} \frac{1}{n_j} \quad (j \in K_j)$

所以 $I_{\Phi(1)} = \frac{1}{2} \times \left(\frac{1}{3} + \frac{1}{3}\right) = \frac{1}{3}$

所以 $I_{\Phi(2)} = \frac{1}{2} \times \left(\frac{1}{3} + \frac{1}{3}\right) = \frac{1}{3}$

所以 $I_{\Phi(3)} = \frac{1}{2} \times \left(\frac{1}{3} + 0\right) = \frac{1}{6}$

所以 $I_{\Phi(4)} = \frac{1}{2} \times \left(0 + \frac{1}{3}\right) = \frac{1}{6}$

则各基本事件结构重要度序数排列如下：

所以 $I_{\Phi(1)} = I_{\Phi(2)} > I_{\Phi(3)} = I_{\Phi(4)}$

(2) 利用式 (3-6) 求解。

因为 $I_{\Phi(i)} = \sum_{x_i \in k_j} \frac{1}{2^{n_j - 1}}$

所以　$I_{\Phi(1)} = \dfrac{1}{2^2} + \dfrac{1}{2^2} = \dfrac{1}{2}$

所以　$I_{\Phi(2)} = \dfrac{1}{4} + \dfrac{1}{4} = \dfrac{1}{2}$

所以　$I_{\Phi(3)} = \dfrac{1}{2^2} = \dfrac{1}{4}$

所以　$I_{\Phi(4)} = \dfrac{1}{4}$

故　　　　　　　　　　　　$I_{\Phi(1)} = I_{\Phi(2)} > I_{\Phi(3)} = I_{\Phi(4)}$

（3）利用式（3-7）求解。

因为　$I_{\Phi(i)} = 1 - \prod\limits_{x_i \in k_j} \left(1 - \dfrac{1}{2^{n_j-1}}\right)$

所以　$I_{\Phi(1)} = I_{\Phi(2)} = 1 - \left(1 - \dfrac{1}{2^2}\right)\left(1 - \dfrac{1}{2^2}\right) = \dfrac{7}{16}$

所以　$I_{\Phi(3)} = I_{\Phi(4)} = 1 - \left(1 - \dfrac{1}{2^2}\right) = \dfrac{1}{4}$

故　　　　　　　　　　　　$I_{\Phi(1)} = I_{\Phi(2)} > I_{\Phi(3)} = I_{\Phi(4)}$

则此例用 3 个不同公式求出的排序结果一致。

【例 3-10】　已知某事故树的最小割集 $K_1 = \{x_1, x_2\}$，$K_2 = \{x_3, x_4, x_5\}$，$K_3 = \{x_3, x_4, x_6\}$。利用上述 3 个近似式求 $I_{\Phi(i)}$。

解：（1）利用近似计算式（3-5）求解。

因为　$I_{\Phi(1)} = \dfrac{1}{k} \sum\limits_{j=1}^{k} \dfrac{1}{n_j}$　$(j \in K_j)$

所以　$I_{\Phi(1)} = I_{\Phi(2)} = \dfrac{1}{3} \times \dfrac{1}{2} = \dfrac{1}{6}$

所以　$I_{\Phi(3)} = I_{\Phi(4)} = \dfrac{1}{3} \times \left(\dfrac{1}{3} + \dfrac{1}{3}\right) = \dfrac{2}{9}$

所以　$I_{\Phi(5)} = I_{\Phi(6)} = \dfrac{1}{3} \times \dfrac{1}{3} = \dfrac{1}{9}$

则各基本事件结构重要度系数排列如下：

所以　$I_{\Phi(3)} = I_{\Phi(4)} > I_{\Phi(1)} = I_{\Phi(2)} > I_{\Phi(5)} = I_{\Phi(6)}$

（2）利用式（3-6）求解。

因为　$I_{\Phi(i)} = \sum\limits_{x_i \in k_j} \dfrac{1}{2^{n_j-1}}$

所以　$I_{\Phi(1)} = I_{\Phi(2)} = \dfrac{1}{2}$

所以　$I_{\Phi(3)} = I_{\Phi(4)} = \dfrac{1}{4} + \dfrac{1}{4} = \dfrac{1}{2}$

所以　$I_{\Phi(5)} = I_{\Phi(6)} = \dfrac{1}{2^2} = \dfrac{1}{4}$

故　$I_{\Phi(1)} = I_{\Phi(2)} = I_{\Phi(3)} = I_{\Phi(4)} > I_{\Phi(5)} = I_{\Phi(6)}$

(3) 利用式 (3-7) 求解。

因为　$I_{\Phi(i)} = 1 - \prod\limits_{x_i \in k_j} \left(1 - \dfrac{1}{2^{n_j - 1}}\right)$

所以　$I_{\Phi(1)} = I_{\Phi(2)} = 1 - \left(1 - \dfrac{1}{2}\right) = \dfrac{1}{2}$

所以　$I_{\Phi(3)} = I_{\Phi(4)} = 1 - \left(1 - \dfrac{1}{2^{3-1}}\right)\left(1 - \dfrac{1}{2^{3-1}}\right) = \dfrac{7}{16}$

所以　$I_{\Phi(5)} = I_{\Phi(6)} = 1 - \left(1 - \dfrac{1}{2^{3-1}}\right) = \dfrac{1}{4}$

故　$I_{\Phi(1)} = I_{\Phi(2)} > I_{\Phi(3)} = I_{\Phi(4)} > I_{\Phi(5)} = I_{\Phi(6)}$

则此例用 3 个不同公式求出的排序结果不一样，就其正确性（精度大小）而言，用式 (3-7) 求出的是正确的。

由上述两例计算可见，利用近似公式求解结构重要度排序时，可能出现误差。因此，在选公式时，应酌情选用。一般来说，对于最小割集中的基本事件个数（n_j）相同时，利用 3 个公式均可得到正确的排序；若最小割集（最小径集）间的阶数差别较大时，式 (3-6)、式 (3-7) 就可以保证排列顺序的正确；若最小割集（最小径集）间的阶数差别仅为 1 或 2 阶时，使用式 (3-5)、式 (3-6) 就可能产生较大的误差。在上述 3 个近似计算公式中，式 (3-7) 的所求结果的精度最高（说明：上述 3 个公式同样适用于最小径集，把 K_j 改成 P_j 即可）。

分析结构重要度，排出各种基本事件的结构重要度顺序，可以从结构上了解各基本事件对顶上事件的发生影响程度如何，以便按重要度顺序安排防护措施，加强控制，也可以依此顺序编写安全检查表。

(3) 系统薄弱环节预测。对于最小割集来说，它与顶上事件用或门相连，显然最小割集的个数越少越安全，越多越危险。而每个最小割集中的基本事件与第二层事件用与门连接，因此割集中的基本事件越多越有利，基本事件少的割集就是系统的薄弱环节。对于最小径集来说，恰好与最小割集相反，径集数越多越安全，基本事件多的径集是系统的薄弱环节。

根据以上分析，可以从以下四种途径来改善系统的安全性：

1) 减少最小割集数，首先应消除那些含基本事件最少的割集。
2) 增加割集中的基本事件数，首先应给含基本事件少、又不能清除的割集增加基本事件。

3）增加新的最小径集，也可以设法将原有含基本事件较多的径集分成两个或多个径集。

4）减少径集中的基本事件数，首先应着眼于减少含基本事件多的径集。

总之，最小割集与最小径集在事故预测中的作用是不同的：最小割集可以预示出系统发生事故的途径，而最小径集却可以提供消灭顶上事件最经济、最省事的方案。

在对某一事故树做薄弱环节预测时，要区别不同情况，采取不同做法。

事故树中或门越多，得到的最小割集就越多，这个系统也就越不安全。对于这样的事故树最好从求最小径集着手，找出包含基本事件较多的最小径集，然后设法减少其基本事件树，或者增加最小径集数，以提高系统的安全程度。

事故树中与门越多，得到的最小割集的个数就较少，这个系统的安全性就越高。对于这样的事故树最好从求最小割集着手，找出少事件的最小割集，消除它或者设法增加它的基本事件数，以提高系统的安全性。

【例3-11】 某触电伤亡事故树如图3-34所示，用事故树定性分析方法写出此事故树的所有最小割集和最小径集，并给出分析结论。

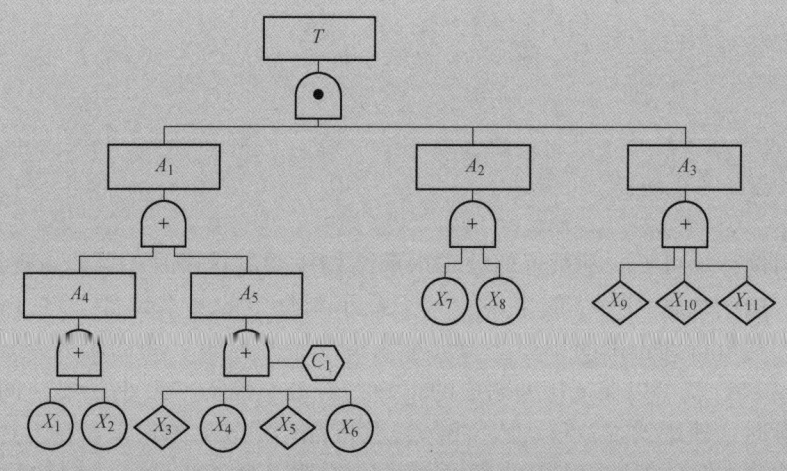

图3-34 触电伤亡事故树

触电伤亡事故树的事件含义为：

T：触电伤亡；

A_1：设备及设施带电； A_2：安全用具不起作用； A_3：保护接地失效；

A_4：电源设施带电； A_5：设备外壳带电； X_1：开关漏电；

X_2：线路漏电； X_3：热元件变形带电； X_4：电动机漏电；

X_5：意外造成电源与设备相接； X_6：控制电器漏电；

C_1：漏电保护失效； X_7：没有使用； X_8：因脏湿绝缘失效；

X_9：保护接地不合格； X_{10}：接地不良； X_{11}：未接地。

解：事故树定性分析结果：

（1）全部最小割集见表3-2。

表 3-2 全部最小割集表

序 号	最小割集	序 号	最小割集
1	$\{X_1, X_7, X_9\}$	19	$\{C_1, X_7, X_9, X_3\}$
2	$\{X_2, X_7, X_9\}$	20	$\{X_1, X_8, X_9\}$
3	$\{X_1, X_7, X_{10}\}$	21	$\{X_1, X_7, X_{11}\}$
4	$\{C_1, X_8, X_9, X_3\}$	22	$\{C_1, X_7, X_{10}, X_3\}$
5	$\{C_1, X_7, X_{11}, X_3\}$	23	$\{C_1, X_7, X_9, X_4\}$
6	$\{C_1, X_7, X_9, X_5\}$	24	$\{C_1, X_7, X_9, X_6\}$
7	$\{X_2, X_8, X_9\}$	25	$\{X_2, X_7, X_{10}\}$
8	$\{X_2, X_7, X_{11}\}$	26	$\{X_1, X_8, X_{10}\}$
9	$\{X_1, X_8, X_{11}\}$	27	$\{C_1, X_8, X_{10}, X_3\}$
10	$\{C_1, X_8, X_{11}, X_3\}$	28	$\{C_1, X_8, X_9, X_4\}$
11	$\{C_1, X_8, X_9, X_5\}$	29	$\{C_1, X_8, X_9, X_6\}$
12	$\{C_1, X_7, X_{10}, X_4\}$	30	$\{C_1, X_7, X_{10}, X_5\}$
13	$\{C_1, X_7, X_{10}, X_6\}$	31	$\{C_1, X_7, X_{11}, X_4\}$
14	$\{C_1, X_7, X_{11}, X_5\}$	32	$\{C_1, X_7, X_{11}, X_6\}$
15	$\{X_2, X_8, X_{10}\}$	33	$\{X_2, X_8, X_{11}\}$
16	$\{C_1, X_8, X_{10}, X_4\}$	34	$\{C_1, X_8, X_{10}, X_5\}$
17	$\{C_1, X_8, X_{10}, X_6\}$	35	$\{C_1, X_8, X_{11}, X_4\}$
18	$\{C_1, X_8, X_{11}, X_5\}$	36	$\{C_1, X_8, X_{11}, X_6\}$

(2) 全部最小径集见表 3-3。

表 3-3 全部最小径集表

序 号	最小径集	序 号	最小径集
1	$\{X_1, C_1, X_2\}$	3	$\{X_7, X_8\}$
2	$\{X_9, X_{10}, X_{11}\}$	4	$\{X_1, X_2, X_3, X_4, X_5, X_6\}$

(3) 基本事件结构重要度近似值见表 3-4。

表 3-4 基本事件结构重要度近似值

事 件	结构重要度近似值	事 件	结构重要度近似值
C_1	0.959431	X_6	0.551205
X_1	0.822021	X_7	0.964152
X_2	0.822021	X_8	0.964152
X_3	0.551205	X_9	0.891280
X_4	0.551205	X_{10}	0.891280
X_5	0.551205	X_{11}	0.891280

(4) 分析结论。

1) 从事故树的结构上看,"或门"比较多,说明在人员操作不当或者设备连接不好或者设备质量不良的情况下,触电事故很容易发生。

2) 从事故树的最小割集和最小径集看,割集数目很大,最小径集数目小,也说明触电事故容易发生,同时预防的途径较少。

3) 从结构重要度上看,C_i、X_7、X_8 的系数最大,其次是 X_9、X_{10}、X_{11},说明要预防触电事故,应重点预防 C_i、X_7、X_8 和 X_9、X_{10}、X_{11}。即电气设备一定要良好接地,保持干净,而且漏电保护装置要良好。

3.2.9 事故树定量分析

事故树定量分析是在定性分析的基础上进行的。定量分析有两个目的,首先是在求出各基本事件概率的情况下,计算顶上事件的发生概率,并根据所获得的结果与预定的目标进行比较。如果事故的发生概率及其造成的损失为社会所认可,则不必投入更多的人力、物力进一步治理。如果超出了目标值,就应采取必要的系统改进措施,使其降至目标值以下。

另一个目的是,计算出概率重要系数和临界重要系数,以便了解改善系统应从何处入手,以及根据重要程度的不同,按轻重缓急安排人力、物力,分别采取对策,或按主次顺序编制安全检查表,以加强人的控制,使系统处于最佳安全状态。

1. 基本事件的发生概率

研究基本事件的发生概率,是为了对事故树进行定量分析。通过定量分析,使人们得出能够比较的概念,为系统安全评价提供必要的数据,为选择最优安全措施提供依据。

进行定量分析,首先要知道系统各元件发生故障的频率或概率。基本事件发生概率主要包括物的故障系数和人的失误概率两个方面。由于取得各基本事件发生概率值是非常困难的,要通过大量反复的试验、观测、分析和检验才能得到,而其准确性也受到环境和应用条件的影响。所以,从应用角度来看,频率比概率更有用,它可以从所积累的比较多的统计资料中得到。需要指出的是,用频率代替概率,并不否认概率能更精确、更全面地反映事件出现可能性的大小,只是由于在目前的条件下,取得概率比取得频率更为困难。所以,我们才用频率代替概率,以计算概率的方法来计算频率。

(1) 物的故障概率。要计算物的故障概率,首先必须取得物的故障率。所谓物的故障率,是指设备或系统的单元(部件或元件)工作时间的单位时间(或周期)的失效或故障的概率,它是单元平均故障间隔期 $\overline{T}$ 的倒数,若物的故障率为 λ,则有:

$$\lambda = \frac{1}{\overline{T}}$$

$\overline{T}$ 一般由厂家给出,或通过实验室得出。它是元件从运行到故障发生时所经历时间 t_i 的算术平均值,即:

$$\overline{T} = \frac{\sum_{i=1}^{n} t_i}{n}$$

式中 n——所测元件的个数。

若元件在实验室条件下测出的故障率为 λ_0,亦即故障率数据库储存的数据。实际应用时,还必须考虑比实验室条件恶劣的现场因素,适当选择使用条件系数 K 值。那么,实际使用的故障率为:

$$\lambda = K\lambda_0$$

有了故障率,就可以计算元件的故障发生概率 q。对一般可修复系统,即系统故障修复后仍投入正常运行的系统,单元的故障发生概率为:

$$q = \frac{\lambda}{\lambda + \mu} \tag{3-8}$$

式中　μ——可维修度。

可维修度是反映单元维修难易程度的量度,是所需平均修复时间 τ(从故障发生到投入运行的平均时间)的倒数,即 $\mu = \frac{1}{\tau}$,因为 $\bar{T} \propto \tau$,故 $\lambda \propto \mu$,所以:

$$q = \frac{\lambda}{\lambda + \mu} \approx \frac{\lambda}{\mu} = \lambda\tau \tag{3-9}$$

因此,单元的故障发生率近似为,单元故障率与单元平均修复时间的积。

对一般不可修复系统,即使用一次就报废的系统,如水雷、导弹等系统,单元的故障发生概率为:

$$q = 1 - e^{-\lambda t} \tag{3-10}$$

式中　t——元件的运行时间。

如果把 $e^{-\lambda t}$ 按无穷级数展开,略去后面的高阶无穷小,则:

$$q \approx \lambda t \tag{3-11}$$

现在,许多工业发达的国家都建立了故障率数据库,而且若干国家,如北美和西欧某些国家已联合建库,用计算机存储和检索,为系统安全和可靠性分析提供了良好的条件。从我国开展安全系统工程和可靠性工程的发展趋势看,也应该建立数据库,储存事故资料。

但是,安全系统工程的应用,事故树分析的应用,并不是从建立故障率数据库才开始的,我们现在所面临的是在没有数据库的情况下来评价故障率,这就存在如何求取故障率的问题。

在目前情况下,可以通过长期的运行经验,或若干系统平行的运行过程,粗略地估计元件平均故障间隔期,其倒数就是所观测对象的故障率。例如,某元件现场使用条件下的平均故障率间隔期为 $4000h$,则其故障率为 $2.5 \times 10^{-4}/h$。若系统运行是周期性的,亦可将周期化为小时。

在事故树分析中,对于维修比较简单的单元,可近似地用故障率代替故障发生概率。

(2) 人的失误概率。人的失误是另一种基本事件。人的失误大概有以下五种情况:
1) 忘记做某项工作。
2) 做错了某项工作。
3) 采取了不应采取的某项步骤。
4) 没有按规定完成某项工作。
5) 没有在预定时间内完成某项工作。

人的失误原因特别复杂,因此,估算人的失误概率非常困难,许多专家进行了大量的研究，但目前还没有较好地确定人的失误率的方法。1961 年，斯温（Swain）和罗克（Rock）曾提出了"人的失误率预测法"（THERP），这是一种比较常见的方法，这种方法的分析步骤如下：

1）调查被分析者的操作程序。
2）把整个程序分成各个操作步骤。
3）把操作步骤再分成单个动作。
4）根据经验或实验得出每个动作的可靠度。
5）求出各个动作的可靠度之积。得到每个操作步骤的可靠度。如果各个动作有相容事件，则按条件概率计算。
6）求出各操作步骤的可靠度之积，得到整个程序的可靠度。
7）求出整个程序的不可靠度（1 减可靠度），便得到进行事故树分析（FTA）所需要的人的失误概率。

人的失误概率受多种因素影响，如作业的紧迫程度、单调性、不安全感，人的生理状况，教育、训练情况，以及社会影响和环境因素等。因此，仍然需要用修正系数 K 修正人的失误概率。

R. L. 布朗宁经过大量的观测研究后认为，人员进行重复操作时，失误率为 $1 \times 10^{-3} \sim 1 \times 10^{-2}$，并推荐取 1×10^{-2}。

2. 顶上事件发生概率的计算

已知各基本事件的发生概率，若各基本事件又是独立事件时，就可以计算顶上事件的发生概率。目前，计算顶上事件发生概率的方法有若干种，下面介绍较简单的几种。

（1）求事故树的基本事件概率积之和。顶上事件状态 $\Phi(X) = 1$ 的所有基本事件的状态组合，求各个基本事件状态（$X_i = 1$ 或 0）的概率积之和，用公式表达为：

$$Q = \sum \Phi(X) \prod_{i=1}^{n} q_i^{X_i} (1-q_i)^{1-X_i} \tag{3-12}$$

式中 Q——顶上事件发生概率函数；

$\Phi(X)$——顶上事件状态值，$\Phi(X) = 0$ 或 $\Phi(X) = 1$；

$\sum$——求 n 个事件的概率积；

X_i——第 i 个基本事件的状态值，$X_i = 0$ 或 $X_i = 1$；

q_i——第 i 个基本事件的发生概率。

以图 3-35 的简单事故树为例，利用式（3-12）求顶上事件 T 的发生概率。

设 X_1、X_2、X_3 均为独立事件，其概率均为 0.1，顶上事件的发生概率为：

$$\begin{aligned}
Q &= \sum \Phi(X) \prod_{i=1}^{n} q_i^{X_i} (1-q_i)^{1-X_i} \\
&= 1 \times q_1^1(1-q_1)^0 q_2^0(1-q_2)^1 q_3^1(1-q_3)^0 + \\
&\quad 1 \times q_1^1(1-q_1)^0 q_2^1(1-q_2)^0 q_3^0(1-q_3)^1 + \\
&\quad 1 \times q_1^1(1-q_1)^0 q_2^1(1-q_2)^0 q_3^1(1-q_3)^0 \\
&= q_1(1-q_2)q_3 + q_1 q_2(1-q_3) + q_1 q_2 q_3 \\
&= 0.1 \times 0.9 \times 0.1 + 0.1 \times 0.1 \times 0.9 + 0.1 \times 0.1 \times 0.1
\end{aligned}$$

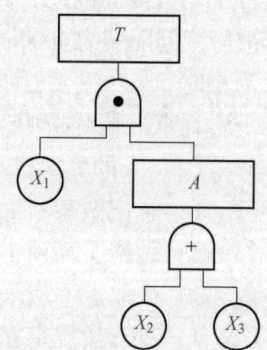

图 3-35　事故树示意图

$$= 0.009 + 0.009 + 0.001$$
$$= 0.019$$

这种计算方法具有较强的规律性，可用计算机编制程序进行计算。但当事故树的基本事件很多时，这种算法，即使是用计算机也难以胜任了。

（2）求各基本事件概率和。在定性分析中，给出了最小割集的求法，以及用最小割集表示的事故树等效图，利用等效图再来推出最小割集求顶上事件发生概率的公式。

仍以图 3-35 简单事故树示意图为例，其最小割集为 $\{X_1, X_2\}$、$\{X_1, X_3\}$，用最小割集表示的等效图如图 3-36 所示。这样可以把其看作由事件 K_1、K_2 组成的事故树。按照求概率和的计算公式，$K_1 + K_2$ 的概率为：

$$Q = 1 - (1 - q_{K_1})(1 - q_{K_2}) \tag{3-13}$$

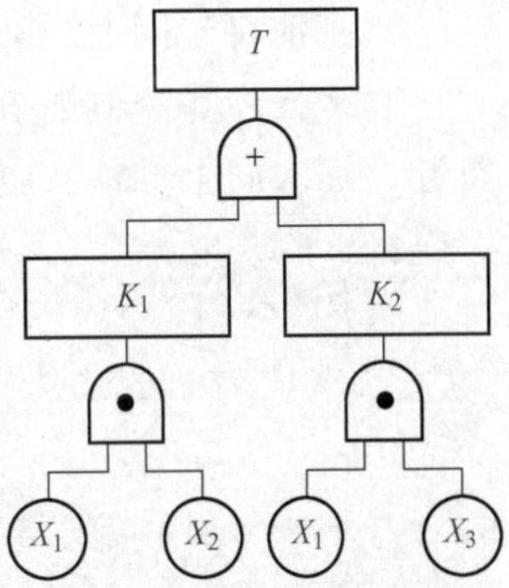

图 3-36 用最小割集表示的图 3-35 事故树等效图

因为两个最小割集中都有 X_1，利用此式直接代入进行概率计算，必然造成重复计算 X_1 的发生概率。因此，要将上式展开，消去其中重复的概率因子，否则将得出错误的结果。由于

$$Q = 1 - (1 - q_{K_1})(1 - q_{K_2})$$
$$= 1 - 1 + q_{K_1} + q_{K_2} - q_{K_1} q_{K_2}$$
$$= q_{K_1} + q_{K_2} - q_{K_1} q_{K_2}$$

而

$$q_{K_1} = q_1 q_2 = 0.1 \times 0.1 = 0.01$$
$$q_{K_2} = q_1 q_3 = 0.1 \times 0.1 = 0.01$$
$$q_{K_1} q_{K_2} = q_1 q_2 q_3 = 0.1 \times 0.1 \times 0.1 = 0.001$$

故：

$$Q = 0.01 + 0.01 - 0.001 = 0.019$$

以上两种方法计算结果是一致的。

（3）直接分步算法。对给定的事故树，若已知其结构函数和基本事件的发生概率，从原则上来讲，应用容斥原理中的逻辑加与逻辑乘的概率计算公式就可以求得顶上事件发生的概率。

设基本事件 X_1，X_2，…，X_n 的发生概率分别为 q_1，q_2，…，q_n，则这些事件的逻辑加与逻辑乘的故障计算公式如下。

逻辑加（或门连接的事件）的概率计算公式：

$$g(X_1 \cup X_2 \cup \cdots \cup X_n)$$
$$= 1 - (1 - q_1)(1 - q_2) \cdots (1 - q_n)$$
$$= 1 - \prod_{i=1}^{n}(1 - q_i) = P_0 \tag{3-14}$$

式中 g——顶上事件（或门事件）发生的概率函数；

P_0——或门事件的概率；

q_i——第 i 个基本事件的概率；

n——基本事件数。

逻辑乘（与门连接的事件）的概率计算公式：

$$g(X_1 \cap X_2 \cap \cdots \cap X_n) = q_1 q_2 \cdots q_n = \prod_{i=1}^{n} q_i = P_A \qquad (3-15)$$

式中　P_A——与门事件的概率；

其他符号同上。

直接分步算法适于事故树规模不大，而且事故树中无重复事件时使用。从底部的门事件算起，逐次向上推移，至算到顶上事件为止。

【例3-12】　如图3-37所示的事故树，已知各基本事件的概率，求顶上事件发生的概率。$q_1=0.01$，$q_2=0.01$，$q_3=0.02$，$q_4=0.02$，$q_5=0.03$，$q_6=0.03$，$q_7=0.04$，$q_8=0.04$。

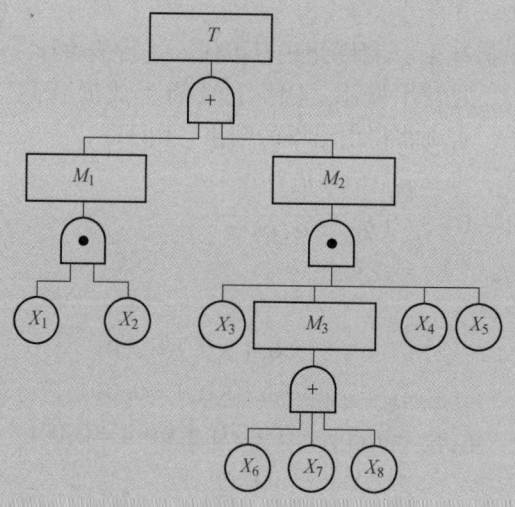

图3-37　某事故树图

解：(1) 先求 M_3 的概率，因为是或门连接，故按式（3-14）求得：

$$P_{M_3} = 1-(1-0.03)(1-0.04)(1-0.04) = 1-0.89395 = 0.10605$$

(2) 求 M_2 的概率，因为是与门连接，按式（3-15）求得：

$$P_{M_2} = 0.02 \times 0.10605 \times 0.02 \times 0.03 = 0.00000127$$

(3) 求 M_1 的概率，因为是与门连接，按式（3-15）求得：

$$P_{M_1} = 0.01 \times 0.01 = 0.0001$$

(4) 求 T 的概率，因为是或门连接，故按式（3-14）求得：

$$P_T = 1-(1-0.0001)(1-0.00000127) = 0.0001$$

(4) 利用最小割集计算顶上事件发生的概率。如果各最小割集中彼此没有重复的基本事件，则可以先求各个最小割集的概率，即最小割集所包含的基本事件的交（逻辑与）集，然后求所有最小割集的并（逻辑或）集概率，即得顶上事件的发生概率。

由于与门的结构函数为：

$$\Phi(X) = \bigcap_{i=1}^{n} x_i = \prod_{i=1}^{n} x_i \tag{3-16}$$

或门的结构函数为：

$$\Phi(X) = 1 - \prod_{i=1}^{n}(1-x_i) = \bigcup_{i=1}^{n} x_i \tag{3-17}$$

式中　x_i——第 i 个基本事件；

　　　n——基本事件数。

根据最小割集的定义，如果在割集中任意去掉一个基本事件，就不成为割集。换句话说，也就是要求最小割集中全部基本事件都发生，该最小割集才存在，即：

$$G_r = \bigcap_{i \in G_r} x_i \tag{3-18}$$

式中　G_r——第 r 个最小割集 ($r=1, 2, 3, \cdots, n$)；

　　　x_i——第 i 个最小割集中的基本事件。

在事故树中，一般有多个最小割集，只要存在一个最小割集，顶上事件就会发生，因此，事故树的结构函数为：

$$\Phi(X) = \bigcup_{r=1}^{N_G} G_r = \bigcup_{r=1}^{N_G} \bigcap_{i \in G_r} x_i \tag{3-19}$$

式中　N_G——系统中最小割集数；

　　　其他符号意义同前。

因此，若各个最小割集中彼此没有重复的基本事件，可按下式计算顶上事件的发生概率：

$$g = \bigcup_{r=1}^{N_G} \prod_{x_i \in G_r} q_i \tag{3-20}$$

式中　N_G——系统中最小割集数；

　　　r——最小割集数序数；

　　　i——基本事件序数；

　　　$x_i \in G_r$——第 i 个基本事件属于第 r 个最小割集；

　　　q_i——第 i 个基本事件的概率。

【例 3-13】 设某事故有三个最小割集：$\{X_1, X_2\}$，$\{X_3, X_4, X_5\}$，$\{X_6, X_7\}$。各基本事件发生概率分别为：$q_1, q_2, q_3, \cdots, q_7$，求顶上事件发生概率。

解：根据事故树的三个最小割集，可做出用最小割集表示的等效图（见图 3-38）。

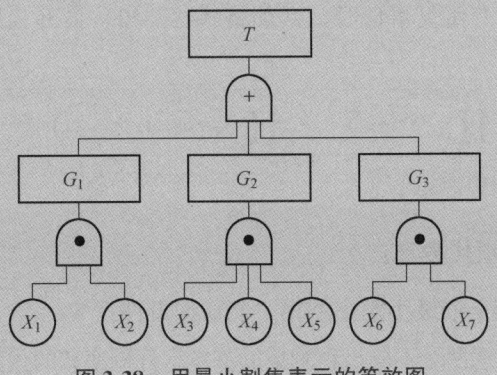

图 3-38　用最小割集表示的等效图

3个最小割集的概率，可由各个最小割集所包含的基本事件的逻辑与分别求出：

$$q_{G_1} = q_1 q_2, \quad q_{G_2} = q_3 q_4 q_5, \quad q_{G_3} = q_6 q_7$$

顶上事件的发生概率，即求所有最小割集的逻辑或，得：

$$g = 1 - (1 - q_{G_1})(1 - q_{G_2})(1 - q_{G_3})$$
$$= 1 - (1 - q_1 q_2)(1 - q_3 q_4 q_5)(1 - q_6 q_7)$$

从结果可看出，顶上事件发生概率等于各个最小割集的概率积的和。

用式（3-20）计算事故树顶上事件的概率，要求各最小割集中没有重复的基本事件，也就是最小割集之间是完全不相交的。若事故树各基本事件中有重复事件，则上式不成立。

例如：某事故树共有3个最小割集，分别为：

$$G_1 = \{x_1, x_2\}, \quad G_2 = \{x_2, x_3, x_4\}, \quad G_3 = \{x_2, x_5\}$$

则该事故树的结构函数式为：

$$T = G_1 + G_2 + G_3$$
$$= x_1 x_2 + x_2 x_3 x_4 + x_2 x_5$$

顶上事件发生概率为：

$$g = q(G_1 + G_2 + G_3)$$
$$= 1 - (1 - q_{G1})(1 - q_{G2})(1 - q_{G3})$$
$$= (q_{G1} + q_{G2} + q_{G3}) - (q_{G1} q_{G2} + q_{G1} q_{G3} + q_{G2} q_{G3}) + q_{G1} q_{G2} q_{G3}$$

式中，$q_{G1} q_{G2}$ 是 $G_1 G_2$ 交集的概率，即 $x_1 x_2 x_2 x_3 x_4$，根据布尔代数等幂律，有：

$$x_1 x_2 x_2 x_3 x_4 = x_1 x_2 x_3 x_4$$

故：

$$q_{G1} q_{G2} = q_1 q_2 q_3 q_4$$

同理：

$$q_{G1} q_{G3} = q_1 q_2 q_5$$
$$q_{G2} q_{G3} = q_2 q_3 q_4 q_5$$
$$q_{G1} q_{G2} q_{G3} = q_1 q_2 q_3 q_4 q_5$$

所以顶上事件的发生概率为：

$$g = (q_1 q_2 + q_2 q_3 q_4 + q_2 q_5) - (q_1 q_2 q_3 q_4 + q_1 q_2 q_5 + q_2 q_3 q_4 q_5) + q_1 q_2 q_3 q_4 q_5$$

由此，若最小割集中有重复事件时，必须将式（3-20）展开，用布尔代数消除每个概率积中的重复事件得：

$$g = \sum_{r=1}^{N_G} \prod_{x_i \in G_r} q_i - \sum_{1 \leq r < s \leq N_G} \prod_{x_i \in G_r \cup G_s} q_i + \cdots + (-1)^{N_G - 1} \prod_{r=1}^{N_G} q_i \tag{3-21}$$

式中　　r, s——最小割集序数；

$\sum_{r=1}^{N_G}$——求 N_G 项代数和；

$x_i \in G_r$——属于第 r 个最小割集的第 i 个基本事件；

$\sum_{1 \leq r < s \leq N_G} \prod_{x_i \in G_r \cup G_s}$——属于任意两个不同最小割集的基本事件概率和的代数和；

$x_i \in G_r \cup G_s$——第 i 个基本事件或属于第 r 个最小割集，或属于第 s 个最小割集；

$1 \leq r < s \leq N_G$——任意两个最小割集的组合顺序。

（5）利用最小径集计算顶上事件发生的概率。如果各最小径集中彼此没有重复的基本事件，则可以先求各个最小径集的概率，即最小径集所包含的基本事件的并（逻辑或）集的概率，然后求所有最小径集的交（逻辑与）集概率，即得顶上事件的发生概率。因此可按下式计算：

$$g = \prod_{r=1}^{N_P} \bigcup_{x_i \in P_r} q_i = \prod_{r=1}^{N_P} [1 - \bigcap_{x_i \in P_r}(1-q_i)] \quad (3-22)$$

式中 N_P——系统中最小径集数；

r——最小径集序数；

i——基本事件序数；

$x_i \in P_r$——第 i 个基本事件属于第 r 个最小径集；

q_i——第 i 个基本事件的概率。

【例3-14】 设某事故树有三个最小径集：$P_1 = \{x_1, x_2\}$，$P_2 = \{x_3, x_4, x_5\}$，$P_3 = \{x_6, x_7\}$。各基本事件发生的概率分别为：q_1，q_2，…，q_7，求顶上事件发生的概率。

解：根据事故树的三个最小径集，做出用最小径集表示的等效图，如图3-39所示。

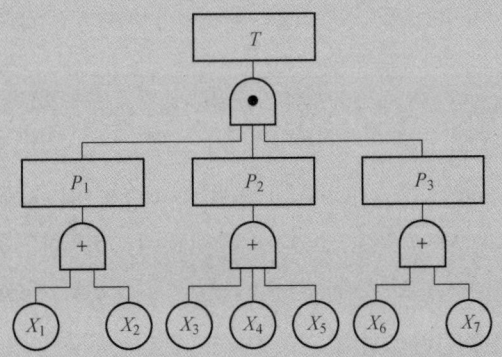

图3-39 用最小径集表示的等效图

三个最小径集的概率，可由各个最小径集所包含的基本事件的逻辑或分别求出：

$$q_{p_1} = 1 - (1-q_1)(1-q_2)$$

$$q_{p_2} = 1 - (1-q_3)(1-q_4)(1-q_5)$$

$$q_{p_3} = 1 - (1-q_6)(1-q_7)$$

顶上事件的发生概率，即求所有最小径集的逻辑与，得：

$$g = [1-(1-q_1)(1-q_2)][1-(1-q_3)(1-q_4)(1-q_5)][1-(1-q_6)(1-q_7)]$$

用式（3-22）计算任意一个事故树顶上事件的发生概率时，要求各最小径集中没有重复的基本事件，也就是最小径集之间是完全不相交的。

如果事故树中各最小径集中彼此有重复事件，则式（3-22）不成立，需要将式（3-22）展开，消去概率积中基本事件 x_i 不发生概率 $(1-q_i)$ 的重复事件，即：

$$g = 1 - \sum_{r=1}^{N_P} \prod_{x_i \in P_r}(1-q_i) + \sum_{1 \leq r < s \leq N_P} \prod_{x_i \in P_r \cup P_s}(1-q_i) - \cdots + (-1)^{N_P-1} \prod_{\substack{r=1 \\ x_i \in p_r}}^{N_P}(1-q_i) \quad (3\text{-}23)$$

式中符号同前。

【例3-15】 某事故树共有三个最小径集：$P_1 = \{x_1, x_2\}$，$P_2 = \{x_2, x_3\}$，$P_3 = \{x_2, x_4\}$。各基本事件发生的概率分别为：q_1，q_2，q_3，q_4，求顶上事件发生的概率。

解：根据题意，可写出其结构函数式为：

$$T = P_1 P_2 P_3 = (x_1 + x_2)(x_2 + x_3)(x_2 + x_4)$$

顶上事件发生的概率为：

$$g = q(P_1 P_2 P_3) = [1-(1-q_1)(1-q_2)][1-(1-q_2)(1-q_3)]$$
$$[1-(1-q_2)(1-q_4)]$$

将上式进一步展开得：

$$g = 1 - (1-q_1)(1-q_2) - (1-q_2)(1-q_3) + (1-q_1)(1-q_2)(1-q_2)(1-q_3) -$$
$$(1-q_2)(1-q_4) + (1-q_1)(1-q_2)(1-q_2)(1-q_4) + (1-q_2)(1-q_3)$$
$$(1-q_2)(1-q_4) - (1-q_1)(1-q_2)(1-q_2)(1-q_3)(1-q_2)(1-q_4)$$

根据等幂律：

$$x_i x_i = x_i$$

所以：

$$(1-q_i)(1-q_i) = (1-q_i)$$

整理上式得：

$$g = 1 - [(1-q_1)(1-q_2) + (1-q_2)(1-q_3) + (1-q_2)(1-q_4)] +$$
$$[(1-q_1)(1-q_2)(1-q_3) + (1-q_1)(1-q_2)(1-q_4) +$$
$$(1-q_2)(1-q_3)(1-q_4)] - (1-q_1)(1-q_2)(1-q_3)(1-q_4)$$

（6）顶上事件发生概率的近似计算。

在事故树分析时，往往遇到很复杂很庞大的事故树，有时一棵事故树牵扯成百上千个基本事件，要精确求出顶上事件的发生概率，需要相当大的人力和物力。因此，需要找出一种简便方法，它既能保证必要的精确度，又能较为省力地算出结果。

实际上，即使精确算出的结果也未必十分精确，这是因为：①凭经验给出的各种机械部件的故障率本身就是一种估计值，肯定存在误差；②各种机械部件的运行条件（满负荷或非满负荷运行）、运行环境（温度、湿度、粉尘、腐蚀等）各不相同，它们必然影响着故障率的变化；③人的失误率受多种因素影响，如心理、生理、个人的智能、训练情况、环境因素等，这是一个经常变化、伸缩性很大的数据。

因此，对这些数据进行运算，必然得出不太精确的结果。所以，我们赞成用近似计算的办法求顶上事件的发生概率。实际上，至今所有报道事故树分析实用的文献，都是采用近似计算的方法。尤其是在许多技术参数难以确认取值的情况下，这是一种值得提倡的方法。

另外，在求近似值的过程中，略去的数值与有效数字的最后一位相比，相差很大，有时相差几个数量级，完全可以忽略不计。

近似算法是利用最小割集计算顶上事件发生概率的公式得到的。一般情况下，可以假定所有基本事件都是统计独立的，因而每个割集也是统计独立的。下面介绍两种常用的近似算法的公式。

设有某事故树的最小割集等效树如图 3-40 所示。

顶上事件与割集的逻辑关系为：$T = k_1 + k_2 + \cdots + k_m$。顶上事件 T 发生的概率为 q，割集 k_1，k_2，$\cdots$，k_m 的发生概率分别为 q_{k_1}，q_{k_2}，$\cdots$，q_{k_m}，由独立事件的概率和概率积的公式分别得：

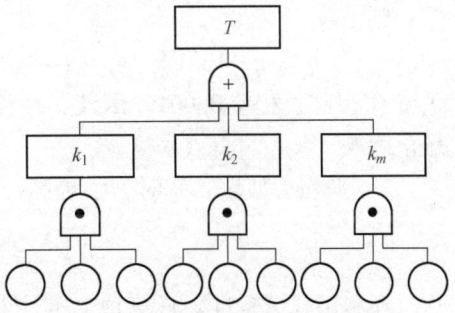

图 3-40 某事故树最小割集等效图

$$q(k_1 + k_2 + \cdots + k_m) = 1 - (1 - q_{k_1})(1 - q_{k_2}) \cdots (1 - q_{k_m})$$
$$= (q_{k_1} + q_{k_2} + \cdots + q_{k_m}) - (q_{k_1}q_{k_2} + q_{k_2}q_{k_3} + \cdots + q_{k_{(m-1)}}q_{k_m}) +$$
$$(q_{k_1}q_{k_2}q_{k_3} + \cdots + q_{k_{(m-2)}}q_{k_{(m-1)}}q_{k_m}) - \cdots + (-1)^{m-1}q_{k_1}q_{k_2}\cdots q_{k_m}$$

事故树顶上事件发生的概率，按式（3-21）计算收敛得非常快，(2^{N_G-1}) 项的代数和中主要起作用的是首项与第二项，后面一些项数值极小。只取第一个小括号中的项，将其余的二次项、三次项等全都舍弃，则得顶上事件发生概率近似公式即首项近似公式：

$$Q \approx q_{k_1} + q_{k_2} + \cdots + q_{k_m}$$

这样，顶上事件发生概率近似等于各最小割集发生概率之和。

1）首项近似法。根据利用最小割集计算顶上事件发生概率的式（3-21），设：

$$\sum_{r=1}^{N_G} \prod_{x_i \in G_r} q_i = F_1$$
$$\sum_{1 \leq r < s \leq N_G} \prod_{x_i \in G_r \cup G_s} q_i = F_i$$
$$\vdots$$
$$\prod_{r=1}^{N_G} q_i = F_{N_G}$$

则式（3-21）可改写为：

$$g = F_1 - F_2 + \cdots + (-1)^{N_G-1} F_{N_G}$$

逐次求出 F_1，F_2，$\cdots$，F_{N_G} 的值，当认为满足计算精确度时就可以停止计算。通常 $F_1 \geq F_2$，$F_2 \geq F_3$，$\cdots$，在近似计算时往往求出 F_1 就能满足要求，即：

$$g \approx F_1 = \sum_{r=1}^{N_G} \prod_{x_i \in G_r} q_i \tag{3-24}$$

该式说明，顶上事件发生概率近似等于所有最小割集发生概率的代数和。

仍以图 3-35 简单事故树为例，其最小割集的等效图如图 3-36 所示。图中基本事件 X_1，X_2，X_3 的发生概率分别为 $q_1 = q_2 = q_3 = 0.1$，用近似公式计算顶上事件发生概率：

$$Q = q_{k_1} + q_{k_2} = q_1 q_2 + q_1 q_3 = 0.1 \times 0.1 + 0.1 \times 0.1 = 0.02$$

直接用原事故树的结构函数求顶上事件发生概率：
因为

$$T = X_1 (X_2 + X_3)$$

则
$$Q' = q_1[1-(1-q_2)(1-q_3)] = 0.1 \times [1-(1-0.1)(1-0.1)] = 0.019$$
Q 与 Q' 相比，相差 0.001。因此，在计算顶上事件发生的概率时，按简化后的等效图计算才是正确的。

2）平均近似法。有时为了提高计算精度，取首项与第二项之半的差作为近似值：

$$g \approx F_1 - \frac{1}{2}F_2 \tag{3-25}$$

在利用式（3-21）计算顶上事件发生概率值过程中，可以得到一系列判别式：

$$g \leq F_1$$
$$g \geq F_1 - F_2$$
$$g \leq F_1 - F_2 + F_3$$
……

因此，F_1，$F_1 - F_2$，$F_1 - F_2 + F_3$，…，顺序给出了顶上事件发生概率的近似上限与下限。

$$F_1 > g > F_1 - F_2$$
$$F_1 - F_2 + F_3 > g > F_1 - F_2$$
……

这样经过上下限的计算，便能得出精确的概率值。一般当基本事件发生概率值 $q_1 < 0.01$ 时，采用 $g = F_1 - \frac{1}{2}F_2$ 就可以得到较为精确的近似值。

【例 3-16】 某事故树如图 3-41 所示，已知 $q_1 = q_2 = 0.2$，$q_3 = q_4 = 0.3$，$q_5 = 0.25$。其顶上事件发生的概率为 0.1323。现试用式（3-24）和式（3-25）求该事故树顶上事件发生概率的近似值。

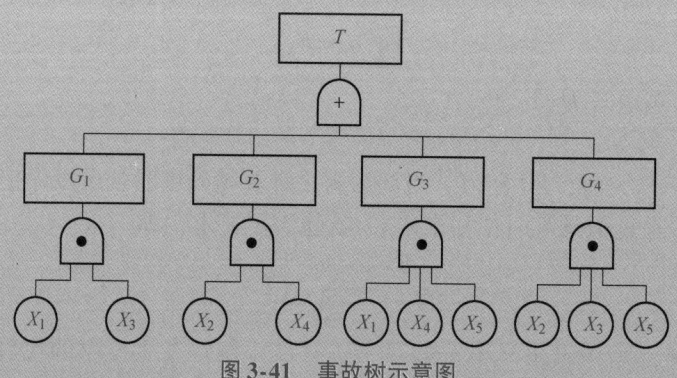

图 3-41　事故树示意图

解：根据式（3-24）有：

$$g \approx \sum_{r=1}^{N_G} \prod_{x_i \in G_r} q_i = q_1 q_3 + q_2 q_4 + q_1 q_4 q_5 + q_2 q_3 q_5$$
$$= 0.2 \times 0.3 + 0.2 \times 0.3 + 0.2 \times 0.3 \times 0.25 + 0.2 \times 0.3 \times 0.25$$
$$= 0.15$$

其相对误差：
$$\varepsilon_1 = \frac{0.1323 - 0.15}{0.1323} \times 100\% = -13.4\%$$

由于：
$$F_2 = q_{G_1}q_{G_2} + q_{G_1}q_{G_3} + q_{G_1}q_{G_4} + q_{G_2}q_{G_3} + q_{G_2}q_{G_4} + q_{G_3}q_{G_4} = 0.007425$$

根据式（3-25）有：
$$g \approx F_1 - \frac{1}{2}F_2$$
$$= 0.15 - 0.0037125$$
$$= 0.1463$$

其相对误差：
$$\varepsilon_2 = \frac{0.1323 - 0.1463}{0.1323} \times 100\% = -10.6\%$$

该事故树的基本故障率是相当高的，计算结果误差尚且不大，若基本事件故障率降低后，相对误差会大大地减少，一般能满足工程应用的要求。

3. 概率重要度分析

结构重要度分析是从事故树的结构上分析各基本事件的重要程度。如果进一步考虑基本事件发生概率的变化会给顶上事件发生概率以多大影响，就要分析基本事件的概率重要度。利用顶上事件发生概率 Q 函数是一个多重线性函数这一性质，只要对自变量 q_i 求一次偏导数，就可得出该基本事件的概率重要度系数：

$$I_{q(i)} = \frac{\partial Q}{\partial q_i} \tag{3-26}$$

当利用上式求出各基本事件的概率重要度系数后，就可以了解诸多基本事件，减少哪个基本事件的发生概率可以有效地降低顶上事件的发生概率，这一点，可以通过下例看出。

【例 3-17】 设事故树最小割集为 $\{X_1, X_3\}$、$\{X_1, X_5\}$、$\{X_3, X_4\}$、$\{X_2, X_4, X_5\}$。各基本事件概率分别为：$q_1 = 0.01$，$q_2 = 0.02$，$q_3 = 0.03$，$q_4 = 0.04$，$q_5 = 0.05$，求各基本事件概率重要度系数。

解：顶上事件发生概率 Q 用近似方法计算时：
$$Q = q_{k_1} + q_{k_2} + q_{k_3} + q_{k_4}$$
$$= q_1 q_3 + q_1 q_5 + q_3 q_4 + q_2 q_4 q_5$$
$$= 0.01 \times 0.03 + 0.01 \times 0.05 + 0.03 \times 0.04 + 0.02 \times 0.04 \times 0.05$$
$$= 0.002$$

各个基本事件的概率重要度系数为：
$$I_{q(1)} = \frac{\partial Q}{\partial q_1} = q_3 + q_5 = 0.08$$

$$I_{q(2)} = \frac{\partial Q}{\partial q_2} = q_4 q_5 = 0.002$$

$$I_{q(3)} = \frac{\partial Q}{\partial q_3} = q_1 + q_4 = 0.05$$

$$I_{q(4)} = \frac{\partial Q}{\partial q_4} = q_3 + q_2 q_5 = 0.031$$

$$I_{q(5)} = \frac{\partial Q}{\partial q_5} = q_1 + q_2 q_4 = 0.0108$$

这样，就可以按概率重要度系数的大小排出各基本事件的概率重要度顺序：

$$I_{q(1)} > I_{q(3)} > I_{q(4)} > I_{q(5)} > I_{q(2)}$$

这就是说，减小基本事件 X_1 的发生概率能使顶上事件的发生概率迅速降下来，它比按同样数值减小其他任何基本事件的发生概率都有效。其次是基本事件 X_3，X_4，X_5，最不敏感的是基本事件 X_2。

从概率重要度系数的算法可以看出这样的事实：一个基本事件的概率重要度如何，并不取决于它本身的概率值大小，而取决于它所在最小割集中其他基本事件的概率积的大小及它在各个最小割集中重复出现的次数。

4. 临界重要度分析

一般情况，减少概率大的基本事件的概率要比减少概率小的容易，而概率重要度系数并未反映这一事实，因此，它不是从本质上反映各基本事件在事故树中的重要程度。而临界重要度系数 I_{C_i} 则是从敏感度和概率双重角度衡量各基本事件的重要度标准，其定义式为：

$$I_{C_i} = \frac{\partial Q / \partial q_i}{Q / q_i} \qquad (3-27)$$

它与概率重要度系数的关系是：

$$I_{C_i} = \frac{q_i}{Q} I_{q(i)} \qquad (3-28)$$

上面例子已得到的某事故树顶上事件概率为 0.002，各基本事件的概率重要度系数分别为：

$$I_{q(1)} = 0.08, \ I_{q(2)} = 0.002, \ I_{q(3)} = 0.05, \ I_{q(4)} = 0.031, \ I_{q(5)} = 0.0108$$

则各基本事件的临界重要度系数为：

$$I_{C_1} = \frac{q_1}{Q} I_{q(1)} = \frac{0.01}{0.002} \times 0.08 = 0.4$$

$$I_{C_2} = \frac{q_2}{Q} I_{q(2)} = \frac{0.02}{0.002} \times 0.002 = 0.02$$

$$I_{C_3} = \frac{q_3}{Q} I_{q(3)} = \frac{0.03}{0.002} \times 0.05 = 0.75$$

$$I_{C_4} = \frac{q_4}{Q} I_{q(4)} = \frac{0.04}{0.002} \times 0.031 = 0.62$$

$$I_{C_5} = \frac{q_5}{Q} I_{q(5)} = \frac{0.05}{0.002} \times 0.0108 = 0.27$$

因此就得到一个按临界重要度系数的大小排列的各基本事件重要程度的顺序：

$$I_{C_3} > I_{C_4} > I_{C_1} > I_{C_5} > I_{C_2}$$

与概率重要度相比，基本事件 X_1 的重要程度下降了，这是因为它的发生概率最低。基本事件 X_3 最重要，这不仅是因为它敏感度最大，而且它本身的概率值也较大。

5. 利用概率重要度求结构重要度

在求结构重要度时，基本事件的状态设为"0，1"两种状态，即发生概率为50%，因此，当假定所有基本事件发生概率均为 1/2 时，概率重要度系数就等于结构重要度系数，即：

$$I_{\Phi(i)} = I_{q(i)} \quad (q_i = 1/2) \tag{3-29}$$

利用这一性质，我们可以用定量化的手段准确求出结构重要度系数。

【例3-18】 用式（3-29）求图3-33所示事故树各基本事件的结构重要度系数。

解：令各基本事件发生概率为 $q_1 = q_2 = q_3 = q_4 = q_5 = 1/2$，根据所给出事故树的结构列出算式，并化简，则：

$$\begin{aligned} T &= A + B = X_4 C + X_1 D \\ &= X_4(X_3 + E) + X_1(X_3 + X_5) \\ &= X_4(X_3 + X_2 X_5) + X_1(X_3 + X_5) \\ &= X_3 X_4 + X_2 X_4 X_5 + X_1 X_3 + X_1 X_5 \end{aligned}$$

该事故树的最小割集为 $\{X_3, X_4\}$、$\{X_2, X_4, X_5\}$、$\{X_1, X_3\}$、$\{X_1, X_5\}$。

顶上事件发生概率为：

$$\begin{aligned} Q &= q_3 q_4 + q_2 q_4 q_5 + q_1 q_3 + q_1 q_5 - (q_2 q_3 q_4 q_5 + q_1 q_3 q_4 + q_1 q_3 q_4 q_5 + \\ &\quad q_1 q_2 q_3 q_4 q_5 + q_1 q_2 q_4 q_5 + q_1 q_3 q_5) + (q_1 q_2 q_3 q_4 q_5 + q_1 q_2 q_3 q_4 q_5 + \\ &\quad q_1 q_2 q_3 q_4 q_5 + q_1 q_3 q_4 q_5) - q_1 q_2 q_3 q_4 q_5 \\ &= q_3 q_4 + q_2 q_4 q_5 + q_1 q_3 + q_1 q_5 - q_1 q_3 q_5 - q_2 q_3 q_4 q_5 - q_1 q_3 q_4 - \\ &\quad q_1 q_2 q_4 q_5 + q_1 q_2 q_3 q_4 q_5 \end{aligned}$$

则概率重要度系数为：

$$I_{q(1)} = \frac{\partial q_r}{\partial q_1} = q_3 + q_5 - q_2 q_4 q_5 - q_3 q_5 - q_3 q_4 + q_2 q_3 q_4 q_5 = \frac{7}{16}$$

$$I_{q(2)} = \frac{\partial q_r}{\partial q_2} = q_4 q_5 - q_3 q_4 q_5 - q_1 q_4 q_5 + q_1 q_3 q_4 q_5 = \frac{1}{16}$$

$$I_{q(3)} = \frac{\partial q_r}{\partial q_3} = q_4 + q_1 - q_1 q_5 - q_2 q_4 q_5 - q_1 q_4 + q_1 q_2 q_4 q_5 = \frac{7}{16}$$

$$I_{q(4)} = \frac{\partial q_r}{\partial q_4} = q_3 + q_2 q_5 - q_2 q_3 q_5 - q_3 q_1 - q_1 q_2 q_5 + q_1 q_2 q_3 q_5 = \frac{5}{16}$$

$$I_{q(5)} = \frac{\partial q_r}{\partial q_5} = q_2 q_4 + q_1 - q_1 q_3 - q_2 q_3 q_4 - q_1 q_2 q_4 + q_1 q_2 q_3 q_4 = \frac{5}{16}$$

于是得：

$$I_{q(1)} = I_{q(3)} = \frac{7}{16}; \quad I_{q(4)} = I_{q(5)} = \frac{5}{16}; \quad I_{q(2)} = \frac{1}{16}$$

三种重要度系数中，结构重要度系数从事故树结构上反映基本事件的重要程度；概率重要度系数反映基本事件概率的增减对顶上事件发生概率影响的敏感度；临界重要度系数从敏感度和自身发生概率大小双重角度反映基本事件的重要程度。其中，结构重要度系数反映了某一基本事件在事故树结构中所占的地位，而临界重要度系数从结构及概率上反映了改善某一基本事件的难易程度，概率重要度系数则起着一种过渡作用，是计算两种重要度系数的基础。一般可以按这三种重要度系数安排采取措施的先后顺序，也可按三种重要度顺序分别编制相应的安全检查表，以保证既有重点、又能全面检查的目的。在三种检查表中，只有通过临界重要度分析产生的检查表，才能真正反映事故树的本质，也更具有实际意义。

事故树定量分析目前主要用于以可靠性、安全性为基础的评价方法。但是，可以预见，随着全面质量管理、安全系统工程、计算机技术的应用以及数据库的建立，事故树的定量分析将会在铁路运输领域得到更为广泛的应用。

【例 3-19】 某事故树如图 3-42 所示，X_1，X_2，X_3，X_4，X_5 均为基本事件，其概率分别为 0.01，0.02，0.03，0.04，0.05。求各基本事件的概率重要度、临界重要度。

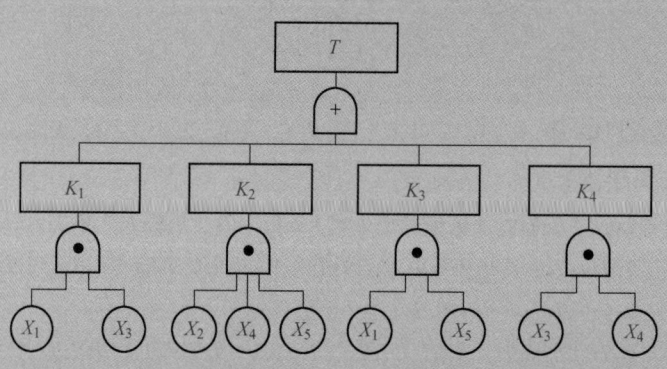

图 3-42 事故树图例

解：应用顶上事件发生概率计算公式求得顶上事件的发生概率为 0.002。各基本事件的概率重要度、临界重要度见表 3-5。

表 3-5 各基本事件的概率重要度、临界重要度

基本事件	X_1	X_2	X_3	X_4	X_5
概率重要度系数	0.08	0.002	0.05	0.031	0.0108
临界重要度系数	0.4	0.02	0.75	0.62	0.27

6. 事故树分析应用实例

【例3-20】 环氧乙烷合成爆炸事故树分析。

(1) 工艺流程简述。原料乙烯、纯氧和循环气经预热后进入列管式固定床反应器，乙烯在银触媒下选择氧化生成环氧乙烷；副反应是乙烯深度氧化生成二氧化碳。反应气经热交换器冷却后进入环氧乙烷吸收塔，用循环水喷淋洗涤，吸收环氧乙烷。未被吸收的气体经二氧化碳吸收塔除去副反应生成的二氧化碳后，再经循环压缩机返回氧化反应器。环氧乙烷生产工艺流程简图如图3-43所示。

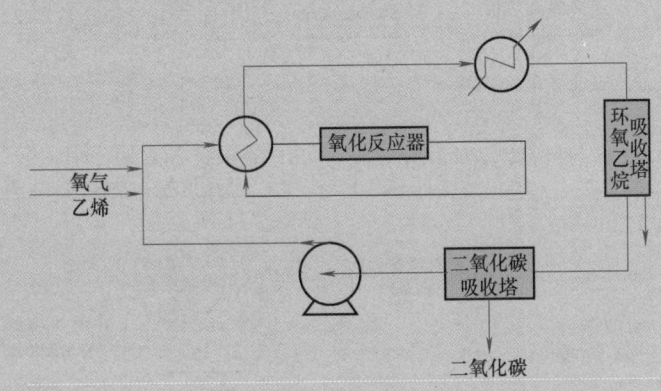

图3-43 环氧乙烷生产工艺流程简图

(2) 工艺条件及危险因素。

反应温度：环氧乙烷合成和副反应都是强放热反应，反应温度通常控制在220～280℃。反应温度较高时，易使环氧乙烷选择性降低，副反应增加。

反应压力：环氧乙烷合成过程，主反应体积减小，而副反应体积不变。所以可加压操作，加快主反应速度，提高收率。但压力过高，易产生环氧乙烷聚合及催化剂表面积炭，影响催化剂寿命。操作压力通常为1～3MPa。

原料配比：乙烯在氧气中的爆炸极限为2.9%～79.9%，混合气中氧的最大安全含量（体积分数）为10.6%。在原料气中，一般乙烯含量（体积分数）为12%～30%，氧的含量（体积分数）不大于10%，其余为二氧化碳和惰性气体。

由上述情况可以看出，环氧乙烷生产过程中发生爆炸的主要危险是发生异常化学反应，超过设备压力允许范围引起的。混合可燃气爆炸极限（上下限），与混合气的温度、压力和组成有关。如压力上升，爆炸上下限都将扩大；温度上升，则下限扩大。惰性气体或循环气的减少会导致混合气中氧的含量增大。对于与爆炸范围关联的温度、压力和组成都必须严格按设定值控制，并避开爆炸范围。否则就会使生产过程处于危险状态。这种危险主要是气相反应中氧气含量达到爆炸极限，在起爆源存在下发生燃烧或爆炸。再分析工艺过程中固有的起爆源，如静电火花、明火及可能发生的局部火灾等因素，便可绘制出环氧乙烷合成爆炸事故树图，如图3-44所示。

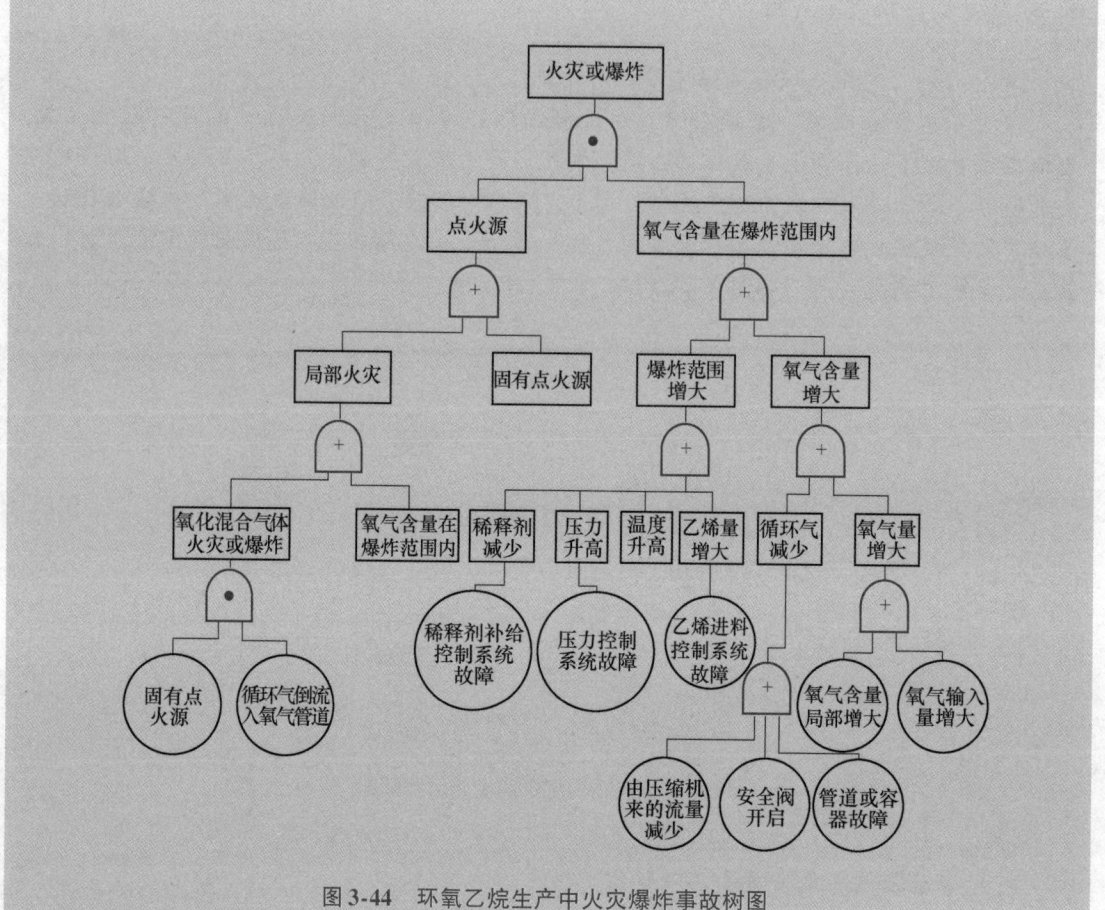

图 3-44　环氧乙烷生产中火灾爆炸事故树图

【例 3-21】　高氯酸火灾、爆炸事故树图。

高氯酸钠法制高氯酸的流程为，氯酸钠经电解生成的高氯酸钠与盐酸复分解反应，滤出结晶，再经蒸馏即可得到高氯酸。高氯酸生产原料极不稳定，受摩擦、冲击、遇热及火花，易发生燃烧和爆炸。氯酸钠与盐酸混合，能生成有毒和易爆的二氧化氯气体。高氯酸与浓硫酸或醋酸酐混合，能够脱水生成无水高氯酸。超过一定浓度的高氯酸（浓度在85%以上），在高于室温的条件下，能自行分解并猛烈爆炸。根据以上分析，可绘制出高氯酸火灾、爆炸事故树图，如图 3-45 所示。

【例 3-22】　蒸汽锅炉缺水爆炸事故树分析与计算。

蒸汽锅炉是工业生产中常用设备，又是比较容易发生灾害性事故的设备。由于蒸汽锅炉实际运行的工作条件十分恶劣，造成受压元件失效的原因往往是错综复杂的。引起锅炉爆炸的主要事件有：锅炉结垢、炉壁腐蚀、缺水和超压。下面仅就锅炉缺水引起爆炸作为顶上事件进行分析。

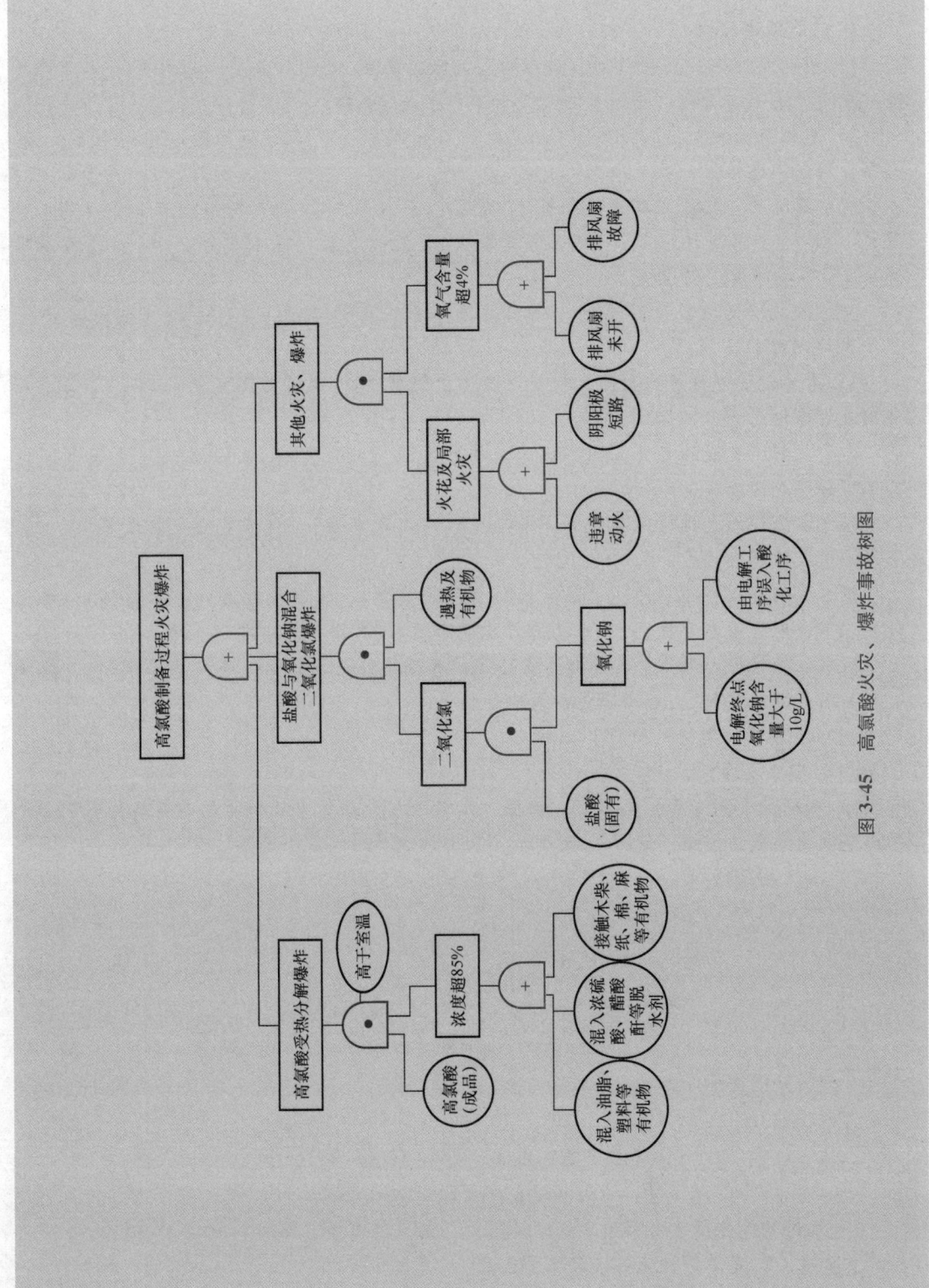

图 3-45 高氯酸火灾、爆炸事故树图

(1) 建造事故树。

1) 确定顶上事件：锅炉缺水。缺水的直接原因事件：警报器失灵（基本事件）、水位下降（中间事件）、未察觉（中间事件）。各个事件用与门连接。

2) 水位下降的直接原因事件：给水故障（中间事件）、排污阀故障（中间事件）。各个事件用或门连接。

给水故障的直接原因事件：管道阀门故障（基本事件）、自动给水调节失灵（基本事件）、停水（基本事件）、泵损坏（基本事件）、没蒸汽泵（基本事件）、爆管（基本事件）。各个事件用或门连接。

排污阀故障的直接原因事件：阀门关闭不严（基本事件）、未关阀（基本事件）。各个事件用或门连接。

3) 未察觉的直接原因事件：判断失误（中间事件）、工作失误（中间事件）。各个事件用或门连接。

其中，判断失误的直接原因事件为：叫水失误（中间事件）、假水位（中间事件）。各个事件用或门连接。

而叫水失误的直接原因事件有：忘记叫水（基本事件）、叫水不足（基本事件）。各个事件用或门连接。

假水位的直接原因事件：水位计损坏（基本事件）、没定期冲洗（基本事件）、水位计安装不合理（基本事件）、汽水共腾（中间事件）。各个事件用或门连接。

假水位直接原因事件中的汽水共腾的直接原因事件：水的硬度高（基本事件）、蒸汽旋塞关闭（基本事件）。各个事件用或门连接。

(2) 绘制事故树图，如图 3-46 所示。

(3) 定性分析。

1) 判别最小割（径）集数目。根据"加乘法"判断该事故树的最小割集共有 12 个。画出事故树的成功树图，如图 3-47 所示，求得该成功树的最小径集共有 3 个。

2) 求结构函数：

$$\overline{T} = \overline{x}_1 + \overline{M}_1 + \overline{M}_2$$
$$= \overline{x}_1 + \overline{M}_3 \, \overline{M}_4 + \overline{M}_5 \, \overline{M}_6$$
$$= \overline{x}_1 + \overline{x}_6 \, \overline{x}_7 \, \overline{x}_8 \, \overline{x}_9 \, \overline{x}_{10} \overline{x}_{11} \overline{x}_2 \, \overline{x}_3 + \overline{M}_7 \, \overline{M}_8 \, \overline{x}_4 \, \overline{x}_5$$
$$= \overline{x}_1 + \overline{x}_2 \, \overline{x}_3 \, \overline{x}_6 \, \overline{x}_7 \, \overline{x}_8 \, \overline{x}_9 \, \overline{x}_{10} \overline{x}_{11} + \overline{x}_{12} \overline{x}_{13} \overline{x}_{14} \overline{x}_{15} \overline{x}_{16} \overline{x}_{17} \overline{x}_{18} \overline{x}_4 \, \overline{x}_5$$

即得到三组最小径集为：

$$P_1 = \{x_1\}$$
$$P_2 = \{x_2, x_3, x_6, x_7, x_8, x_9, x_{10}, x_{11}\}$$
$$P_3 = \{x_4, x_5, x_{12}, x_{13}, x_{14}, x_{15}, x_{16}, x_{17}, x_{18}\}$$

3) 求结构重要度。由于该事故比较简单，而且没有重复事件，利用最小径集来判别结构重要度。x_1 是单事件的最小径集，因此：

$$I_\Phi(1) > I_\Phi(i) \quad (i = 2, 3, \cdots, 18)$$

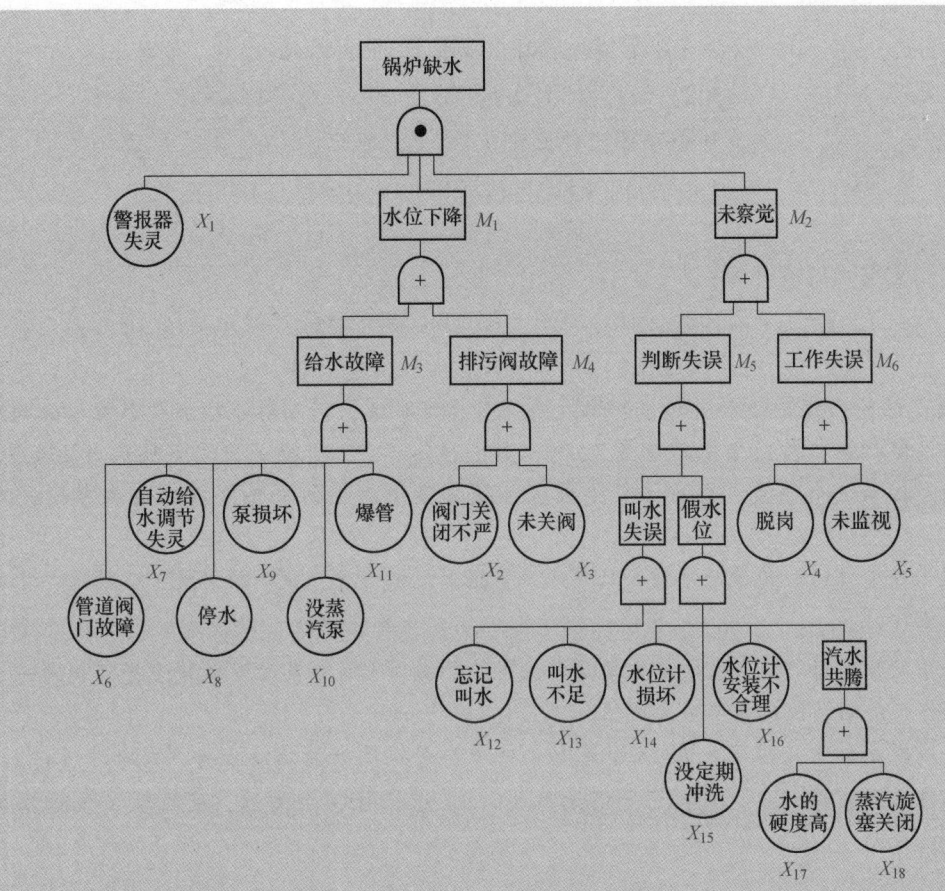

图 3-46 蒸汽锅炉缺水爆炸事故树图

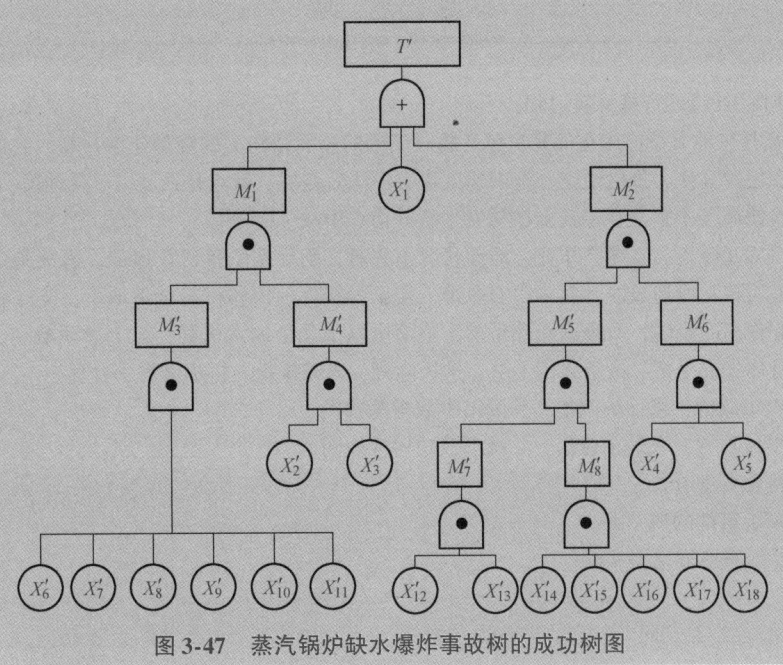

图 3-47 蒸汽锅炉缺水爆炸事故树的成功树图

$x_2, x_3, x_6, \cdots, x_{11}$ 共有 8 个事件同时出现在 P_2 中,因此:
$$I_\Phi(2) = I_\Phi(3) = I_\Phi(6) = \cdots = I_\Phi(11)$$
$x_4, x_5, x_{12}, \cdots, x_{18}$ 共有 9 个事件同时出现在 P_3 中,因此:
$$I_\Phi(4) = I_\Phi(5) = I_\Phi(12) = \cdots = I_\Phi(18)$$

所以结构重要度的顺序为:
$$I_\Phi(1) > I_\Phi(2) = I_\Phi(3) = I_\Phi(6) = \cdots = I_\Phi(11) > I_\Phi(4)$$
$$= I_\Phi(5) = I_\Phi(12) = \cdots = I_\Phi(18)$$

(4) 结论。锅炉缺水引起锅炉爆炸是一种恶性事故,因而防止缺水是个重要的问题。

通过定性分析,最小割集最多 72 个,最小径集 3 个。也就是说发生缺水事故有 72 种可能性。但从 3 个径集可得出,只要采取径集方案中的任何一个,锅炉缺水事故就可以避免。

第一方案 (x_1) 是最佳方案,只要保证警报器灵敏可靠,锅炉缺水就可以预防。其次是第二方案 ($x_2, x_3, x_6, \cdots, x_{11}$),为保证锅炉水位不发生异常情况,就要求给水设备处于良好状态,并且管道阀门畅通。第三方案是水位下降后操作人员未及时发现并进行判断的一些事件,操作人员的岗位工作占主要地位。

造成缺水的主要原因:在 18 个基本事件中,警报器失灵是最主要原因事件 (x_1),其次是操作人员脱岗 (x_4) 及排污阀门故障 (x_2)。若抓住 3 个关键,就抓住了预防锅炉缺水的主要环节。

复 习 题

1. 补充【例 3-11】的详细计算过程。
2. 石棉瓦是一种大量应用在简易房屋、临时工棚的屋面结构上的轻型建筑材料。它的优点是页面大、重量轻、使用方便、价格便宜、施工速度快、经济效益好,缺点是强度差、质地脆,受压易破碎,故在搭建或检修施工中踏在石棉瓦上极易发生坠落伤亡事故。

当踏破石棉瓦坠落,且高空作业、地面状况不好时,则导致坠落伤亡事故。事故是由于安全带不起作用和脚踏石棉瓦所造成的。而未用安全带、安全带损坏、因移位安全带取下、支撑物损坏等是造成安全带不起作用的原因;而脚踏石棉瓦发生坠落由以下几个因素引起:脚下滑动踏空、身体不适或突然生病、身体失去平衡、椽条强度不够、桥板倾翻、未铺桥板、桥板铺得不合理。

(1) 画出事故树,求最小割集,并画出事故树等效图。
(2) 画出成功树,求最小径集,并画出成功树等效图。
(3) 结构重要度分析。
(4) 求顶上事件的概率。

基本事件的概率值见表 3-6。

表 3-6 基本事件的概率值

代号	名称	q_i	代号	名称	q_i
X_1	未用安全带	0.15	X_7	身体失去平衡	0.005
X_2	安全带损坏	0.0001	X_8	橡条强度不够	5×10^{-5}
X_3	因移动而取下	0.25	X_9	桥板倾翻	1×10^{-4}
X_4	支撑物损坏	0.001	X_{10}	未铺桥板	0.001
X_5	脚下滑动踏空	0.005	X_{11}	桥板铺得不合理	0.001
X_6	身体不适或突然发病	1×10^{-5}	X_{12}	高度、地面状况	0.3

3. 某反应器系统如图 3-48 所示。该反应是放热的，为此在反应器的夹套内通入冷冻盐水以移走反应热。如果冷冻盐水流量减少，会使反应器温度升高，反应速度加快，以致反应失控。在反应器上安装温度测量控制系统，并与冷冻盐水入口阀门联结，根据温度控制冷冻盐水流量。为安全起见，安装了温度报警器，当温度超过规定值时自动报警，以便操作者及时采取措施。该系统各安全功能故障率见表 3-7，试以冷冻盐水减少为初始事件编制事件树，并计算出现反应失控的概率。

表 3-7 某型号反应器安全功能故障率

安全功能	温度报警器报警	操作者发现超温	操作者恢复冷却剂流量	操作者紧急关闭反应器
故障率	0.01	0.25	0.25	0.1

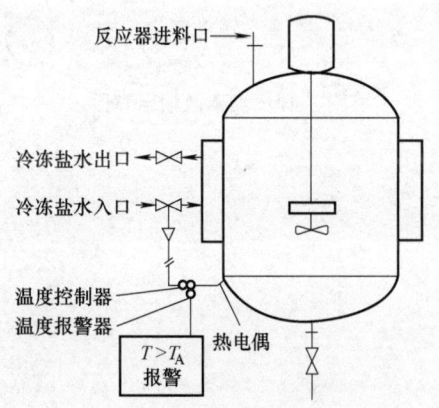

图 3-48 某型号反应器示意图

4. 火灾发展一般可以分为四个阶段，初期阶段、发展阶段、全盛阶段和衰减阶段。假设一个建筑防火分区失火，如果灭火器和自动水喷淋系统灭火失败，就会导致火灾进一步发展，这时灭火器或自动水喷淋系统已经不能有效地控制扑灭火灾，火灾就会超过阶段Ⅰ而发展到阶段Ⅱ。在阶段Ⅱ火灾处于发展阶段，人们可以使用室内消火栓将火灾扑灭。这个阶段影响火灾发展的主要因素是室内消火栓和排烟设备的工作状况。在阶段Ⅱ，室内温度逐渐升高，同时会产生大量高温、有毒的烟气，这些高温、有毒的火灾烟气对人员使用室内消火栓扑救火灾十分不利。所以，排烟设备的及时起动是保证人员使用室内消火栓成功扑灭火灾的关键。

（1）试以火灾发展超出阶段Ⅰ为初始事件，考虑排烟设备和室内消火栓的情况，用事件树方法分析阶段Ⅱ火灾发展的可能结果。

（2）假设排烟设备成功开启的概率为 P_1，室内消火栓成功灭火的概率为 P_2，试计算阶段Ⅱ火灾发展的可能后果的概率。

5. 已知某事件 T 的事故树如图 3-49 所示。

（1）试计算此事故树的最小割集、最小径集，并进行分析。

（2）用 q_i 表示各基本事件 X_i 发生的概率，$q_1 = 0.01$；$q_2 = 0.02$；$q_3 = 0.03$；$q_4 = 0.04$，计算顶上事件发生的概率。

（3）分析各基本事件的结构重要度和概率重要度。

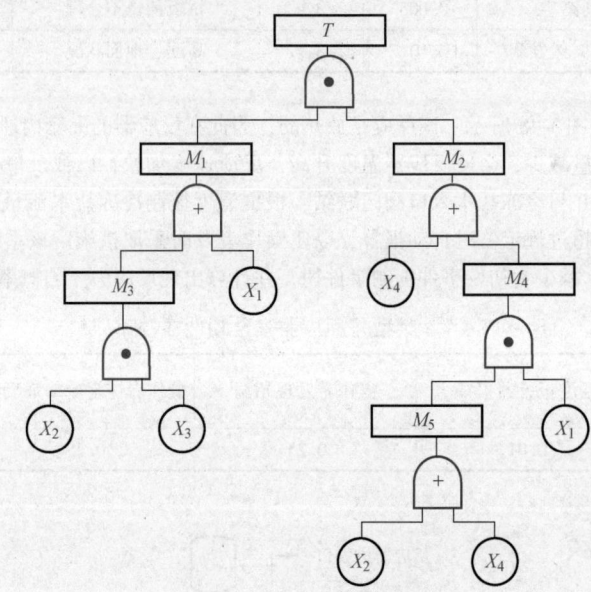

图 3-49 某事故树示意图

第 4 章

系统安全评价

本章学习目标:

　　理解安全评价的定义,熟悉安全评价的基本原理和程序;掌握 LEC 法、道化法、蒙德法、概率危险性评价法、保护层分析法等安全评价方法,并联系前两章的系统安全分析方法,理解系统安全分析与系统安全评价的区别和联系,学会根据评价对象选用合理的评价方法开展安全评价工作。

本章学习方法:

　　注重对各类安全评价方法的分析和总结;可参考行业标准《安全评价通则》(AQ 8001—2007)、《安全预评价导则》(AQ 8002—2007)、《安全验收评价导则》(AQ 8003—2007)加深对安全评价的定义、程序、评价方法应用范围的理解,综合掌握各类方法的行业特点及适用条件,提升理论联系实际的能力。

　　安全评价是安全系统工程的重要组成部分,是一种行之有效的管理方法。随着科技的进步和社会经济的发展,生产规模日益扩大,新工艺、新产品、新材料的应用,使得系统越来越复杂,系统中微小的差错就可能引起巨大能量的意外释放,导致灾难性事故。如何能以最优的安全投资获得最低事故率,从而减少事故损失,已成为人们关注的问题。安全评价技术的发展使问题的解决成为可能。

4.1 安全评价概述

4.1.1 安全评价的定义及目的

1. 安全评价的定义

　　安全评价是以实现安全为目的,应用安全系统工程原理和方法,辨识与分析工程、系统、生产经营活动中的危险、有害因素,预测发生事故造成职业危害的可能性及其严重程度,提出科学、合理、可行的安全对策措施建议,做出评价结论的活动。安全评价可针对一个特定的对象,也可针对一定区域范围。

2. 安全评价的目的

企业生产过程都是由原料、动力、生产设备与工艺、运输、储存、检测、控制等多个环节构成的复杂系统，涉及广泛的技术领域。它的规划、设计是各专业工程技术的综合产物。

但是，一般专业工程技术的任务主要在于如何使系统正常运行，对如何处理异常状态和防止事故的技术还有待研究。另外，各种技术之间的衔接，也往往会产生接口如何匹配的问题。因此，传统的规划、设计往往缺乏必要的周密的安全考虑，形成一些先天性的隐患，直到发生事故，造成生命财产的重大损失，才认识到问题的严重性。但由于生产格局已定，改进已十分困难。

由于生产日益向大型化发展，物质、能量高度集中，一旦发生事故，不仅工厂本身受害，甚至给社会带来巨大灾难。因此，在规划、设计以至于生产各阶段，人们自然会提出如下一些问题：这个企业不安全环节在哪里？可能会发生什么样的事故？事故出现的可能性有多大？事故波及的范围、损失有多大？应当采取什么样的对策措施？采取对策措施后还有多大风险？如此等。这些都是很难准确回答的问题。安全评价就是解决这些问题的技术手段。换句话说，安全评价的目的在于：

(1) 从计划、设计、建设、生产等全过程中考虑安全技术和管理问题，辨识生产过程中的危险、有害因素。

(2) 对危险、有害因素导致事故发生的原因进行分析，寻求控制事故的最优方案。

(3) 分析、计算研究对象存在的危险性、导致事故后果的严重程度和频率大小，评价其安全性。

(4) 明确系统的危险所在，制定消除和控制危险、有害因素的技术措施和管理措施，降低事故发生的频率。

(5) 促进实现安全管理系统化，形成教育训练、日常检查、操作维修、应急处置等完整的安全管理体系。

(6) 实现安全技术与管理的标准化和科学化。

4.1.2 安全评价原理

由于系统的属性、特征及事件的随机性复杂多样，相应的安全评价方法和手段林林总总，但其思维方式和依据的理论可归结为以下四个基本原理：相关性原理、类推原理、惯性原理、量变到质变原理。

1. 相关性原理

相关性原理是系统工程的原理之一。这个原理告诉我们：在分析和处理问题时，要恰当地分析和处理系统内外因素、各层次之间的联系（即相关性），以达到强化整体效应的目的。

一个系统，其属性、特征与事故和职业危害存在着因果的相关性，这是系统因果评价方法的理论基础。

(1) 系统的基本特征。安全评价把研究的所有对象都视为系统。系统是指为实现一定的目标，由多种彼此有机联系的要素组成的整体。每个系统都有着自身的总目标，而构成系统的所有子系统、单元都为实现这一总目标而实现各自的分目标。如何使这些目标达到最佳，这就是系统工程要研究解决的问题。

系统的整体目标（功能）是由组成系统的各子系统、单元综合发挥作用的结果。因此，不仅系统与子系统、子系统与单元有着密切的关系，而且各子系统之间、各单元之间、各元素之间也都存在着密切的相关关系。所以，在评价过程中只有找出这种相关关系，并建立相关模型，才能正确地对系统的安全性做出评价。

系统的结构可用下式表达：

$$E = \max f(X, R, C) \tag{4-1}$$

式中　　E——最优结合效果；

　　　　X——系统组成的要素集，即组成系统的所有元素；

　　　　R——系统组成要素的相关关系集，即系统各元素之间的所有相关关系；

　　　　C——系统组成的要素及其相关关系在各阶层上可能的分布形式；

　　　　f——X、R、C 的结合效果函数。

对系统的要素集（X）、关系集（R）和层次分布形式（C）的分析，可阐明系统整体的性质。要使系统目标达到最佳程度，只有使上述三者达到最优结合，才能产生最优的结合效果 E。

对系统进行安全评价，就是要寻求 X、R 和 C 的最合理的结合形式，即具有最优结合效果 E 的系统结构形式在对应系统目标集和环境因素约束集的条件，给出最安全的系统结合方式。例如，一个生产系统一般是由若干生产装置、物料、人员（X 集）集合组成的；其工艺过程是在人、机、物料、管理制度、作业环境结合过程（人控制的物理、化学过程）中进行的（R 集）；生产设备的可靠性、人的行为的安全性、安全管理的有效性等因素层次上存在各种分布关系（C 集）。安全评价的目的，就是寻求系统在最佳生产（运行）状态下的最安全的有机结合。

因此，在评价之前要研究与系统安全有关的系统组成要素，要素之间的相关关系，以及它们在系统各层次的分布情况。例如，要调查、研究构成工厂的所有要素（人、机、物料、管理制度、环境等），明确它们之间存在的相互影响、相互作用、相互制约的关系和这些关系在系统的不同层次中的不同表现形式等。

要对系统做出准确的安全评价，必须对要素之间及要素与系统之间的相关形式和相关程度给出量的概念。这就需要明确哪个要素对系统有影响，是直接影响还是间接影响；哪个要素对系统影响大，大到什么程度，彼此是线性相关还是指数相关等。要做到这一点，就要求在分析大量生产运行、事故统计资料的基础上，得出相关的数学模型，以便建立合理的安全评价数学模型。例如，用加权平均法进行企业安全评价中确定各子系统安全评价的权重系数，实际上就是确定企业整体与各子系统之间的相关系数；这种权重系数代表了各子系统的安全状况对企业整体安全状况的影响大小，也代表了各子系统的危险性占企业整体危险性的比重；一般地说，权重系数都是通过大量事故统计资料的分析，权衡事故发生的可能性大小和事故损失的严重程度而确定下来的。

（2）因果关系。有因才有果，这是事物发展变化的规律。事物的原因和结果之间存在着函数一样的密切关系。若研究、分析各个系统之间的依存关系和影响程度就可以探求其变化的特征和规律，并可以预测其未来状态的发展变化趋势。

事故和导致事故发生的各种原因（危险因素）之间存在着相关关系，表现为依存关系和因果关系；危险因素是原因，事故是结果，事故的发生是由许多因素综合作用的结果。分析各因素的特征、变化规律、影响事故发生和事故后果的程度以及从原因到结果的途径,揭示其内在联系和相关程度,才能在评价中得出正确的分析结论,采取恰当的对策措施。例如,可燃气体爆炸事故是由可燃气体泄漏,与空气混合达到爆炸极限和存在引燃能源三个因素综合作用的结果,而这三个因素又是设计失误、设备故障、安全装置失效、操作失误、环境不良、管理不当等一系列因素造成的。爆炸后果的严重程度又和可燃气体的性质(闪点、燃点、燃烧速度、燃烧热值等)、可燃性气体的爆炸量及空间密闭程度等因素有着密切的关系,在评价中需要分析这些因素的因果关系和相互影响程度,并定量地加以评述。

事故的因果关系是:事故的发生有其原因,而且往往不是由单一原因因素造成的,而是由若干个原因因素耦合在一起,当出现符合事故发生的充分与必要条件时,事故就必然会立即爆发;多一个原因因素不需要,少一个原因因素事故就不会发生。而每一个原因因素又由若干个二次原因因素构成;依次类推三次原因因素……

消除一次或二次或三次……原因因素,破坏发生事故的充分与必要条件,事故就不会发生,这就是采取技术、管理、教育等方面的安全对策措施的理论依据。

事故及其发生的原因层次分析,可用图 4-1 表示。

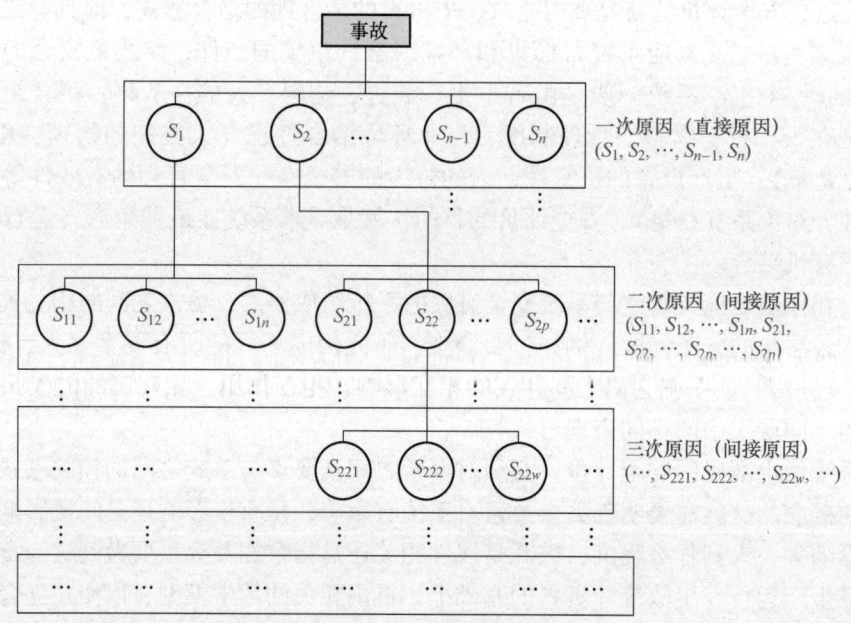

图 4-1 事故及其发生的原因层次分析

在评价系统中,找出事故发展过程中的相互关系,借鉴历史、同类情况的数据、典型案例等,建立起接近真实情况的数学模型,则评价会取得较好的效果,而且越接近真实情况,效果越好,评价得越准确。

2. 类推原理

"类推"亦称"类比"。在希腊语中,"类比"这个术语是比例的意思,后来在类似、相似、相符,具有同样的形式、结构或关系等意义上被广泛使用。

类比推理是人们经常使用的一种逻辑思维方法,常用来作为推出一种新知识的方法。在人们认识世界和改造世界的活动中,类比推理有着非常重要的作用,在安全生产、安全评价中同样也有着特殊的意义和重要的作用。

例如，颤振曾是空气动力学中的一个难题，由于飞机的机翼在高速飞行中会产生颤振现象（一种有害的振动），飞行越快，机翼的颤振越强烈，甚至造成机翼折断，发生机毁人亡的空难悲剧。为了克服在高速飞行时飞机机翼产生的颤振问题，开始，许多科学家和试验人员做过种种试验，花费了很大的精力和时间试图解决它，最终均以失败告终。后来，在观察蜻蜓飞行时，从蜻蜓的翅膀上获得了灵感：蜻蜓之所以能够灵活自如有效地控制翅膀的颤振，是因为在它的半透明翅膀的前缘有一块加厚的色素斑（称为"翅痣"或"翼眼"），这就是蜻蜓在快速飞行时不受颤振困扰的原因所在，因为翅痣有着很好的消振功能。这是这种昆虫经过长期的进化，在三亿年前就获得的一种功能。如果将翅痣去掉，蜻蜓飞行时就变得荡来荡去。试验证明蜻蜓翅痣的角组织使蜻蜓飞行时消除了颤振。于是，人们就依此类比，模仿蜻蜓，在飞机机翼末端的前缘装上了类似的加厚区，以便消除颤振。果然，颤振现象竟奇迹般地被克服了，由此而产生的空难也就销声匿迹了。

类比推理是根据两个或两类对象之间存在着某些相同或相似的属性，从一个已知对象具有某个属性来推出另一个对象具有此种属性的一种推理。

其基本模式为：若 A、B 表示两个不同对象，A 有属性 P_1、P_2、$\cdots$、P_m、P_n，B 有属性 P_1、P_2、$\cdots$、P_m，则对象 A 与 B 的推理可用如下公式表示：

$$A \text{ 有属性 } P_1、P_2、\cdots、P_m、P_n;$$
$$B \text{ 有属性 } P_1、P_2、\cdots、P_m;$$
$$\text{所以，} B \text{ 也有属性 } P_n(n>m)$$

类比推理的结论是或然性的。所以，在应用时要注意提高其结论可靠性，方法有：

1）要尽量多地列举两个或两类对象所共有或共缺的属性。

2）两个类比对象所共有或共缺的属性越本质，则推出的结论越可靠。

3）两个类比对象共有或共缺的对象与类推的属性之间具有本质和必然的联系，则推出结论的可靠性就高。

类比推理常常被人们用来类比同类装置或类似装置的职业安全的经验、教训，采取相应的对策措施防患于未然，实现安全生产。

类推评价法是经常使用的一种安全评价方法。它不仅可以由一种现象推算另一种现象，还可以依据已掌握的实际统计资料，采用科学的估计推算方法来推算得到基本符合实际的所需资料，以弥补调查统计资料的不足，供分析研究用。

类推评价法的种类及其应用领域取决于评价对象事件与先导事件之间联系的性质。若这种联系可用数字表示，则称为定量类推；如果这种联系关系只能定性处理，则称为定性类推。常用的类推方法有如下几种。

(1) 平衡推算法。指根据相互依存的平衡关系来推算所缺的有关指标的方法。例如，利用海因利希关于重伤、死亡、轻伤及无伤害事故比例 $1:29:300$ 的规律，在已知重伤、死亡数据的情况下，可推算出轻伤及无伤害事故数据；利用事故的直接经济损失与间接经济损失的比例为 $1:4$ 的关系，从直接损失推算间接损失和事故总经济损失；利用爆炸破坏情况（离爆炸中心多远处的冲击波超压（Δp，MPa）或爆炸坑（漏斗）的大小），来推算爆炸物的 TNT 当量。这些都是平衡推算法的应用。

(2) 代替推算法。指利用具有密切联系（或相似）的有关资料、数据，来代替所缺资料、数据的方法。例如，对新建装置的安全预评价，可使用与其类似的已有装置资料、数据对其进行评价；在职业卫生的评价中，人们常常类比同类或类似装置的工业卫生检测数据进行评价。

(3) 因素推算法。指根据指标之间的联系，从已知因素的数据推算有关未知指标数据的方法。例如，已知系统事故发生概率 P 和事故损失严重度 S，就可利用风险率 R 与 P、S 的关系来求得风险率 $R = PS$。

(4) 抽样推算法。指根据抽样或典型调查资料推算系统总体特征的方法。这种方法是数理统计分析中常用的方法，是以部分样本代表整个样本空间来对总体进行统计分析的一种方法。

(5) 比例推算法。指根据社会经济现象的内在联系，用某一时期、地区、部门或单位的实际比例，推算另一类似时期、地区、部门或单位有关指标的方法。

例如，控制图法的控制中心线的确定，是根据上一个统计期间的平均事故率来确定的。国外各行业安全指标的确定，通常也都是根据前几年的年度事故平均数值来进行确定的。

(6) 概率推算法。概率是指某一事件发生的可能性大小。事故的发生是一种随机事件；任何随机事件，在一定条件下是否发生是没有规律的，但其发生概率是一客观存在的定值。因此，根据有限的实际统计资料，采用概率论和数理统计方法可求出随机事件出现各种状态的概率。可以用概率值来预测未来系统发生事故可能性的大小，以此来衡量系统危险性的大小、安全程度的高低。

美国原子能委员会的"商用核电站风险评估报告"采用的方法基本上是概率推算法。

3. 惯性原理

任何事物在其发展过程中，从其过去到现在以及延伸至将来，都具有一定的延续性，这种延续性称为惯性。

利用惯性可以研究事物或一个评价系统的未来发展趋势。如从一个单位过去的安全生产状况、事故统计资料找出安全生产及事故发展变化趋势，以推测其未来安全状态。

利用惯性原理进行评价时应注意以下两点：

(1) 惯性的大小。惯性越大，影响越大；反之，则影响越小。例如，一个企业如果疏于管理、违章作业、违章指挥、违反劳动纪律严重，事故就多，若任其发展则会越演越烈，而且有加速的态势，惯性越来越大。对此，必须要立即采取相应对策措施破坏这种格局，亦即中止或改变这种不良惯性，才能防止事故的发生。

(2) 一个系统的惯性是这个系统的各个内部因素之间互相联系、互相影响、互相作用并按照一定的规律发展变化的一种状态趋势。因此，只有当系统是稳定的，受外部环境和内部因素的影响产生的变化较小时，其内在联系和基本特征才可能延续下去，该系统所表现的惯性发展结果才基本符合实际。但是，绝对稳定的系统是没有的，因为事物发展的惯性在受外力作用时可使其加速或减速甚至改变方向。这样就需要对一个系统的评价进行修正，即在系统主要方面不变而其他方面有所偏离时，就应根据其偏离程度对所出现的偏离现象进行修正。

4. 量变到质变原理

任何一个事物在发展变化过程中都存在着从量变到质变的规律。同样，在一个系统中，许多有关安全的因素也都一一存在着量变到质变的规律；在评价一个系统的安全时，也都应用着从量变到质变的原理。例如，道化学公司火灾、爆炸危险指数评价法（第 7 版）中，关于按 F&EI（火灾、爆炸指数）划分的危险等级，则从 1 ~ >159，经过了 <60、61 ~ 96、97 ~ 127、128 ~ 158、>159 的量变到质变的不同变化层次，即分别为"最轻"级、"较轻"级、"中等"级、"很大"级、"非常大"级；而在评价结论中，"中等"级及其以下的级别是"可以接受的"，而"很大"级、"非常大"级则是"不能接受的"。

因此，在安全评价时，考虑各种危险、有害因素对人体的危害，以及采用评价方法进行等级划分等，均需要应用量变到质变的原理。

上述原理是人们经过长期研究和实践总结出来的。在实际评价工作中，人们综合应用基本原理指导安全评价，并创造出各种评价方法，进一步在各个领域中加以运用。

掌握评价的基本原理可以建立正确的思维程序，对于评价人员开拓思路、合理选择和灵活运用评价方法都是十分必要的。由于世界上没有一成不变的事物，评价对象的发展不是过去状态的简单延续，评价的事件也不会是自己的类似事件的机械再现，相似不等于相同。因此，在评价过程中，还应对客观情况进行具体细致的分析，以提高评价结果的准确程度。

4.1.3 安全评价的原则

（1）危险性评价的客观性原则。在评价时，应保证提供的评价数据可靠，防止因主观因素作用而导致评价结果的偏差，同时对评价的结果应进行检查。

（2）评价方法的通用性原则。评价方法应适应于各种系统。

（3）评价方法的综合性原则。评价方法具有能反映评价对象各方面综合性指标的功能。

（4）评价方法的可行性原则。从评价方法的技术可行性、适用性、准确性、经济性和时效性等来看，方法是可行的。

（5）评价方法的协调性原则。某种具体评价方法是总评价系统的一个组成单元。

（6）安全指标的可比性原则。所用评价指标参数必须切实能用数值反映其危险程度。

（7）评价结果的简明性原则。评价结果应该用综合的单一数字表达，由于评价时要考虑多方面的因素，用综合的单一数字表达其评价结果，才能真实地反映系统安全性的实际情况。

（8）危险性取值的适当性原则。危险性参数的取值范围不应过大，否则，使用者无所依从，给该方法的推广带来困难。

4.1.4 安全评价的要素

1. 目标和要素集

若干个要素集合在一起的系统是为实现一定的目标的，没有目标也就没有要素的集合，所以系统的目的性与集合性是联系在一起的。评价目标是评价的出发点，是评价目的的具体化。

建立要素集是逐级逐项落实总目标的前提。总目标应分解为各级分目标，直到具体、客观为止。在分解过程中，要注意使分解后的各级分目标与总目标保持一致，分目标的集合一定要保证总目标的实现。

另外，建立要素集必须符合相关原理，即：①相关性，要素之间的相关关系；②层次性，形成阶层性的功能团；③整体性，掌握结构的核心。运用相关原理不断分析，而后逐步组合设计掌握要素集。表 4-1 为安全评价的要素集。

表 4-1　安全评价的要素集

总目标	工厂设计	新工厂的不安全因素
	生产设备	安全卫生 故障率
	行为	人体操作的可靠度
	安全管理	管理机构效能 事故伤亡率
	化学物质	火灾、爆炸 毒性物质
	环境	光照、粉尘、有害气体、噪声等

2. 安全评价的基本要素

安全评价是根据评价目标确定对象，然后寻求对象的一切不安全因素，并给以权重。通过大量的事故调查分析结果表明，导致事故发生的基本因素可分为两大类型：一是不安全状态；二是不安全行为。具体地说，就是人的原因、物的原因和环境条件三个方面。为了预防事故，就应当从消除导致事故的主要原因着手，进行危险性分析和预测。

（1）物的原因。主要是设备和装置的结构不良、强度不够、磨损和劣化，有毒有害物质及火灾爆炸物质，安全装置及防护器具的缺陷等因素。此外，对各种机械、装置管道、储罐等在整个系统中所占的地位和作用，以及它们在什么情况和条件下可能发生事故，这些事故对系统的安全可能发生哪些影响，各种有毒有害物质的储存、运输和使用的状况，都应进行具体的分析，以便于防范和控制。

（2）人的原因。主要是误判断、误操作、违章作业、违章指挥、精神不集中、疲劳以及身体的缺陷等。生产活动过程中，发生的事故大多数是由于人的误操作造成的。所谓误操作，是指生产活动中作业人员在操作或处理异常情况时，对情况的识别、判断和行为上的差错与失误。在危险性较大的生产活动过程中，保持作业人员处于良好的精神状态是避免发生事故的重要环节。

（3）环境条件。主要是作业环境中的色彩、照明、温度、湿度、通风、噪声、振动，以及由于邻近的火灾爆炸和有毒有害物质的泄漏、弥散等可能形成灾害的环境条件。

4.1.5　安全评价内容

安全评价包括危险性识别和危险度评价两大部分，安全评价是一个利用安全系统工程原理和方法识别和评价系统、工程生产经营活动存在的风险的过程，这一过程包括危险、有害因素识别及危险和危害程度评价两部分。危险、有害因素识别的目的在于识别危险来源；危险和危害程度评价的目的在于确定危险源的危险性、危险程度，应采取的控制措施，以及采取控制措施后仍然存在的危险性是否可以被接受。在实际的安全评价过程中，这两个方面是不能截然分开、孤立进行的，而是相互交叉、相互重叠于整个评价工作中。安全评价的基本内容如图4-2所示。

随着现代科学技术的发展，在安全技术领域里，已由以往主要研究、处理那些已经发生和必然发生的事件，发展为主要研究、处理那些还没有发生，但有可能发生的事件，并把这种事件发生的可能性具体化为一个数量指标，计算事故发生的概率，划分危险等级，制定安全标准和对策措施，并对其进行综合比较和评价，从中选择最佳的方案，预防事故的发生。

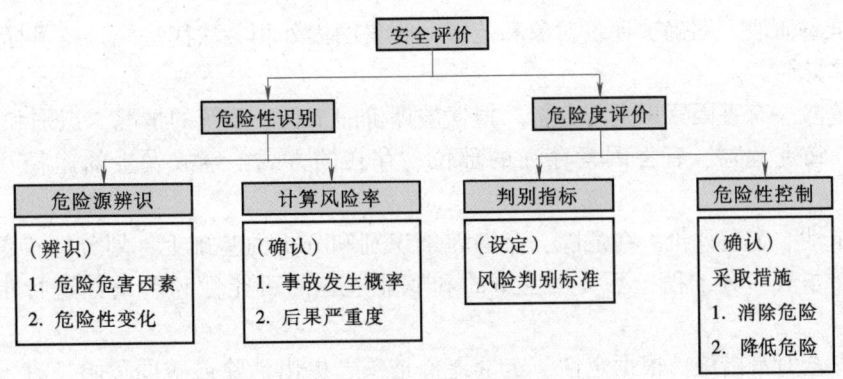

图 4-2 安全评价的基本内容

安全评价通过危险性识别及危险度评价,客观地描述系统的危险程度,指导人们预先采取相应措施来降低系统的危险性。

4.1.6 安全评价程序

安全评价程序主要包括:准备阶段,危险、有害因素识别与分析,定性、定量评价,提出安全对策措施,形成安全评价结论及建议,编制安全评价报告,如图 4-3 所示。

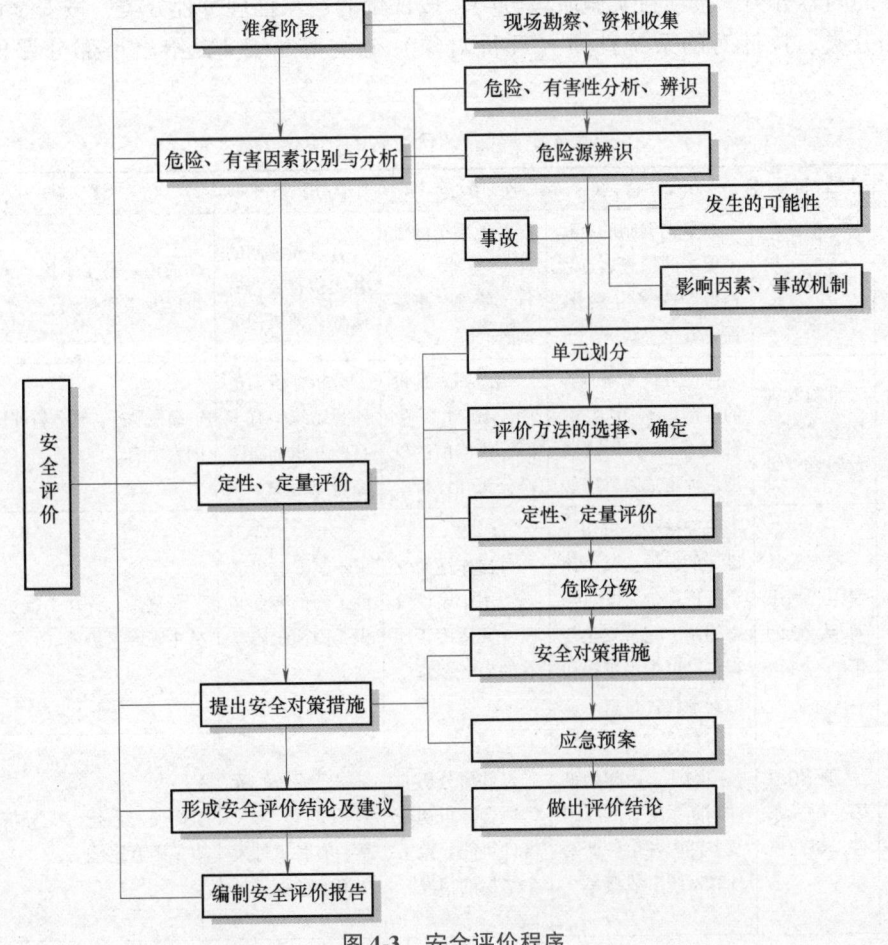

图 4-3 安全评价程序

（1）准备阶段。明确被评价对象和范围，收集国内外相关法律法规、技术标准及工程、系统的技术资料。

（2）危险、有害因素识别与分析。根据被评价的工程、系统的情况，识别和分析危险、有害因素，确定危险、有害因素存在的部位、存在的方式，事故发生的途径及其变化的规律。

（3）定性、定量评价。在危险、有害因素识别和分析的基础上，划分评价单元，选择合理的评价方法，对工程、系统发生事故和职业危害的可能性和严重性进行定性、定量评价。

（4）安全对策措施。根据定性、定量评价结果，提出消除或减弱危险、有害因素的技术和管理措施及建议。

（5）评价结论及建议。简要地列出主要危险、有害因素的评价结果，指出工程、系统应重点防范的重大危险因素，明确生产经营者应重视的重要安全措施。

（6）编制安全评价报告。依据安全评价的结果编制相应的安全评价报告。

4.1.7 安全评价方法分类

安全评价的方法很多，可以从不同角度进行分类。实际中可以按评价方法特点分类、按研究对象的内容分类、按项目实施阶段分类、按评价的逻辑推理过程分类、按安全评价要达到的目的分类、按针对的系统性质（评价对象）分类等。表4-2给出了部分评价方法的比较。

表4-2 部分评价方法的比较

评价方法	评价目标	方法特点	使用范围	应用条件	优缺点
安全检查表（SCL）	危险有害因素分析、安全等级	按事先编制的有标准要求的检查表逐项检查，按规定赋分，评定安全等级	各类系统的设计、验收、运行、管理、事故调查	有事先编制的各类检查表，有赋分、评级标准	简便、易于掌握、编制检查表难度及工作量大
预先危险性分析（PHA）	危险有害因素分析、危险性等级	讨论分析系统存在的危险、有害因素、触发条件、事故类型，评定危险性等级	各类系统设计、施工、生产、维修前的概略分析和评价	分析评价人员熟悉系统，有丰富的知识和实践经验	简便易行，受分析评价人员主观因素影响
危险可操作性研究（HAZOP）	偏离及其原因、后果对系统的影响	研究结果既可用于设计的评价，又可用于操作评价；既可用来编制、完善安全规程，又可作为可操作性的安全教育材料	可操作性研究既适用于设计阶段，又适用于现有的生产装置	不需要有可靠性工程的专业知识，因而很容易掌握	较复杂、详尽，受分析评价人员主观因素影响
事件树（ETA）	事故原因、触发条件、事故概率	归纳法，由初始事件判断系统事故原因及条件内各事件概率计算系统事故概率	事件树分析非常适合分析初始事件可能导致多个结果的情况	熟悉系统、元素间的因果关系、有各事件发生概率数据	简便、易行，受分析评价人员主观因素影响

(续)

评价方法	评价目标	方法特点	使用范围	应用条件	优缺点
事故树（FTA）	事故原因、事故概率	演绎法，由事故和基本事件逻辑推断事故原因，由基本事件概率计算事故概率	宇航、核电、工艺、设备等复杂系统事故分析	熟练掌握方法和事故、基本事件间的联系，有基本事件概率数据	复杂、工作量大、精确，事故树编制有误易失真
鱼刺图法	事故原因	检查表法定性评价，基准局法定量评价，采取措施，用类比资料复评，1级危险性装置用ETA、FTA等方法再评价	化工厂和有关装置	熟悉系统、掌握有关方法、具有相关知识和经验，有类比资料	综合应用几种方法反复评价，准确性高、工作量大
作业危害分析	危险性等级	通过讨论，分析系统可能出现的偏离及原因、偏离后果及对整个系统的影响	化工系统、热力系统、水力系统的安全分析	分析评价人熟悉系统、有丰富的知识和实践经验	简便、易行，受分析评价人员主观因素影响

1. 按评价方法特点分类

（1）定性安全评价方法。定性安全评价方法主要是根据经验和直观判断能力对生产系统的工艺、设备、设施、环境、人员和管理等方面的状况进行定性的分析，安全评价的结果是一些定性的指标，如是否达到了某项安全指标、事故类别和导致事故发生的因素等。其评价过程简单，容易理解和掌握，但是其主要是依赖评价人员的经验，有一定局限性。不同的评价人员的评价结果可能有较大差异，其结果可比性差。属于定性安全评价方法的有安全检查表、专家现场询问观察法、鱼刺图分析法、作业条件危险性评价法（格雷厄姆—金尼法或 LEC 法）、危险预先性分析、故障类型和影响分析等。

（2）定量安全评价方法。定量安全评价方法是运用基于大量的实验结果和广泛的事故资料统计分析获得的指标或规律（数学模型），对生产系统的工艺、设备、设施、环境、人员和管理等方面的状况进行定量的计算，安全评价的结果是一些定量的指标，如事故发生的概率、事故的伤害（或破坏）范围、定量的危险性、事故致因因素的事故关联度或重要度等。

按照安全评价给出的定量结果的类别不同，定量安全评价方法还可以分为概率风险评价法、伤害（或破坏）范围评价法、危险指数评价法。

1）概率风险评价法。该评价法是根据事故的基本致因因素的事故发生概率，应用数理统计中的概率分析方法，求取事故基本致因因素的关联度（或重要度）或整个评价系统的事故发生概率的安全评价方法。故障类型及影响分析、事故树分析、逻辑树分析、概率理论分析、马尔可夫模型分析、模糊矩阵法、统计图表分析法等，都可以由基本致因因素的事故发生概率计算整个评价系统的事故发生概率。

概率风险评价法是建立在大量的实验数据和事故统计分析基础之上的，因此评价结果的可信程度较高，由于能够直接给出系统的事故发生概率，因此便于各系统可能性大小的比较。特别是对于同一个系统，概率风险评价法可以给出发生不同事故的概率、不同事故致因因素的重要度，便于不同事故可能性和不同致因因素重要性的比较。但该类评价方法要求数据准确、充分，分析过程完整，判断和假设合理，特别是需要准确地给出基本致因因素的事故发生概率，显然这对一些复杂、存在不确定因素的系统是十分困难的。因此该类评价方法不适应基本致因因素不确定或基本致因因素事故概率不能给出的系统。但是，随着计算机在安全评价中的应用，模糊数学理论、灰色系统理论和神经网络理论已经应用到安全评价之中，弥补了该类评价方法的一些不足，扩大了概率风险评价法的应用范围。

2）伤害（或破坏）范围评价法。该评价法是根据事故的数学模型，应用计算数学方法，求取事故对人员的伤害范围或对物体的破坏范围的安全评价方法。液体泄漏模型、气体泄漏模型、气体绝热扩散模型、池火火焰与辐射强度评价模型、火球爆炸伤害模型、爆炸冲击波超压伤害模型、蒸气云爆炸超压破坏模型、毒物泄漏扩散模型和锅炉爆炸伤害 TNT 当量法等，都属于伤害（或破坏）范围评价法。

伤害（或破坏）范围评价法应用数学模型进行计算，只要计算模型以及计算所需要的初值和边值选择合理，就可以获得可信的评价结果。评价结果是事故对人员的伤害范围或（和）对物体的破坏范围，因此评价结果直观、可靠，评价结果可用于危险性分区，同时还可以进一步计算伤害区域内的人员及其人员的伤害程度，以及破坏范围内物体损坏程度和直接经济损失。但该类评价方法计算量比较大，一般需要使用计算机进行计算，特别是计算的初值和边值选取往往比较困难，而且评价结果对评价模型和初值、边值的依赖性很大，评价模型或初值、边值选择稍有不当或偏差，评价结果就会出现较大的失真。因此，该类评价方法适用于系统的事故模型和初值、边值比较确定的安全评价。

3）危险指数评价法。该评价法应用系统的事故危险指数模型，根据系统及其物质、设备（设施）和工艺的基本性质和状态，采用推算的办法，逐步给出事故的可能损失、引起事故发生或使事故扩大的设备、事故的危险性以及采取安全措施的有效性的安全评价方法。常用的危险指数评价法有：道化学公司火灾爆炸危险指数评价法、蒙德火灾爆炸毒性指数评价法、易燃、易爆、有毒重大危险源评价法。

在危险指数评价法中，由于指数的采用，使得系统结构复杂、难以用概率计算事故可能性的问题，通过划分为若干个评价单元的办法得到了解决。这种评价方法，一般将有机联系的复杂系统按照一定的原则划分为相对独立的若干个评价单元，针对评价单元逐步推算事故可能损失和事故危险性以及采取安全措施的有效性，再比较不同评价单元的评价结果，确定系统最危险的设备和条件。评价指数值同时含有事故发生可能性和事故后果两方面的因素，避免了事故概率和事故后果难以确定的缺点。

该类评价方法的缺点是，采用的安全评价模型对系统安全保障设施（或设备、工艺）功能的重视不够，评价过程中的安全保障设施（或设备、工艺）的修正系数，一般只与设施（或设备、工艺）的设置条件和覆盖范围有关，而与设施（或设备、工艺）的功能多少、优劣等无关；特别是忽略了系统中的危险物质和安全保障设施（或设备、工艺）间的相互作用关系；而且，给定各因素的修正系数后，这些修正系数只是简单地相加或相乘，忽略了各因素之间的重要度的不同。因此，使得该类评价方法，只要系统中危险物质的种类和数量基本相同，系统工艺参数和空间分布基本相似，即使不同系统服务年限有很大不同而造成实际安全水平已经有了很大的差异，其评价结果也是基本相同的，从而导致该类评价方法的灵活性和敏感性较差。

(3) 综合评价。综合评价是定性与定量评价方法的综合运用。

2. 按研究对象的内容分类

（1）工厂设计的危险性评审。在设计阶段，对新建工厂和应用新技术中的不安全因素进行评价，使其消除。

（2）安全管理的有效性评价。主要是对安全管理组织结构的效能、事故伤亡率、损失率、投资效益等进行评价。

（3）生产设备的可靠性评价。对机器设备、装置和部件的故障和人机系统设计，应用系统工程方法进行安全、可靠性的评价。

（4）作业行为危险性评价。对人的不安全心理状态的发现和人体操作的可靠度，通过行为测定、评价其安全性。

（5）作业环境和环境质量评价。作业环境对人的安全与健康的影响和工厂排放物对环境的影响。

（6）化学物质的物理化学危险性评价。主要是对化学物质在加工生产、运输、储存中存在的物理化学危险性，或已发生的火灾、爆炸、中毒等安全问题进行评价。

3. 按项目实施阶段分类

根据国家安全生产行业标准《安全评价通则》（AQ 8001—2007），安全评价按照实施阶段的不同分为安全预评价、安全验收评价、安全现状评价。

（1）安全预评价。这是在建设项目可行性研究阶段、工业园区规划阶段或生产经营活动组织实施之前，根据相关的基础资料，辨识和分析建设项目、工业园区、生产经营活动潜在的危险、有害因素，确定其与安全生产法律法规、规章、标准、规范的符合性，预测发生事故的可能性及其严重程度，提出科学、合理、可行的安全对策措施建议，做出安全评价结论的活动。

（2）安全验收评价。这是在建设项目竣工后，正式生产运行前，或工业园区建设完成后，通过检查建设项目安全设施与主体工程同时设计、同时施工、同时投入生产和使用的情况，或工业园区内的安全设施、设备、装置投入生产和使用的情况，检查安全生产管理措施到位的情况，检查安全生产规章制度健全情况，检查事故应急救援预案建立情况，审查确定建设项目、工业园区建设满足安全生产法律法规、规章、标准、规范要求的符合性，从整体上确定建设项目、工业园区的运行状况和安全管理情况，做出安全验收评价结论的活动。

（3）安全现状评价。这是针对生产经营活动中、工业园区内的事故风险、安全管理等情况，辨识与分析其存在的危险、有害因素，审查确定其与安全生产法律法规、规章、标准、规范要求的符合性，预测发生事故或造成职业危害的可能性及其严重程度，提出科学、合理、可行的安全对策措施建议，做出安全现状评价结论的活动。

安全现状评价既适用于对一个生产经营单位或一个工业园区的评价，也适用于某一特定的生产方式、生产工艺、生产装置或作业场所的评价。

4. 按评价的逻辑推理过程分类

（1）归纳推理评价法。归纳推理评价法是从事故原因推论结果的评价方法，即从最基本危险、有害因素开始，逐渐分析导致事故发生的直接因素，最终分析到可能的事故。

（2）演绎推理评价法。演绎推理评价法是从结果推论原因的评价方法，即从事故开始，推论导致事故发生的直接因素，再分析与直接因素相关的因素，最终分析和查找出致使事故发生的最基本的危险、有害因素。

5. 按安全评价要达到的目的分类

（1）事故致因因素安全评价方法。事故致因因素安全评价方法是采用逻辑推理的方法，由事故推论最基本危险、有害因素或由最基本危险、有害因素推论事故的评价法。

（2）危险性分级安全评价方法。危险性分级安全评价方法是通过定性或定量分析给出系统危险性的安全评价方法。

（3）事故后果安全评价方法。事故后果安全评价方法可以直接给出定量的事故后果，给出的事故后果可以是系统事故发生的概率、事故的伤害（或破坏）范围、事故的损失或定量的系统危险性等。

6. 按针对的系统性质（评价对象）分类

按评价对象的不同，可分为：设备（设施或工艺）故障率评价法、人员失误率评价法、物质系数评价法、系统危险性评价法。

4.1.8　安全评价方法选用

任何一种安全评价方法都有其适用条件和范围。唯有切实掌握各种安全评价方法的特点，选取正确的评价方法进行评价，才能使评价结果真实有效，从而达到以合理的经济投入保证系统安全的目的。

1. 安全评价方法的选择原则

在进行安全评价时，评价人员应该对评价系统进行认真学习和分析，切实掌握评价所需的知识，以此为基础选择安全评价方法。其选择过程应遵循充分性、适应性、系统性、针对性和合理性五个原则。

（1）充分性原则。充分性是指在选择安全评价方法之前，应该充分分析被评价的系统，掌握足够多的安全评价方法，并充分了解各种安全评价方法的优缺点、适应条件和范围，同时为安全评价工作准备充分的资料。也就是说，在选择安全评价方法之前，应准备好充分的资料，供选择时参考和使用。

（2）适应性原则。适应性是指选择的安全评价方法应该适应被评价的系统。被评价的系统可能是由多个子系统构成的复杂系统，各子系统评价的重点可能有所不同，各种安全评价方法都有其适应的条件和范围，应该根据系统和子系统、工艺的性质和状态，选择适应的安全评价方法。

（3）系统性原则。系统性是指安全评价方法与被评价的系统所能提供的安全评价初值和边值条件应形成一个和谐的整体，也就是说，安全评价方法获得的可信的安全评价结果，是必须建立在真实、合理和系统的基础数据之上的，被评价的系统应该能够提供所需的系统化数据和资料。

（4）针对性原则。针对性是指所选择的安全评价方法应该能够提供所需的结果。由于评价的目的不同，需要安全评价提供的结果可能是危险有害因素识别、事故发生的原因、事故发生概率、事故后果、系统的危险性等，安全评价方法能够给出所要求的结果才能被选用。

（5）合理性原则。在满足安全评价目的、能够提供所需的安全评价结果的前提下，应该选择计算过程最简单、所需基础数据最少和最容易获取的安全评价方法，使安全评价工作量和要获得的评价结果都是合理的，不要使安全评价出现无用的工作和不必要的麻烦。

2. 安全评价方法的选择过程

不同的被评价系统，选择不同的安全评价方法，安全评价方法选择过程有所不同，一般可按图4-4所示的步骤选择安全评价方法。

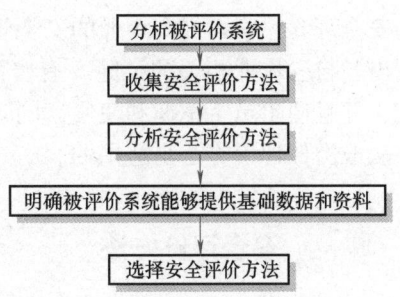

图 4-4　安全评价方法选择过程

在选择安全评价方法时，应首先详细分析被评价的系统，明确通过安全评价要达到的目标，即通过安全评价需要给出哪些和什么样的安全评价结果，然后应收集尽量多的安全评价方法，将安全评价方法进行分类整理，明确被评价的系统能够提供的基础数据、工艺和其他资料，根据安全评价要达到的目标以及所需的基础数据、工艺和其他资料，选择适用的安全评价方法。

3. 选择安全评价方法应注意的问题

选择安全评价方法时应根据安全评价的特点、具体条件和需要，针对被评价系统的实际情况、特点和评价目标，经过认真地分析、比较。必要时，要根据评价目标的要求，选择几种安全评价方法进行安全评价，互相补充、分析综合和相互验证，以提高评价结果的可靠性。在选择安全评价方法时应该特别注意以下几方面的问题：

（1）充分考虑被评价系统的特点。根据被评价系统的规模、组成、复杂程度、工艺类型、工艺过程、工艺参数以及原料、中间产品、产品、作业环境等，选择安全评价方法。

随着被评价的系统规模、复杂程度的增大，有些评价方法的工作量、工作时间和费用相应地增大，甚至超过容许的条件，在这种情况下，有些评价方法即使很适合，也不能采用。

任何安全评价方法都有一定的适用范围和条件。如危险指数评价法一般较适用于化工类工艺过程（系统）的安全评价；故障类型和影响因素分析适用于机械、电气系统的安全评价；而故障树评价法适用于分析基本的事故致因因素等。

一般而言，对危险性较大的系统可采用系统的定性、定量安全评价方法，工作量也较大，如故障树、危险指数评价法、TNT当量法等。反之，可采用经验的定性安全评价方法或直接引用分级（分类）标准进行评价，如安全检查表、直观经验法或直接引用高处坠落危险性分级标准等。

被评价系统若同时存在几类危险、有害因素，往往需要用几种安全评价方法集合分别进行评价。对于规模大、复杂、危险性高的系统可先用简单的定性安全评价方法进行评价筛选，然后再对重点部位（设备或设施）采用系统的定性或定量安全评价方法进行评价。

（2）评价的具体目标和要求的最终结果。在安全评价中，由于评价目标不同，要求的评价最终结果是不同的，如查找引起事故的基本危险有害因素、由危险有害因素分析可能发生的事故、评价系统的事故发生可能性、评价系统的事故严重程度、评价系统的事故危险性、评价某危险有害因素对发生事故的影响程度等，因此需要根据被评价目标选择适用的安全评价方法。

（3）评价资料的拥有情况。如果被评价系统技术资料、数据齐全，可进行定性、定量评价，并选择合适的定性、定量评价方法。反之，如果是一个正在设计的系统，缺乏足够的数据资料或工艺参数不全，则只能选择较简单的、需要数据较少的安全评价方法。

(4）安全评价的人员。安全评价人员的知识、经验、习惯，对安全评价方法的选择是十分重要的。一个企业进行安全评价的目的是提高全体员工的安全意识，树立"以人为本"的安全理念，全面提高企业的安全管理水平。安全评价需要全体员工的参与，使他们能够识别出与自己作业相关的危险、有害因素，找出事故隐患。这时应采用较简单的安全评价方法，并且便于员工掌握和使用，同时还要能够提供危险性的分级，因此作业条件危险性分析方法或类似评价方法是适用的。

4.2 安全评价方法

到目前为止，人们结合不同的工业领域和工艺过程已研究开发出了多种系统安全状况的评价方法。各种评价方法纷繁复杂，大部分针对性较强，通用性较差。在具体的安全评价工作中应根据具体情况选择合适的安全评价方法。

4.2.1 生产作业条件安全评价

1. LEC 评价法

美国的 K. J. 格雷厄姆（Keneth. J. Graham）和 G. F. 金尼（Gilbert F. Kinney）研究了人们在具有潜在危险环境中作业的危险性，提出了以所评价的环境与某些参考环境的对比为基础，将作业条件的危险性作因变量（D），事故或危险事件发生的可能性（L）、暴露于危险环境的频率（E）及危险严重程度（C）为自变量，确定了它们之间的函数式。根据实际经验，他们给出了三个自变量的各种不同情况的分数值，采取对所评价的对象根据情况进行"打分"的办法，然后根据公式计算出其危险性分数值，再在按经验将危险性分数值划分的危险程度等级表或图上，查出其危险程度。这是一种简单易行的评价作业条件危险性的方法。

对于一个具有潜在危险性的作业条件，格雷厄姆和金尼认为，影响危险性的主要因素有三个：

1) 发生事故或危险事件的可能性。
2) 暴露于这种危险环境的情况。
3) 事故一旦发生可能产生的后果。用下式来表示，则为：

$$D = LEC \tag{4-2}$$

式中　D——作业条件的危险性；
　　　L——发生事故或危险事件的可能性；
　　　E——暴露于危险环境的频率；
　　　C——发生事故或危险事件的可能结果。

（1）发生事故或危险事件的可能性。事故或危险事件发生的可能性与其实际发生的概率相关。若用概率来表示时，绝对不可能发生的概率为0；而必然发生的事件，其概率为1。但在考察一个系统的危险性时，绝对不可能发生事故是不确切的，即概率为0的情况不确切。所以，将实际上不可能发生的情况作为"打分"的参考点，定其分数值为0.1。

此外，在实际生产条件中，事故或危险事件发生的可能性范围非常广泛，因而人为地将完全出乎意料、极少可能发生的情况规定为1，能预料将来某个时候会发生事故的分值规定为10，在这两者之间再根据可能性的大小相应地确定几个中间值，如将"不常见，但仍然可能"的分值定为3，"相当可能发生"的分值规定为6。同样，在0.1与1之间也插入了与某种可能性对应的分值。于是，事故或危险事件发生可能性的分值，从实际上不可能发生的事件为0.1，到完全意外、极少可能发生的事件的分值为1，最终到完全会被预料到事件发生可能性的分值10为止（见表4-3）。

表4-3 事故或危险事件发生可能性分值

分 值	事故或危险情况发生可能性	分 值	事故或危险情况发生可能性
10*	完全会被预料到	0.5	可以设想，但高度不可能
6	相当可能	0.2	极不可能
3	不经常，但可能	0.1*	实际上不可能
1*	完全意外，极少可能		

注：*为"打分"的参考点。

（2）暴露于危险环境的频率。众所周知，作业人员暴露于危险作业条件的次数越多、时间越长，则受到伤害的可能性也就越大。为此，格雷厄姆和金尼规定了连续出现在潜在危险环境中的暴露频率分值为10，一年仅出现几次、非常稀少的暴露频率的分值为1。以10和1为参考点，再在其区间根据在潜在危险作业条件中暴露的情况进行划分，并对应地确定其分值。例如，每月暴露一次的分值为2，每周一次或偶然暴露的分值为3。当然，根本不暴露的分值应为0，但这种情况实际上是不存在的，是没有意义的，因此不用列出。暴露于潜在危险环境中的分值见表4-4。

表4-4 暴露于潜在危险环境中的分值

分 值	出现于危险环境的情况	分 值	出现于危险环境的情况
10*	连续暴露于潜在危险环境中	2	每月暴露一次
6	逐日在工作时间内暴露	1*	每年几次出现在潜在危险环境中
3	每周一次或偶然地暴露	0.5	非常罕见地暴露

注：*为"打分"的参考点。

（3）发生事故或危险事件的可能结果。发生事故或危险事件的人身伤害或物质损失可在很大范围内变化，以工伤事故而言，可以从轻微伤害到许多人死亡，其范围非常宽泛。因此，格雷厄姆和金尼将需要救护的轻微伤害的可能结果规定为分值1，以此为一个基准点；而将造成许多人死亡的可能结果规定为分值100，作为另一个参考点。在1～100之间，插入相应的中间值，列出可能结果的分值，见表4-5。

表4-5 发生事故或危险事件可能结果的分值

分 值	可 能 结 果	分 值	可 能 结 果
100*	大灾难，许多人死亡	7	严重，严重伤害
40	灾难，数人死亡	3	重大，致残
15	非常严重，一人死亡	1*	引人注目，需要救护

注：*为"打分"的参考点。

(4) 危险性。确定了上述 3 个具有潜在危险性的作业条件的分值，并按公式进行计算，即可得到危险性分值。据此，要确定其危险性程度时，则按下述标准进行评定。

由经验可知，危险性分值在 20 以下的环境属低危险性，一般可以被人们接受，这样的危险性比骑自行车通过拥挤的马路去上班之类的日常生活活动的危险性还要低。当危险性分值在 20～70 时，则需要加以注意；危险性分值为 70～160 时，则有明显的危险，需要采取措施进行整改；同样，根据经验，危险性分值为 160～320 的作业条件属高度危险的作业条件，必须立即采取措施进行整改。危险性分值在 320 以上时，则表示该作业条件极其危险，应该立即停止作业，直到作业条件得到改善为止（见表 4-6）。

表 4-6　危险性分值

分　值	危险程度	分　值	危险程度
>320	极其危险，不能继续作业	20～70	可能危险，需要注意
160～320	高度危险，需要立即整改	<20	稍有危险，或许可以接受
70～160	显著危险，需要整改		

【例 4-1】　假如工人每天操作一台没有安全防护装置的机器，有时不注意就会把手挤伤，以往曾经发生过这类事故，造成一只手残废，没有人员死亡。对其作业条件进行安全评价。

解：首先，确定各评价要素的分值：

事故发生的可能性属于"相当可能发生"，所以选取 $L=6$；

人员暴露情况属于"逐日暴露于危险环境"，所以选取 $E=6$；

发生事故后果的严重度属于"致残"，所以选取 $C=3$。

于是，此种生产作业条件的危险性分值为：

$$D = LEC = 6 \times 6 \times 3 = 108$$

对照表 4-6 可知，属于显著危险，需要整改。

该安全评价方法也可以用来评价多个不同生产作业条件下的危险性，以作为对不同生产作业条件采取轻重缓急改进措施的依据。

为了实际应用方便，根据前面的表格和公式做出如图 4-5 所示的安全评价模拟图。使用时，先按选出的各要素的分值在图上找出相应的点；再通过事故发生可能性分值点和暴露情况分值点做出直线交于辅助线，做一辅助点；最后通过该辅助点与事故后果严重度分值点做直线交于危险分数线的交点，即为要求解的危险性得分值。在图 4-5 上危险分值线的右侧列出了危险性的评价结果。

2. MES 评价法

MES 评价法是对 LEC 评价法的改进。该方法将 LEC 评价法中的事故发生可能性 L 改为了控制措施的状态 M；将事故后果的严重度要素 C 中的人员伤害程度、设备财产损失情况进行了调整，并将其用 S 表示，同时增加了职业病发病状况、环境影响状况两项影响因素，制定了其取分标准；将 LEC 评价法的危险分值 D 的评价标准进行了改进，并用字母 R 来表示。经改进后的计算公式为：

第 4 章 系统安全评价

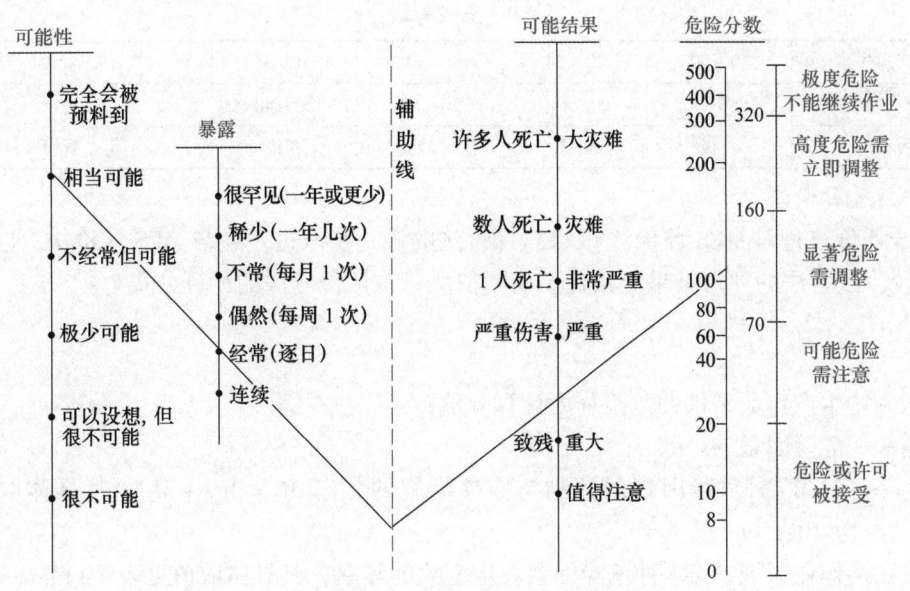

图 4-5 生产作业条件安全评价模拟图

$$R = MES \tag{4-3}$$

式中 R——生产作业条件的危险程度计算分值;

M——控制措施状态的分值;

E——人员暴露情况分值;

S——事故后果严重程度分值。

各要素的打分情况如下:

(1) 控制措施的状态 M,其打分标准见表 4-7。

表 4-7 控制措施状态分值表

控制措施的状态	无控制措施	有减轻后果的应急措施	有预防措施,如机器
分值标准	5	3	1

(2) 人员暴露情况 E。其打分标准与 LEC 评价法相同,此处不赘述。

(3) 事故后果严重程度 S,其打分标准见表 4-8。

表 4-8 事故后果严重程度分值表

环境影响程度	有重大环境影响	有中等环境影响	有较轻环境影响	有局部环境影响	无环境影响
财产损失状况	>1 亿元	1000 万元 ~ 1 亿元	100 万 ~ 1000 万元	10 万 ~ 100 万元	<10 万元
职业病状况		职业病（多人）	职业病（1 人）	职业性多发病	身体不适
人身伤害情况	有多人死亡	有 1 人死亡	永久失能伤害	需治疗,缺工	轻微,仅需救护
分值标准	10	8	4	2	1

(4) 生产作业条件的危险程度 R,其打分标准见表 4-9。

表 4-9　危险等级分值

单纯财产损失事故	30~50	20~24	8~12	4~6	<3
有人身伤害事故	>180	90~150	50~80	20~48	<18
分级标准	一级	二级	三级	四级	五级

3. MLS 评价法

MLS 评价法是对 MES 评价法和 LEC 评价法的进一步改进。经与 MES 评价法、LEC 评价法相比较，该方法的评价结果更接近于实际情况。该评价方法的计算公式为：

$$R = \sum_{i=1}^{n} M_i L_i (S_{i1} + S_{i2} + S_{i3} + S_{i4}) \tag{4-4}$$

式中　R——生产作业条件的危险程度计算分值；

　　　n——危险因素的个数；

　　　M_i——对第 i 种危险因素的控制与监控措施的状态 $M_i = M_{i1} + M_{i2}$，其具体取值见表 4-10；

　　　L_i——作业区域的第 i 种危险因素发生事故的频率，其具体取值见表 4-11；

　　　S_{i1}——第 i 种危险因素发生事故可能造成的一次性人员伤亡损失（死亡 1 人按 20 万元计算，重伤 1 人按 10 万元计算，轻伤 1 人按 3500 元计算，再少时按实际损失计算）；

　　　S_{i2}——第 i 种危险因素的存在所带来的职业病损失（不管发生事故与否，按在工作单元内 1 年中用于该种职业病的费用总和计）；

　　　S_{i3}——第 i 种危险因素诱发的事故造成的财产损失；

　　　S_{i4}——第 i 种危险因素诱发的环境累计污染及一次性事故的环境破坏造成的损失。

表 4-10　第 i 种危险因素的控制与监控措施状态 M_i

分数取值	监测措施 M_{i1}	控制措施 M_{i2}
5	无监测措施或被监测到的概率<10%	无控制措施
3	有高于 50% 的事故可以被监测到	有减轻后果的应急措施，包括警报系统
1	肯定能被监测到	有行之有效的控制措施

表 4-11　第 i 种危险因素发生事故的频率 L_i

分数取值	暴露于危险环境的频率	分数取值	暴露于危险环境的频率
365	约每天发生 1 次	2	约半年发生 1 次
52	约每周发生 1 次	1	约一年发生 1 次
12	约每月发生 1 次	1/n	n 年发生 1 次

MLS 评价法充分考虑了待评价区域的生产作业条件及各种危险因素和所造成事故的严重度；在考虑了危险源固有的危险性之外，还反映了事故监控和控制措施的指标；在事故严重度计算中考虑了可能造成的人员伤亡、财产损失、职业病情况、环境破坏的总的影响。

MLS 评价法的危险分级见表 4-12。

表 4-12　MLS 评价法的危险分级

危险分级	一级危险	二级危险	三级危险
分级数值	$R>30$	$R>15$	$R>5$

4.2.2　危险物质加工处理安全评价

易燃易爆、有毒有害危险物质（其中包括大量的化学物质）具有较高的危险性，在加工处理、运输储存的过程中为保证安全必须采取严格的控制措施。危险物质加工处理的安全评价将为危险源有效控制提供可靠的依据。下面介绍美国道（DOW）化学公司火灾爆炸指数（F&EI）评价法（简称道化法），英国帝国化学公司火灾爆炸毒性指数评价法（蒙德法），日本劳动省化工企业六阶段安全评价法，化工企业安全评价法，易燃、易爆、有毒重大危险源安全评价法，化工企业保护层分析（LOPA）法。

1. 美国道（DOW）化学公司火灾爆炸指数（F&EI）评价法

火灾爆炸指数评价法是美国道化学公司开发的一种在世界范围内有广泛影响的危险物质加工处理安全评价方法。火灾爆炸指数评价方法的评价程序如图 4-6 所示。

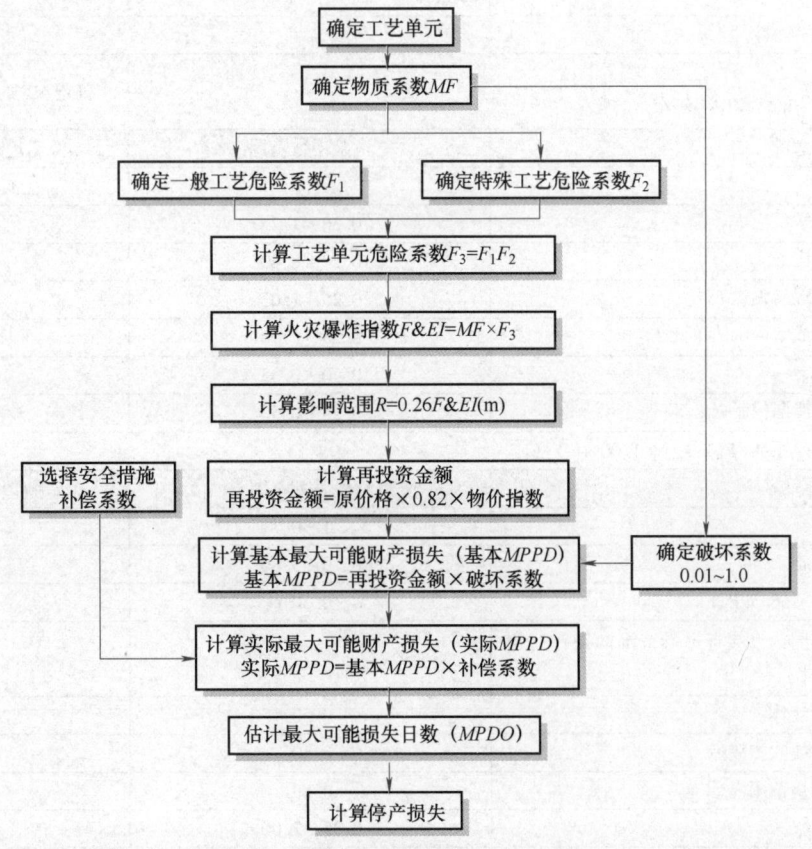

图 4-6　火灾爆炸指数评价方法评价程序

该方法以已往的事故统计资料及物质的潜在能量和现行安全措施为依据，定量地对工艺装置及所含物料的实际潜在火灾、爆炸和反应危险性进行分析评价。评价目的是：量化潜在火灾、爆炸和反应性事故的预期损失；确定可能引起事故发生或使事故扩大的装置；向有关部门通报潜在的火灾、爆炸危险性；使有关人员及工程技术人员了解到各工艺部门可能造成的损失，以此确定减轻事故严重性和总损失的有效、经济的途径。

在应用火灾爆炸指数评价法进行安全分析评价时，需准备如下资料：

（1）装置系统的设计方案。

（2）装置系统的工艺流程图。

（3）火灾爆炸指数评价法评价时的所有安全评价表格，它们包括：

1）火灾爆炸指数计算表（表4-13）。该表对一般工艺和特殊工艺中的危险物质指定了危险系数范围，具体数据参照选取。

表4-13 火灾爆炸指数（F&EI）计算表

地区/国家：		部门：	场所：	日期：
位置：		生产单元：	工艺单元：	
评价人：		审定人（负责人）：		建（构）筑物：
检查人（管理部门）：		检查人（技术中心）：		检查人（安全和损失预防）：
工艺设备中的物料：				
操作状态： 设计—开车—正常操作—停车			确定 MF 的物质：	
1. 一般工艺危险		危险系数范围	采用危险系数①	
基本系数		1.00	1.00	
（1）放热化学反应 F_{11}		0.30 ~ 1.25		
（2）吸热反应 F_{12}		0.20 ~ 0.40		
（3）物料处理与输送 F_{13}		0.25 ~ 1.05		
（4）密闭式或室内工艺单元 F_{14}		0.25 ~ 0.90		
（5）通道 F_{15}		0.20 ~ 0.35		
（6）排放和泄漏控制 F_{16}		0.25 ~ 0.50		
一般工艺危险系数(F_1)：$F_1 = 1.00 + \sum F_{1i}$				
2. 特殊工艺危险		危险系数范围	采用危险系数①	
基本系数		1.00	1.00	
（1）毒性物质		0.20 ~ 0.80		
（2）负压（<66.5kPa）		0.50		
（3）易燃范围内及接近易燃范围的操作（惰性化或未惰性化）				
① 灌装易燃液体		0.50		
② 过程失常或吹扫故障		0.30		
③ 一直在燃烧范围内		0.80		
（4）粉尘爆炸		0.25 ~ 2.00		
（5）压力 操作压力（kPa）（绝对） 释放压力（kPa）（绝对）				
（6）低温		0.25 ~ 0.30		

（续）

2. 特殊工艺危险	危险系数范围	采用危险系数[①]
（7）易燃及不稳定物质量（kg） 物质燃烧热 H_C（J/kg）		
① 工艺中的液体及气体		
② 储存中的液体及气体		
③ 储存中的可燃固体及工艺中的粉尘		
（8）腐蚀与磨蚀	0.10~0.75	
（9）泄漏—接头和填料	0.10~1.50	
（10）使用明火设备		
（11）热油热交换系统	0.15~1.15	
（12）转动设备	0.50	
特殊工艺危险系数（F_2）：$F_2 = 1.00 + \sum F_{2i}$		
工艺单元危险系数（F_3）：$F_3 = F_1 \times F_2$		
火灾爆炸指数（$F\&EI$）：（$F\&EI = F_3 \times MF$）		

① 无危险时系数用 0.00。

在表 4-3 中，物质系数（MF）是最基础的数值，它表述物质在燃烧或其他化学反应引起的火灾爆炸时释放能量大小的内在特性。物质系数根据美国消防协会规定的物质可燃性 N_f 和化学活性（或不稳定性）N_r 而定，详细可查阅其提供的物质系数和特性表。

道化法第 7 版将火灾爆炸指数划分为 5 个等级，见表 4-14。以便确定单元火灾爆炸的严重度。

表 4-14　F&EI 值及危险等级

F&EI 值	危 险 等 级
1~60	最轻
61~96	较轻
97~127	中等
128~158	很大
>159	非常大

2）安全措施补偿系数表（表 4-15）。该表对工艺控制安全补偿系数、物质隔离安全补偿系数、防火设施安全补偿系数的补偿范围给出了参考值。总补偿系数是上述三者之积。

表 4-15　安全措施补偿系数表

1. 工艺控制安全补偿系数（C_1）					
项　目	补偿系数范围	采用补偿系数[①]	项　目	补偿系数范围	采用补偿系数[①]
（1）应急电源	0.98		（6）惰性气体保护	0.94~0.96	
（2）冷却装置	0.97~0.99		（7）操作规程/程序	0.91~0.99	
（3）抑爆装置	0.84~0.98		（8）化学活性物质检查	0.91~0.98	
（4）紧急切断装置	0.96~0.99		（9）其他工艺危险分析	0.91~0.98	
（5）计算机控制	0.93~0.99				

(续)

2. 物质隔离安全补偿系数（C_2）					
项 目	补偿系数范围	采用补偿系数[①]	项 目	补偿系数范围	采用补偿系数[①]
（1）遥控阀	0.96~0.98		（3）排放系统	0.91~0.97	
（2）卸料/排空装置	0.96~0.98		（4）联锁装置	0.98	
C_2值[②]					

3. 防火设施安全补偿系数（C_3）					
项 目	补偿系数范围	采用补偿系数[①]	项 目	补偿系数范围	采用补偿系数[①]
（1）泄漏检测装置	0.94~0.98		（6）水幕	0.97~0.98	
（2）钢结构	0.95~0.98		（7）泡沫灭火装置	0.92~0.97	
（3）消防水供应系统	0.94~0.97		（8）手提式灭火器/喷水枪	0.93~0.98	
（4）特殊灭火系统	0.91		（9）电缆防护	0.94~0.98	
（5）洒水灭火系统	0.74~0.97				
C_3值[②]					

安全措施补偿系数 $C = C_1 \times C_2 \times C_3$

① 无安全补偿系数时填入1.00。
② 所采用安全补偿系数的乘积。

3）工艺单元危险分析汇总表。此表中需填写出工艺单元的火灾爆炸指数、暴露半径、暴露面积、暴露区内财产价值、危害系数、基本最大可能财产损失、安全措施补偿系数、实际最大可能财产损失、最大可能停工天数、停产损失数据。

4）生产装置危险分析总汇总表。在此表中，对各工艺单元的危险损失进行汇总。

在以上资料准备齐全的基础上，按照如图4-6所示程序开展评价工作，求得最大可能损失，以最大可能损失评价生产装置的安全性。

5）工艺设备及安全成本计算表。

同时，国际劳工组织推荐了火灾爆炸指数评价法的简化法，即单元危险性快速排序法。由于该方法与火灾爆炸指数评价法类似，在这里不再赘述。

道化法能够定量地对工艺过程、生产装置及所含物料的实际火灾、爆炸和反应危险逐步推算并进行客观的评价，并能提供火灾、爆炸总体危险性的关键数据，能很好地剖析生产单元的潜在危险；其缺陷在于涉及大量参数的选取，且参数取值较宽，因人而异，影响了评价结果的准确性。

适用范围：适用于生产、储存和处理涉及易燃、易爆、有化学活性工艺过程及其他有关工艺系统。

2. 英国帝国化学公司火灾爆炸毒性指数评价法（蒙德法）

在火灾爆炸指数评价法基础上，由英国帝国公司蒙德部进行了补充，开发出了另一种火灾爆炸毒性指数安全评价法，简称蒙德法。其评价程序如图4-7所示。

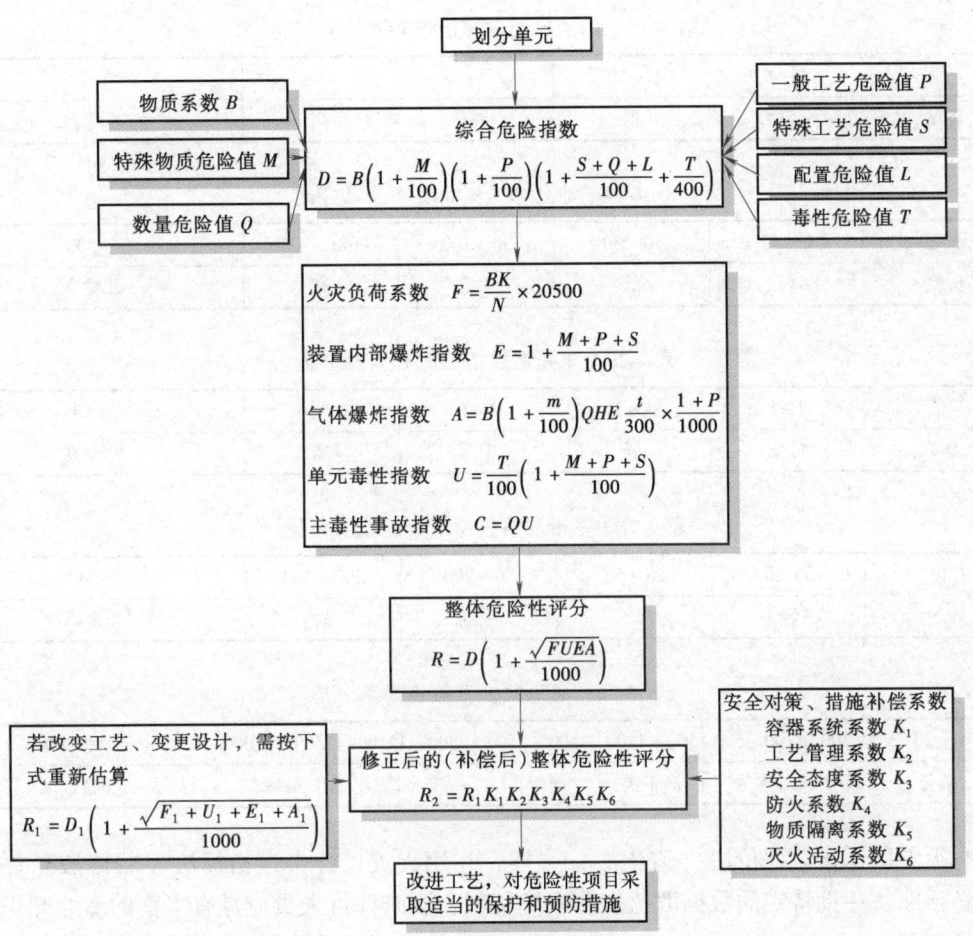

图 4-7 火灾爆炸毒性指数评价法评价程序

注：N 为通常作业区面积（m^2）；K 为物质的量合计（mol）；m 为气体物质的质量；H 为单元高度（m）；t 为工艺温度（K）。

火灾爆炸毒性指数评价法（蒙德法）所计算的指标包括：总评价指标、火灾潜在性评价指标、爆炸潜在性评价指标（包括内部单元爆炸指标、地区爆炸指标）、毒性危险性评价指标以及总危险性系数指标。各指标的评价标准见表 4-16 ~ 表 4-22。

表 4-16 总评价指标 D 的范围及危险性

D 值范围	0~20	20~40	40~60	60~75	75~90	90~115	115~150	150~200	>200
整体危险性	缓和的	轻度的	中等的	稍重的	重的	极端的	非常极端的	潜在灾难性	高度灾难

表 4-17 火灾负荷 F 及火灾持续时间

火灾负荷 $F/(Btu/ft^2)$	危险性程度	预计火灾持续时间/h	备 注
$0 \sim 5 \times 10^4$	轻	1/4 ~ 1/2	
$5 \times 10^4 \sim 10^5$	低	1/2 ~ 1	住宅
$10^5 \sim 2 \times 10^5$	中等	1 ~ 2	工厂
$2 \times 10^5 \sim 4 \times 10^5$	高	2 ~ 4	

注：$1 Btu/ft^2 = 11.36 kJ/m^2$。

表 4-18　内部单元爆炸指标值 E 及其分类

E 值	0~1	1~2.5	2.5~4	4~6	>6
程度	轻微	低	中等	高	非常高

表 4-19　地区爆炸指标值 A 及其分类

A 值	0~10	10~30	30~100	100~500	>500
程度	轻	低	中等	高	非常高

表 4-20　单元毒性指标值 U 及其分类

U 值	0~1	1~3	3~6	6~10	>10
程度	轻微	低	中等	高	非常高

表 4-21　主毒性事故指标值 C 及其分类

C 值	0~20	20~50	50~200	200~500	>500
程度	轻	低	中等	高	非常高

表 4-22　总危险性系数 R 及其分类

R 值	0~20	20~100	100~500	500~1100	1100~2500	2500~12500	12500~65000	>65000
分类	缓和	低	中等	高1类	高2类	非常高	极端	非常极端

与火灾爆炸指数评价法（道化法）一样，在用火灾爆炸毒性指标法（蒙德法）评价之前也必须准备一批特定的数据取值表和系统资料，同时评价人员应具有丰富的专业知识和良好的判断能力。

蒙德法优点：①突出了毒性对评价单元的影响；②在考虑火灾爆炸、毒性危险方面的影响范围及安全补偿措施方面都较道化法更为全面；③安全补偿措施强调了工程管理和安全态度，突出了企业管理的重要性，因而可对较广泛的范围进行更有效的评价。其缺陷与道化法类似，因为涉及大量参数的选取，在一定程度上影响了评价结果的准确性。

适用范围：适用于生产、储存和处理涉及易燃、易爆、有化学活性、有毒性的工艺过程及其有关工艺系统。

3. 日本劳动省化工企业六阶段安全评价法

六阶段安全评价法是日本劳动省研究开发的一种针对危险物质加工处理的危险性评价方法。该方法将评价过程分成六个阶段，故简称为六阶段法。其评价的步骤如下：

(1) 有关资料整理和讨论。为了进行事先评价，必须将有关资料整理并讨论。这些资料主要包括建厂条件、物质的物理化学特性、工程系统图、各种设备情况、操作要领、人员配备、安全教育计划等。

(2) 定性评价。对设计和运转的各个部分进行定性评价，设计部分共包括有 29 个评价项目，运转部分共包括了 34 个评价项目。

(3) 定量评价。将评价系统分成几道工序，再将每道工序中各单元的危险度定量，以其中最大的危险度作为本工序的危险度。

单元的危险度由物质、容量、温度、压力和操作 5 个项目确定。其每个项目的危险度分为：0、2、5、10 四个分值。对各个项目赋以分值，最后按照各项目赋以的分值相加便可得到单元的危险度等级，见下式。

$$\{危险性\ R\} = \left\{\frac{物质E}{0\sim10}\right\} + \left\{\frac{容量F}{0\sim10}\right\} + \left\{\frac{温度G}{0\sim10}\right\} + \left\{\frac{压力H}{0\sim10}\right\} + \left\{\frac{操作I}{0\sim10}\right\} \tag{4-5}$$

计算出的数值与分级表 4-23 相对比，得到危险性的等级。

表 4-23 危险度分级

危险情况	高度危险	中度危险	低度危险
分值范围	$R \geqslant 16$	$11 \leqslant R \leqslant 15$	$1 \leqslant R \leqslant 10$
分级	1	2	3

（4）安全措施。根据各道工序评价出的危险度等级，从设备上和管理上采取相应的措施。其中，设备方面的措施有 11 种安全装置和防火装置，管理方面的措施有人员安排、教育训练、维护检修等内容。

（5）由事故案例进行再评价。按照第四步讨论了安全措施之后，再参照同类系统以往的事故案例评价其安全性。必要时，再进行安全措施的讨论。属于 2、3 级危险度的系统，到此评价完毕。

（6）用事故树进行再评价。属于第 1 级危险度的系统，进一步应用事故树进行再评价。通过安全性的再评价过程，如果发现还需要改进时，采取必要的措施后再投入建设。

4. 化工企业安全评价法

此种方法是用企业的危险指数和企业安全系数共同评判企业的危险状况的方法。具体评价过程如下：

（1）企业危险指数 D，按下式计算：

$$D = \frac{1}{n}\sum_{i=1}^{n} D_i \tag{4-6}$$

式中 D_i——某单元危险性指数，取决于燃烧爆炸、毒性和机械伤害危险性。

（2）企业安全系数 C，按下式计算：

$$C = \frac{S}{D} \times 100 \tag{4-7}$$

式中 S——企业安全指数，取决于单元安全指数、综合管理安全系数。

（3）企业危险等级划分，见表 4-24。

表 4-24 危险等级划分

危险等级	1 级	2 级	3 级	4 级	5 级
取值范围	$D \geqslant 600$	$600 > D \geqslant 450$	$450 > D \geqslant 250$	$250 > D \geqslant 50$	$50 > D$

（4）企业安全等级划分，见表 4-25。

表 4-25 安全等级划分

安全等级	1 级	2 级	3 级	4 级	5 级
取值范围	$C \geqslant 95$	$95 > C \geqslant 80$	$80 > C \geqslant 65$	$65 > C \geqslant 50$	$50 > C$

5. 易燃、易爆、有毒重大危险源安全评价法

该评价方法是从物质危险性、工艺危险性入手分析了重大事故发生的原因、条件后，对系统发生事故的影响范围、伤亡人数和经济损失进行的评价。在该方法中从工艺设备、人员素质和安全管理三个方面出发，设定了107项指标，组成了评价指标体系。该评价方法的数学模型如下：

$$A = \left\{ \sum_{i=1}^{n} \sum_{j=1}^{n} (B_{111})_i W_{ij} (B_{112})_j \right\} B_{12} \prod_{k=1}^{3} (1 + B_{2k}) \tag{4-8}$$

式中 $(B_{111})_i$ ——第 i 种危险物质的事故易发生系数；

$(B_{112})_j$ ——第 j 种工艺过程的事故易发生系数；

W_{ij} ——第 i 种危险物质的危险性与第 j 种工艺过程危险性的相关系数；

B_{12} ——事故后果的严重程度；

B_{2k} ——危险性抵消因子。危险性抵消因子主要依据三个方面的因素取值：①工艺、设备、容器与建筑物的状况；②人员的素质；③安全管理的水平。

易燃、易爆、有毒重大危险源安全评价法的评价流程如图4-8所示。

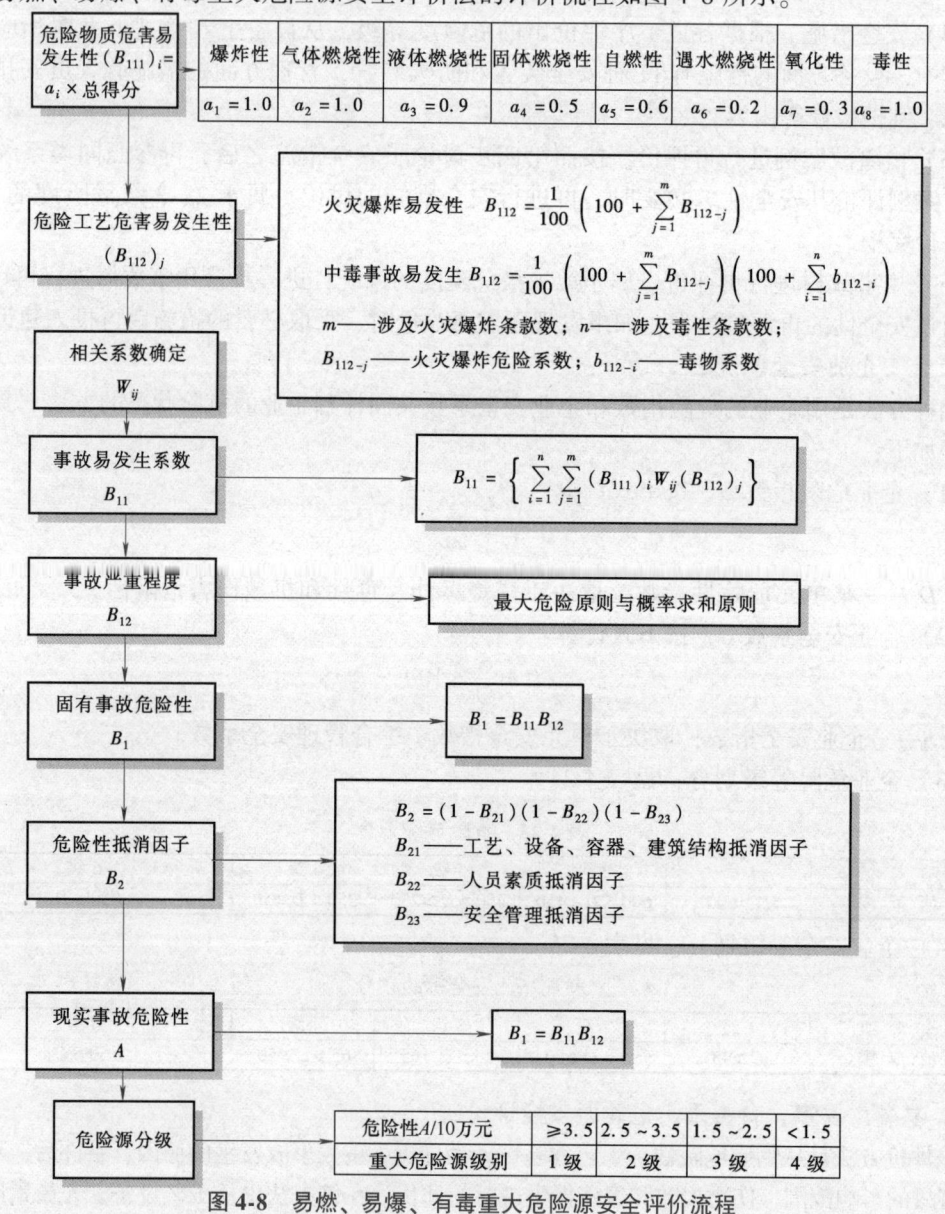

图4-8 易燃、易爆、有毒重大危险源安全评价流程

用该方法评价时，可较准确地评价出系统内的危险物质、工艺过程危险程度、危险等级及事故后果的严重程度。

6. 化工企业保护层分析（LOPA）法

保护层分析（Layer of Protection Analysis，简称 LOPA）法是在定性危害分析的基础上，进一步评估保护层的有效性，并进行风险决策的系统评价方法。它是一种基于事故场景的半定量分析方法，主要目的是确定是否有足够的保护层使过程风险满足企业的风险可接受标准。

（1）基本术语。具体如下。

场景（Scenario）：可能导致不期望后果的一种事件或事件序列。每个场景至少包含两个要素：初始事件及其后果。

初始事件（Initiating Event，IE）：事故场景的初始原因。

保护层（Protection Layer，PL）：能够阻止场景向不期望后果发展的设备、系统或行动。

独立保护层（Independent Protection Layer，IPL）：能够阻止场景向不期望后果发展，并且独立于场景的初始事件或其他保护层的设备、系统或行动。

要求时的失效概率（Probability of Failure on Demand，PFD）：系统要求独立保护层起作用时，独立保护层发生失效，不能完成一个具体功能的概率。

安全关键设备（Safety Critical Equipment，SCE）：可提供独立保护层降低场景风险等级，或将场景的风险由"不可接受风险"转变为"可接受风险"的工程控制设备。

（2）基本原理和方法。一个典型的化工过程包含各种保护层，按照本质安全化层级可依次划分为：本质安全设计、基本过程控制系统（BPCS）、报警与人员干预、安全仪表功能（SIF）、物理保护（安全阀等）、释放后保护设施、工厂应急响应和社区应急响应等。这些保护层降低了事故发生的频率，其原理如图4-9所示。

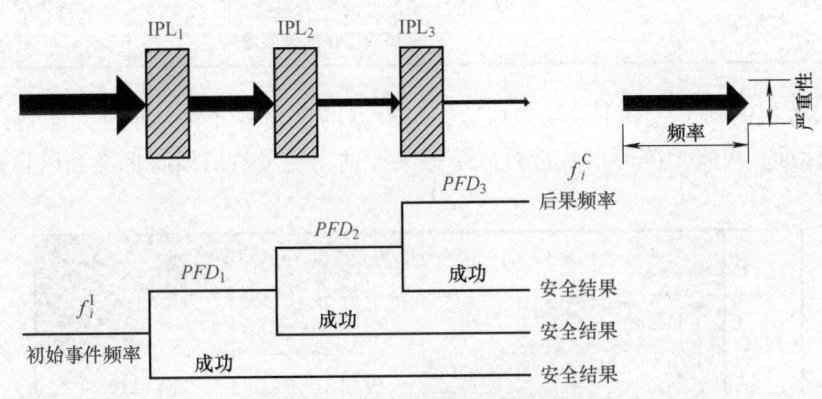

图 4-9　保护层分析原理示意图

注：箭头宽度代表后果频率大小，长度代表后果严重性。

LOPA法通常使用初始事件频率、后果严重程度和独立保护层失效频率的数量级大小来近似表征场景的风险。

场景风险的计算包括：场景频率计算、后果严重等级评估、风险等级判定。根据判断的风险等级，按照"尽可能合理降低"（As Low As Reasonably Practicable，ALARP）原则，即在当前的技术条件和合理的费用下，对风险的控制做到"尽可能的低"，从而将事故场景风险降低到可接受风险水平。

1）场景频率的计算。场景的发生频率计算见式（4-9）。

$$f_i^C = f_i^I \times \prod_{j=1}^{J} PFD_{ij} = f_i^I \times PFD_{i1} \times PFD_{i2} \times \cdots \times PFD_{ij} \tag{4-9}$$

式中　f_i^C——初始事件 i 的后果 C 的发生频率（a^{-1}）；

　　　f_i^I——初始事件 i 的发生频率（a^{-1}）；

　　　PFD_{ij}——初始事件 i 中第 j 个阻止后果 C 发生的 IPL 的 PFD。

在计算场景频率时，可根据需要对场景频率进行修正，《保护层分析（LOPA）方法应用导则》（AQ/T 3054—2015）中，对①存在使能事件或条件的修正；②采用点火概率、人员暴露和具体伤害的概率对不同后果场景频率的修正，都给出了详细的修正公式。

2）后果严重等级的评估。后果严重等级一般采用标准分级法，分为 5 个等级，见表 4-26。

表 4-26　后果定性分级方法

等级	严重程度	分类			
		人　员	财　产	环　境	声　誉
1	低后果	医疗处理，不需住院；短时间身体不适	损失极小	事件影响未超过界区	企业内部关注；形象没有受损
2	较低后果	工作受限；轻伤	损失较小	事件不会受到管理部门的通报或违反允许条件	社区、邻居、合作伙伴影响
3	中后果	严重伤害；职业相关疾病	损失较大	释放事件受到管理部门的通报或违反允许条件	本地区内影响；政府管制，公众关注负面后果
4	高后果	1～2 人死亡或丧失劳动能力；3～9 人重伤	损失很大	重大泄漏，给工作场所外带来严重影响	国内影响；政府管制，媒体和公众关注负面后果
5	很高后果	3 人以上死亡；10 人以上重伤	损失极大	重大泄漏，给工作场所外带来严重的环境影响，且会导致直接或潜在的健康危害	国际影响

3）风险等级的判定。对事故场景风险，可根据场景频率计算结果和后果等级，使用定量数值风险标准、风险矩阵等形式进行风险等级评估，定量数值风险标准和风险矩阵示例如图 4-10 所示。

后果等级							
5	低	中	中	高	高	很高	很高
4	低	低	中	中	高	高	很高
3	低	低	低	中	中	中	高
2	低	低	低	低	中	中	中
1	低	低	低	低	低	中	中
	10^{-6}~10^{-7}	10^{-5}~10^{-6}	10^{-4}~10^{-5}	10^{-3}~10^{-4}	10^{-2}~10^{-3}	10^{-1}~10^{-2}	1~10^{-1}
	频率等级/a^{-1}						

图 4-10　风险评估矩阵

注：风险等级说明：低，不需采取行动；中，可选择性地采取行动；高，选择合适的时机采取行动；很高，立即采取行动。

4）根据事故场景风险等级进行风险决策，风险决策宜采取 ALARP 原则，将事故场景风险降低到可接受风险水平。

（3）基本步骤。LOPA 分析的基本程序如图 4-11 所示，主要步骤包括：

1）场景识别与筛选。LOPA 通常评估先前危害分析研究中识别的场景。分析人员可采用定性或定量的方法对这些场景后果的严重性进行评估，并根据后果严重性评估结果对场景进行筛选。在实际应用中，LOPA 常与 HAZOP 联用，以 HAZOP 分析的结果来确定场景，两者间还存在其他信息对应关系，如偏差对应场景、原因对应初始事件等。

2）初始事件确认。首先，选择一个事故场景，LOPA 一次只能选择一个场景；然后确定场景 IE。IE 包括外部事件、设备故障和人员行为失效。

3）IPL 评估。评估现有的防护措施是否满足 IPL 的要求是 LOPA 的核心内容。

4）场景频率计算。将后果、IE 频率和 IPL 的 PFD 等相关数据进行计算，确定场景风险。

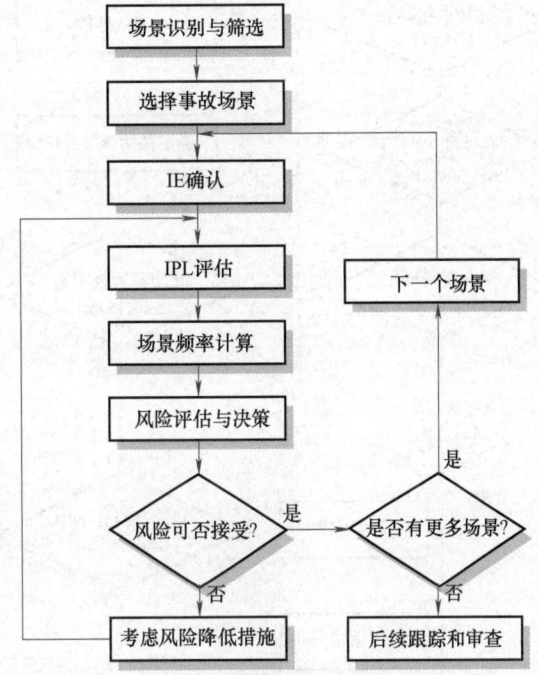

图 4-11　保护层分析的基本程序

5）评估风险，做出决策。根据风险评估结果，确定是否采取相应措施降低风险。

6）重复步骤 2）~5）直到所有的场景分析完毕。

7）后续跟踪和审查。LOPA 分析完成后，对提出的降低风险措施的落实情况应进行跟踪。应对 LOPA 的程序和分析结果进行审查。

（4）适用条件。在过程危害分析中出现以下情形时，可使用 LOPA：

1）事故场景后果严重，需要确定后果的发生频率；

2）确定事故场景的风险等级以及事故场景中各种保护层降低的风险水平；

3）确定安全仪表功能（SIF）的安全完整性等级（SIL）；

4）确定过程中的安全关键设备或安全关键活动；

5）其他适用 LOPA 的情形等。LOPA 应用时机如图 4-12 所示，当无法确定事故场景的风险时，可采用定量方法进行定量风险评价。

（5）LOPA 的应用有以下局限性。

1）LOPA 不是识别危险场景的工具，LOPA 的正确执行取决于定性危险评价方法所得出的危险场景的准确性，包括初始事件和相关的安全措施是否正确和全面；

2）当使用 LOPA 时，只有满足"选择失效数据的方法相同"和"采用相同的风险标准"时才能进行场景风险的对比；

3）LOPA 是一种简化的方法，其计算结果并不是场景风险的精确值。

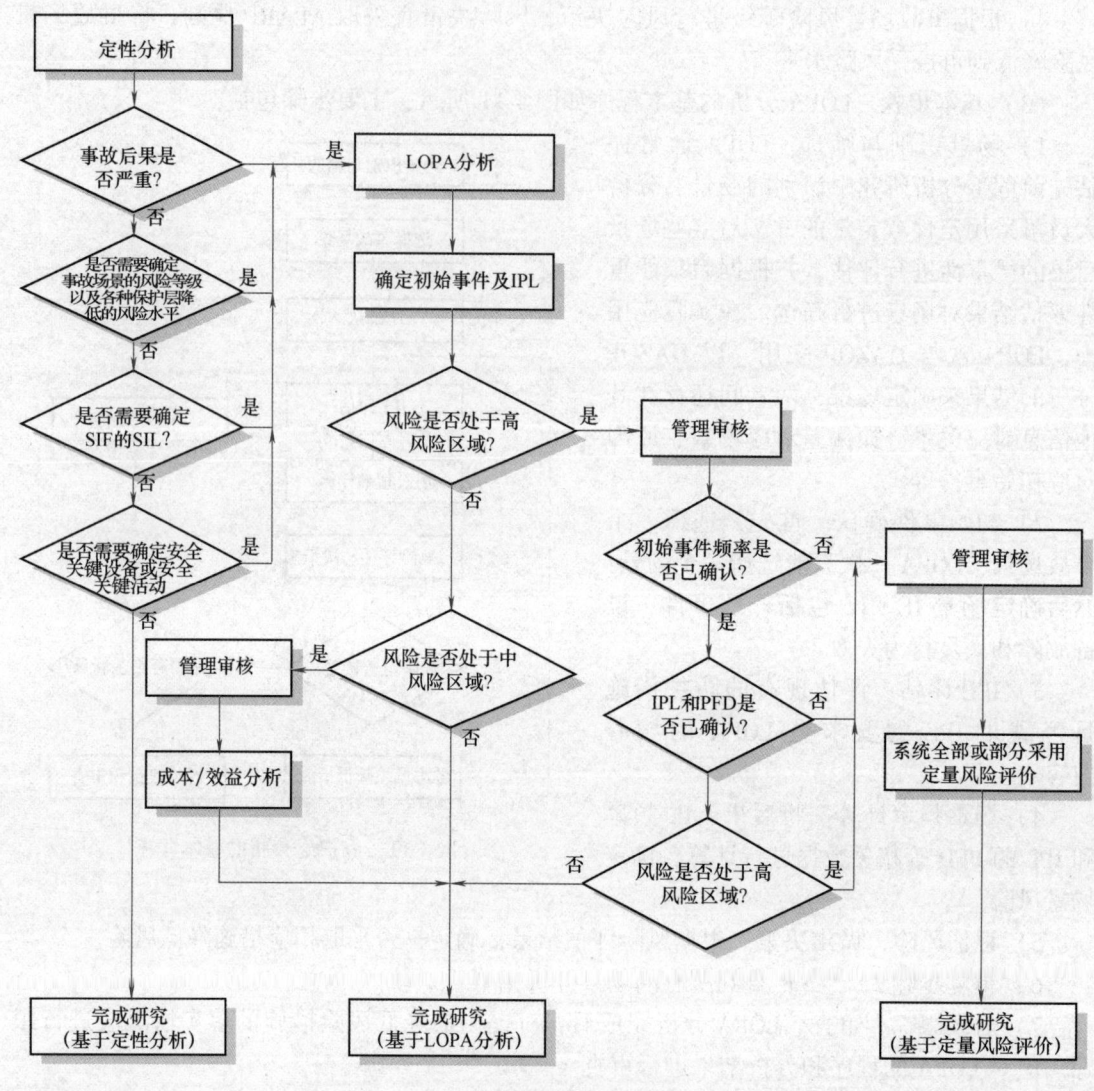

图 4-12　LOPA 应用时机

4.2.3　概率危险性安全评价

概率危险性安全评价是以某种伤亡事故或财产损失事故的发生概率为基础进行的系统危险性评价方法。该方法主要采用定量的系统分析方法中的事件树分析、事故树分析等方法，计算系统事故发生的概率，确定安全目标，然后将所计算的事故发生的概率与所确定的目标值相比较，从而评价系统的危险性。

由于此种评价方法需耗费大量人力、物力和时间，所以较适合于那些不允许发生事故的系统、安全性受到世人瞩目的系统、会造成多人死亡的系统以及严重污染环境的系统。

1. 概率危险性安全评价的程序

关于概率危险性安全评价的评价程序如图 4-13 所示。

整个评价过程包括了系统内危险源的辨识、估算事故发生的概率、推算事故后果、计算危险度、与事先所设定的安全目标值相比较等一系列的工作。

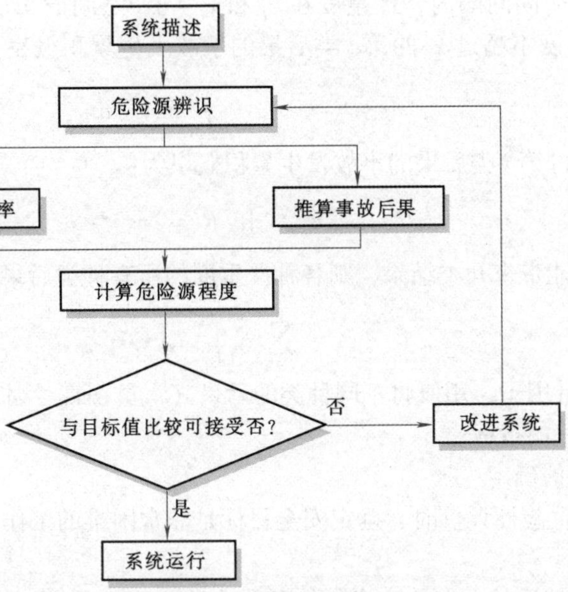

图 4-13　概率危险性安全评价程序

在概率危险性安全评价中，广泛应用事件树分析和事故树分析等系统定量安全分析方法分析辨识危险源，计算系统事故发生概率。

应用后果分析方法推测重大危险源导致事故后果的严重程度。通常概率危险性安全评价包括计算危险度和设定安全目标两项主要工作。前者在于定量描述系统的危险性，后者在于确定可接受的危险水平。

2. 危险性的量化

应用概率危险性安全评价时，往往以危险度作为衡量指标类，客观地描述系统的危险程度。通常危险度定义为事故发生概率与事故后果严重度的乘积，即：

$$D = PC \tag{4-10}$$

式中　D——系统的危险程度，称为危险度；
　　　P——给定时间间隔内系统事故发生的概率；
　　　C——事故后果的严重程度，称为严重度，可以用经济损失金额、反映人员伤害严重程度的损失工作日数以及伤亡人数表示。

值得注意的是，对于相同的危险度数值，可能会有许多种事故发生概率与事故后果严重度的组合乘积。如前所述，某企业某年发生死亡 1 人的事故 10 起和某年发生死亡 10 人的事故 1 起，分别按上式计算的危险度是相同的。但是，人们主观上将更重视后者。

为了强调事故后果严重度的社会心理影响，常取下式计算系统危险度：

$$D = PC^k \quad (k > 1) \tag{4-11}$$

式中　k——社会心理影响指数，是一个大于 1 的数，当社会影响力越大时，该指数值越大。

系统事故可能带来不同形式和不同严重度的后果，并且各种形式后果及其不同严重度相应地有不同的发生率。在这种情况下，用累积概率分布函数或危险曲线来描述危险性更符合实际，更容易比较。

设在给定的时间间隔内，严重度在 x_i 和 $x_i + \mathrm{d}x_i$ 之间的第 i 类后果的事故发生概率为 $R(x_i)$，则严重度不超过 x_i 的第 i 类后果的事故发生累积概率为：

$$D(\leq x_i) = \int_0^{x_i} R(x_i) \mathrm{d}x_i \tag{4-12}$$

各种严重度的第 i 类后果的事故发生累积概率为：

$$D_i = \int_0^\infty R(x_i) \mathrm{d}x_i \tag{4-13}$$

如果事故可能带来几类结果，则各种严重度的所有种类后果事故发生累积概率为：

$$D = \sum_{i=1}^n a_i \int_0^\infty R(x_i) \mathrm{d}x_i \tag{4-14}$$

式中　a_i——累计因子，用以将不同种类的后果（人员伤亡、财产损失、环境污染）折算成统一的指标。

3. 安全目标的确定

在进行概率危险性评价时，确定安全目标是非常困难的工作。目前确定安全目标的方法有如下三种。

（1）根据可接受的个人危险或集体危险来确定安全目标。在确定安全目标时，要划定可接受的危险和不可接受的危险之间的界限。按社会对危险性的认识，可以把危险分为三类：

1）过渡性的危险。必须立即采取措施降低其危险性。

2）正常性的危险。只要经济上合理、技术上可能，就可以采取措施降低其危险性。

3）可接受的危险。如果采取措施降低其危险性，显得有些浪费。

在考虑可接受的危险时，往往以疾病或其他灾害的死亡率作为参考值。通常，可接受的危险应低于疾病的死亡率而高于自然灾害的死亡率。

（2）根据经济性确定安全目标。系统安全的目标是使系统在规定的功能、成本、时间范围内具有的危险性最小。因此，在系统的危险性和经济性之间有个最协调、最优化的数值。根据经济性确定安全目标是把个人或企业承担的危险与获得的利益相比较，考虑每项活动的得失，优化财力分配，使系统的危险性减小到合理的程度。

当把危险性用个人或企业从事某项有危险的活动获得的效益表示，确定安全目标的方法称作"危险-效益"法；当把降低危险性的成本用所期望获得的效益表示，确定安全目标的方法称作"成本-效益"法。

当评价一项减少事故发生概率或减轻事故后果严重度所采用的安全措施时，可按下式计算其成本-效益率：

$$B = \frac{M}{D - D'} \tag{4-15}$$

式中　M——采取安全措施的成本；

　　　D——采取安全措施前的危险度；

　　　D'——采取安全措施后的危险度。

该式的意义应为，采取措施减少每个危险度所消耗的成本。

（3）根据事故统计结果确定安全目标。根据统计数据确定安全目标的方法在实际的安全评价中得到了广泛的应用。一般情况下，根据以往的事故统计资料，依据经济上合理、技术上可行的原则来确定安全目标。

在我国，以本地区、本行业前三年到前五年的事故统计平均值为基准，然后遵照国家和上级的要求，参照其他地区和行业的状况确定安全评价的目标。

例如，按我国规定，若晋升为国家级企业，各行业的死亡率指标应为：化工生产企业≤0.1‰；钢铁生产企业≤0.09‰；林业采伐运输≤0.15‰；石油化工企业≤0.07‰；石油天然气油田企业及油田勘探企业≤0.13‰；国有统配煤矿≤2.8人/百万吨；地方国营煤矿≤6.5人/百万吨。

4.2.4 安全管理评价

1. 安全管理评价概述

安全生产管理是生产经营单位管理工作的重要组成部分，它针对人们在生产过程中的安全问题，运用有效的资源，进行有关决策、计划、组织和控制等活动，实现生产过程中人与机器设备、物料、环境的和谐，达到安全生产的目的。

安全管理评价就是评价企业的安全管理体系及管理工作的有效性和可靠性，评价企业预防事故发生的组织措施的完善性，评价企业管理者和操作者素质的高低及对不安全行为的可控程度。

安全管理在影响企业的安全因素中占有重要位置。曾用于工厂安全评价的方法中，将各影响因素归为安全管理、机物因素的危险控制、环境因素的危险控制共3大类，各影响因素所占比重见表4-27。

表4-27 安全评价中各因素权重

因素	安全管理	机物因素的危险控制	环境因素的危险控制
比重	24%	60%	16%

表4-27的权重分配方案体现了本质安全在安全系统中占主导地位的指导思想。对于不同企业、不同时期，其权重分配不同。当企业的本质安全技术措施不能满足安全要求时，可提高安全管理的权重，也就是在实际安全工作中，加强安全管理以弥补本质安全性的不足。在安全评价中提高安全管理的权重，以体现本质安全性不足的情况下，加强安全管理工作的重要性。

当前对安全管理评价还没有相应的标准化程序，一般参照安全标准化的考评方法，列出安全管理评价的内容条款，结合评价对象的具体情况，参照评价内容的条款，依据相关标准、规范、文件等进行对照打分，在此基础上汇总打分数据，得出评价结果。

2. 安全管理评价的内容

对企业进行安全管理评价，可从现代安全管理方法的应用、8种安全教育形式、规划计划与安全工作目标、职能部门安全指标分解、各级人员安全生产责任制、安全生产规章制度、各种操作规程、安全档案、安全管理图表、"三同时"审批项目、事故处理"四不放过"、安全工作"五同时"、安全措施费用、安全机构与人员配备等方面进行。

（1）现代安全管理方法的应用。具体如下：

1）安全检查表。

2）事故树分析。
3）事件树分析。
4）预先危险性分析。
5）故障类型及影响分析。
6）生物节律。
7）行为科学与心理学。
8）人机工程。
9）信息管理。
10）PDCA 循环。
11）目标管理。
12）三级危险点网络管理。
13）计算机管理。
14）多媒体教学。
15）安全评价。
16）其他新型安全管理方法。

(2) 8 种安全教育形式。具体如下：
1）新职工进厂三级教育。
2）特种作业人员教育。
3）变换工种教育。
4）复工教育。
5）中层以上干部教育。
6）复训教育。
7）班组长教育。
8）全员教育。

(3) 规划计划与安全工作目标。具体如下：
1）长远工作规划。
2）年度工作计划。
3）安全技术措施计划。
4）厂长任职目标。

(4) 职能部门安全指标分解。下列部门应有安全分解指标：
1）生产。
2）技术。
3）财务。
4）计划。
5）基建。
6）动力。
7）行政。
8）保卫。
9）设备。

10）运输。
11）分厂与车间。
12）供应。
13）劳资。
14）教育。

(5) 各级人员安全生产责任制。下列各级人员应遵守安全生产责任制：
1）厂长或经理。
2）副厂长或副经理。
3）总工程师。
4）总经济师。
5）总会计师。
6）工会主席。
7）职能科室负责人。
8）车间主任。
9）厂属集体企业负责人。

(6) 安全生产规章制度。具体如下：
1）安全生产检查制度。
2）安全生产教育制度。
3）安全生产奖惩制度。
4）伤亡事故管理制度。
5）危险作业审批制度。
6）特种作业设备管理制度。
7）动力管线管理制度。
8）化学品及毒害品管理制度。
9）"三同时"评审制度。
10）职业病及职业中毒管理制度。
11）承包合同安全评审制度。
12）临时线审批制度。

(7) 各种操作规程。各工种操作规程及执行情况，包括下列5项：
1）操作规程文本。
2）现场违章操作。
3）防护用品穿戴不合格率。
4）特种作业人员持证率。
5）安全知识抽样合格率。

(8) 安全档案。具体如下：
1）工伤事故档案。
2）安全教育档案。
3）违章记录档案。
4）安全奖惩档案。

5）隐患及整改记录。

6）安措项目档案。

7）特种设备及危险设备记录。

8）特种作业及危险作业人员健康档案。

9）工业卫生档案。

10）防尘防毒设备档案。

（9）安全管理图表。具体如下：

1）历年工伤事故频率图。

2）危险点分布图。

3）厂区通道管线布置图。

4）配电系统与接地网布置图。

5）安全管理信息反馈图。

6）安全结构网络体系图。

7）多发性伤害与重大伤亡事故的事故树图。

8）有害作业点分布图。

9）工伤事故控制图。

10）防尘防毒设备档案。

（10）"三同时"审批项目。"三同时"审批项目应包括：

1）新建、改建、扩建项目。

2）技术改造项目。

3）设备更新项目。

4）新技术。

5）新材料。

6）新工艺。

7）新设备。

（11）事故处理"四不放过"。安技部门的事故报告应遵循"四不放过"原则：

1）事故原因分析不清不放过。

2）未采取防范措施不放过。

3）群众未接受教育不放过。

4）责任人未受处理不放过。

（12）安全工作"五同时"。企业下列计划或会议应包括安全工作内容：

1）年度工作计划。

2）季度（月份）计划。

3）生产调度会议。

4）车间（分厂）生产会议。

5）安全会议。

6）安全员例会。

7）年度工作总结。

8）年终安全评比。

(13)安全措施费用。检查内容包括：
1）企业近 3 年固定资产原值。
2）更新改造费总数。
3）安措费用总数。
4）实际提取数。
5）上一年安排技措项目名称。
(14)安全机构与人员配备。具体如下：
1）安全机构名称。
2）安技人员总数。

3. 安全管理评价的方法

当前对安全管理评价还没有相应的标准化程序，一般参照安全标准化的考评方法进行。
1）首先结合评价对象（企业）的具体情况，确定上述评价内容中各条款所占的权重；
2）对照相关法律法规、标准、规范、文件等检查表式检查，然后打分。在此基础上汇总打分数据，得出最终的评价结果。

4.2.5 应急演练评估

1. 应急演练评估概述

生产安全事故发生后，合理、高效的应急救援可以促进有效控制事故，防止事故扩大或恶化，并最大限度地降低事故造成的损失或危害。应急预案就是针对可能发生的事故，为迅速、有效地开展应急行动而预先制定的行动方案。如制定各类专项应急预案和现场处置方案等，并明确事前、事发、事中、事后的各个过程中相关部门和有关人员的职责，以确保应急救援工作的顺利进行。应急演练则是针对可能出现的事故情景，依据应急预案而模拟开展的预警行动、事故报告、指挥协调、现场处置等活动。

通过应急演练，可以发现应急预案中存在的问题，提高应急人员在紧急情况下妥善处置事故的能力，完善应急管理相关部门、单位和人员的工作职责，提高其协调配合能力，并且应急演练可以起到宣传教育、完善应急管理和应急处置技术、补充应急装备和物资等作用。国家安全生产监督管理总局于 2011 年发布了《生产安全事故应急演练指南》（AQ/T 9007—2011），用于规范应急演练工作。随着该指南的实施，在应急演练中又出现了一些新的问题，为切实发现并解决这些问题，提高应急演练成效，有必要对应急演练的准备情况和实施情况进行评估，即开展应急演练评估。

应急演练评估是围绕演练目标和要求，对参演人员表现、演练活动准备及其组织实施过程做出客观评价，并编写演练评估报告的过程。其目的是通过评估发现应急预案、应急组织、应急人员、应急机制、应急保障等方面存在的问题或不足，提出改进意见或建议，并总结演练中好的做法和主要优点等。

2. 应急演练评估的基本程序

应急演练评估包括演练评估准备、演练评估实施、演练评估总结三个基本流程。
（1）演练评估准备。
成立评估机构和确定评估人员：评估人员应有明显标识。
演练评估需求分析：制定演练评估方案之前，应确定评估工作目的、内容和程序。

演练评估资料的收集：收集演练评估所需要的相关资料和文件。

选择评估方式和方法：演练评估主要是通过对演练活动或参演人员的表现进行的观察、提问、听对方陈述、检查、比对、验证、实测而获取客观证据，比较演练实际效果与目标之间的差异，总结演练中好的做法，查找存在的问题。演练评估应以演练目标为基础，每项演练目标都要设计合理的评估项目方法、标准。

编写评估方案和评估标准：评估方案的内容通常包括概述、目的、内容、信息获取、工作组织实施和附件。应由演练评估组召集有关方面和人员，根据演练总体目标和各参演机构的目标，以及具体演练情景事件、演练流程和保障方案，明确演练评估内容及要求。

培训评估人员：演练评估人员应听取演练组织或策划人员介绍演练方案以及组织和实施流程，并可进行交互式讨论，进一步明晰演练流程和内容。同时，评估组内部开展专题培训。

准备评估材料、器材：根据演练需要，准备评估工作所需的相关材料、器材，主要包括演练评估方案文本、评估表格、记录表、文具、通信设备、计时设备、摄像或录音设备、计算机或相关评估软件等。

在演练评估准备中，选择评估方式和方法、编写评估标准是极为重要的工作。在评估方式和方法的选择上，根据演练目标的不同，可以用选择项（如：是/否判断，多项选择）、评分（如：0—缺项、1—较差、3—一般、5—优秀）、定量测量（如：响应时间、被困人数、获救人数）等方法进行评估。在评估标准的编写上，可参照《生产安全事故应急演练评估规范》（AQ/T 9009—2015）的附录内容进行编制。

（2）演练评估实施。

评估人员就位：根据演练评估方案安排，评估人员提前就位，做好演练评估准备工作。

观察、记录和收集数据、信息和资料：演练开始后，演练评估人员通过观察、记录和收集演练信息和相关数据、信息和资料，观察演练实施及进展、参演人员表现等情况，及时记录演练过程中出现的问题。在不影响演练进程的情况下，评估人员可进行现场提问并做好记录。

演练评估：根据演练现场观察和记录，依据制定的评估表，逐项对演练内容进行评估，及时记录评估结果。

（3）演练评估总结。

演练点评：演练结束后，可选派有关代表（演练组织人员、参演人员、评估人员或相关方人员）对演练中发现的问题及取得的成效进行现场点评。

参演人员自评：演练结束后，演练单位应组织各参演小组或参演人员进行自评，总结演练中的优点和不足，介绍演练收获及体会。演练评估人员应参加参演人员自评会并做好记录。

评估组评估：参演人员自评结束后，演练评估组负责人应组织召开专题评估工作会议，综合评估意见。评估人员应根据演练情况和演练评估记录发表建议并交换意见，分析相关信息资料，明确存在问题并提出整改要求和措施等。

3. 应急演练评估的内容

根据应急演练的方式来分，应急演练评估可分为实战演练评估和桌面演练评估。对每一种演练方式的评估，其评估内容包括：准备情况评估和实施情况评估。以下以实战演练评估的内容为例进行阐述。

（1）准备情况评估。实战演练准备情况的评估可从演练策划与设计、演练文件编制、演练保障 3 个方面进行，具体评估内容参见表 4-28。

表 4-28　实战演练准备情况评估表

评估项目	评估内容
1. 演练策划与设计	1.1　目标明确且具有针对性，符合本单位实际
	1.2　演练目标简明、合理、具体、可量化和可实现
	1.3　演练目标应明确"由谁在什么条件下完成什么任务，依据什么标准，取得什么效果"
	1.4　演练目标设置从提高参演人员的应急能力角度考虑
	1.5　设计的演练情景符合演练单位实际情况，且有利于促进实现演练目标和提高参演人员应急能力
	1.6　考虑到演练现场及可能对周边社会秩序造成的影响
	1.7　演练情景内容包括了情景概要、事件后果、背景信息、演化过程等要素，要素较为全面
	1.8　演练情景中的各事件之间的演化衔接关系科学、合理，各事件有确定的发生与持续时间
	1.9　确定了各参演单位和角色在各场景中的期望行动以及期望行动之间的衔接关系
	1.10　确定所需注入的信息及其注入形式
2. 演练文件编制	2.1　制定了演练工作方案、安全及各类保障方案、宣传方案
	2.2　根据演练需要编制了演练脚本或演练观摩手册
	2.3　各单项文件中要素齐全、内容合理，符合演练规范要求
	2.4　文字通顺、语言精练、通俗易懂
	2.5　内容格式规范，各项附件项目齐全、编排顺序合理
	2.6　演练工作方案经过评审或报批
	2.7　演练保障方案印发到演练的各保障部门
	2.8　演练宣传方案考虑到演练前、中、后各环节宣传需要
	2.9　编制的观摩手册中各项要素齐全并有安全告知
3. 演练保障	3.1　人员的分工明确，职责清晰，数量满足演练要求
	3.2　演练经费充足，保障充分
	3.3　器材使用管理科学、规范，满足演练需要
	3.4　场地选择符合演练策划情景设置要求，现场条件满足演练要求
	3.5　演练活动安全保障条件准备到位并满足要求
	3.6　充分考虑演练实施中可能面临的各种风险，制定必要的应急预案或采取有效控制措施
	3.7　参演人员能够确保自身安全
	3.8　采用多种通信保障措施，有备份通信手段
	3.9　对各项演练保障条件进行了检查确认

（2）实施情况评估。实战演练实施情况的评估可从预警与信息报告、紧急动员、事故监测与研判、指挥和协调、事故处置、应急资源管理、应急通信、信息公开、人员保护、警戒与管制、医疗救护、现场控制及恢复和其他 13 个方面进行，具体评估内容参见表 4-29。

表 4-29　实战演练实施情况评估表

评估项目	评估内容
1. 预警与信息报告	1.1　演练单位能够根据监测监控系统数据变化状况、事故险情紧急程度和发展势态或有关部门提供的预警信息进行预警

（续）

评估项目	评估内容
1. 预警与信息报告	1.2 演练单位有明确的预警条件、方式和方法
	1.3 对有关部门提供的信息、现场人员发现险情或隐患进行及时预警
	1.4 预警方式、方法和预警结果在演练中表现有效
	1.5 演练单位内部信息通报系统能够及时投入使用，能够及时向有关部门和人员报告事故信息
	1.6 演练中事故信息报告程序规范，符合应急预案要求
	1.7 在规定时间内能够完成向上级主管部门和地方人民政府报告事故信息程序，并持续更新
	1.8 能够快速向本单位以外的有关部门或单位、周边群众通报事故信息
2. 紧急动员	2.1 演练单位能够依据应急预案快速确定事故的严重程度及等级
	2.2 演练单位能够根据事故级别，启动相应的应急响应，采用有效的工作程序，警告、通知和动员相应范围内人员
	2.3 演练单位能够通过总指挥或总指挥授权人员及时启动应急响应
	2.4 演练单位应急响应迅速，动员效果较好
	2.5 演练单位能够适应事先不通知突袭抽查式的应急演练
	2.6 非工作时间以及至少有一名单位主要领导不在应急岗位的情况下能够完成本单位的紧急动员
3. 事故监测与研判	3.1 演练单位在接到事故报告后，能够及时开展事故早期评估，获取事件的准确信息
	3.2 演练单位及相关单位能够持续跟踪、监测事故全过程
	3.3 事故监测人员能够科学评估其潜在危害性
	3.4 能够及时报告事态评估信息
4. 指挥和协调	4.1 现场指挥部能够及时成立，并确保其安全高效运转
	4.2 指挥人员能够指挥和控制其职责范围内所有的参与单位及部门、救援队伍和救援人员的应急响应行动
	4.3 应急指挥人员表现出较强指挥协调能力，能够对救援工作全局有效掌控
	4.4 指挥部各位成员能够在较短或规定时间内到位，分工明确并各负其责
	4.5 现场指挥部能够及时提出有针对性的事故应急处置措施或制定切实可行的现场处置方案并报总指挥部批准
	4.6 指挥部重要岗位有后备人选，并能够根据演练活动进行合理轮换
	4.7 现场指挥部制定的救援方案科学可行，调集了足够的应急救援资源和装备（包括专业救援人员和相关装备）
	4.8 现场指挥部与当地政府或本单位指挥中心信息畅通，并实现信息持续更新和共享
	4.9 应急指挥决策程序科学，内容有预见性、科学可行
	4.10 指挥部能够对事故现场有效传达指令，进行有效管控
	4.11 应急指挥中心能够及时启用，各项功能正常、满足使用
5. 事故处置	5.1 参演人员能够按照处置方案规定或在指定的时间内迅速到达现场开展救援
	5.2 参演人员能够对事故先期状况做出正确判断，采取的先期处置措施科学、合理，处置结果有效
	5.3 现场参演人员职责清晰、分工合理
	5.4 应急处置程序正确、规范，处置措施执行到位
	5.5 参演人员之间有效联络，沟通顺畅有效，并能够有序配合、协同救援
	5.6 事故现场处置过程中，参演人员能够对现场实施持续安全监测或监控
	5.7 事故处置过程中采取了措施防止次生或衍生事故发生
	5.8 针对事故现场采取必要的安全措施，确保救援人员安全

(续)

评估项目	评估内容	
6. 应急资源管理	6.1	根据事态评估结果，能够识别和确定应急行动所需的各类资源，同时根据需要联系资源供应方
	6.2	参演人员能够快速、科学使用外部提供的应急资源并投入应急救援行动
	6.3	应急设施、设备、器材等数量和性能能够满足现场应急需要
	6.4	应急资源的管理和使用规范有序，不存在浪费情况
7. 应急通信	7.1	通信网络系统正常运转，通信能力能够满足应急响应的需求
	7.2	应急队伍能够建立多途径的通信系统，确保通信畅通
	7.3	有专职人员负责通信设备的管理
	7.4	应急通信效果良好，演练各方通信信息顺畅
8. 信息公开	8.1	明确事故信息发布部门、发布原则，事故信息能够由现场指挥部及时准确向新闻媒体通报
	8.2	指定了专门负责公共关系的人员，主动协调媒体关系
	8.3	能够主动就事故情况在内部进行告知，并及时通知相关方（股东/家属/周边居民等）
	8.4	能够对事件舆情持续监测和研判，并对涉及的公共信息妥善处置
9. 人员保护	9.1	演练单位能够综合考虑各种因素并协调有关方面确保各方人员安全
	9.2	应急救援人员配备适当的个体防护装备，或采取必要自我安全防护措施
	9.3	有受到或可能受到事故波及或影响的人员的安全保护方案
	9.4	针对事件影响范围内的特殊人群，能够采取适当方式发出警告并采取安全防护措施
10. 警戒与管制	10.1	关键应急场所的人员进出通道受到有效管制
	10.2	合理设置了交通管制点，划定管制区域
	10.3	各种警戒与管制标志、标识设置明显，警戒措施完善
	10.4	有效控制出入口，清除道路上的障碍物，保证道路畅通。
11. 医疗救护	11.1	应急响应人员对受伤害人员采取有效先期急救，急救药品、器材配备有效
	11.2	及时与场外医疗救护资源建立联系求得支援，确保伤员及时得到救治
	11.3	现场医疗人员能够对伤病人员伤情做出正确诊断，并按照既定的医疗程序对伤病人员进行处置
	11.4	现场急救车辆能够及时准确地将伤员送往医院，并带齐伤员有关资料
12. 现场控制及恢复	12.1	针对事故可能造成的人员安全健康与环境、设备与设施方面的潜在危害，以及为降低事故影响而制定的技术对策和措施有效
	12.2	事故现场产生的污染物或有毒有害物质能够及时、有效处置，并确保没有造成二次污染或危害
	12.3	能够有效安置疏散人员，清点人数，划定安全区域并提供基本生活等后勤保障
	12.4	现场保障条件满足事故处置、控制和恢复的基本需要
13. 其他	13.1	演练情景设计合理，满足演练要求
	13.2	演练达到了预期目标
	13.3	参演的组成机构或人员职责能够与应急预案相符合
	13.4	参演人员能够按时就位、正确并熟练使用应急器材
	13.5	参演人员能够以认真态度融入整体演练活动中，并及时、有效地完成演练中应承担的角色工作内容
	13.6	应急响应的解除程序符合实际并与应急预案中规定的内容相一致
	13.7	应急预案得到了充分验证和检验，并发现了不足之处
	13.8	参演人员的能力也得到了充分检验和锻炼

复 习 题

1. 什么是安全评价？它包括哪些内容？它和安全分析有何联系？
2. 按照评价结果的量化程度，安全评价方法可分为哪几类？请举例说明（每种类型至少三例）。按照项目实施阶段，安全评价方法可分为哪几类？
3. 简述安全评价的原理。
4. 简述系统安全评价的程序。
5. 对危险物质加工处理进行安全评价一般采用哪几种安全评价方法？各自的安全评价程序如何？
6. 在 DOW 火灾爆炸指数评价法中，某一工艺单元物质系数 MF 为 10，一般工艺危险系数 F_1 为 2.5，特殊工艺危险系数 F_2 为 4.0，请计算该工艺单元危险系数和火灾爆炸指数。
7. 选择你熟悉的生产工艺过程，应用 LEC 法、MES 评价法及 MLS 评价法对其进行安全评价。
8. DOW 火灾爆炸指数评价法和蒙德法有何区别和联系？
9. 已知对某化工装置"冷却水无流量"偏差的 HAZOP 分析结果见表 4-30，请采用 LOPA 法对此进行风险分析（IE 典型频率值、典型 IPL 的 PFD 请查阅《保护层分析（LOPA）方法应用导则》（AQ/T 3054—2015））。

表 4-30　某化工装置部分 HAZOP 分析表

序号	偏差	原因	后果	保护措施	后果严重性
1	冷却水无流量	冷却水泵故障停	反应器超温超压，可能发生爆炸	① 反应器温度高报警和人员响应 ② 反应器温度高联锁 ③ 起动备用泵	5
		冷却水阀故障关		① 反应器温度高报警和人员响应 ② 反应器温度高联锁 ③ 冷却水阀旁路调节	

10. 概率危险性安全评价的程序如何？如何确定安全目标？
11. 安全管理评价包括哪些内容？
12. 实战应急演练评估包括哪些内容？依据这些评估内容，可选用哪些评估方式和方法？

第5章

系统安全预测与决策

本章学习目标：

  学会利用回归分析、灰色理论、马尔柯夫链等知识分析安全现象的演变规律，预测其发展趋势；掌握安全决策的定义和要素，理解安全决策与系统安全分析、安全评价的区别和联系，熟悉确定性多属性决策法、决策树法、技术经济评价法、模糊决策法等典型的安全决策方法。

本章学习方法：

  安全预测与决策涉及运筹学、概率论、模糊数学等数学知识，学习本章内容需要对上述基础数学知识进行温习，之后运用本章介绍的方法进行预测与决策练习，课后亦可尝试将新的数学方法应用到安全预测与决策中。

  安全预测，在我国始于 20 世纪 70 年代末期，21 世纪初期才形成一定规模。目前，尚没有统一的认识和方法。

  安全预测的发展首先来自于决策的需要。目前，安全预测在我国尚未成为制定安全管理决策所不可缺少的一部分。安全预测的一个重要作用是分析评价系统中各种不确定因素，以及每种因素所承担的风险与风险发生的程度，从而帮助管理者进行有效的抉择，达到系统安全运行的状态。因此，安全预测的主要目的是使决策的制定者了解风险发生的各种后果，并优化风险的决策。这种决策是人们在实践的基础上，根据对事故发生的客观规律的一些认识，在主观意志的参与下，对避免未来安全风险的行动目标及其实现方案进行合理分析、判断的过程。

  我国的安全预测技术相对于国外而言起步较晚。许多专家学者在吸取世界各国经验教训的基础上，根据我国的具体情况，将那些经过实践检验确有价值的研究成果引入国内，在近 30 年的时间里发展成为安全科学中的一个组成部分。在安全科学快速发展过程中，安全预测的发展已为安全决策提供了坚实的科学基础。

  安全决策是在安全预测出现以后发展起来的。安全决策是在对系统过去、现在发生的事故进行分析的基础上，运用预测技术的手段，对系统未来事故变化规律做出合理判断的过程。它与系统安全分析方法的不同之处在于，安全分析方法是对系统已经发生的事故进行的分析。安全分析是安全预测的基础，没有安全分析，就不可能有有效的安全预测与决策。

5.1 系统安全预测

预测是运用各种知识和科学手段，分析研究历史资料，对安全生产发展的趋势或可能的结果进行事先的推测和估计。也就是说，预测就是由过去和现在去推测未来，由已知去推测未知。

预测由四部分组成，即预测信息、预测分析、预测技术和预测结果。

系统安全预测就要预测造成事故后果的许多前级事件，包括起因事件、过程事件和情况变化；随着生产的发展以及新工艺、新技术的应用，预测会产生什么样的新危险、新的不安全因素；随着科学技术的发展，预测未来的安全生产面貌及应采取的安全对策。

5.1.1 安全预测概述

1. 安全预测分类

（1）按预测对象的范围划分。

1）宏观预测：指对整个行业、一个省区、一个局（企业）的安全状况的预测。

2）微观预测：指对一个厂（矿）的生产系统或对其子系统的安全状况的预测。

（2）按时间长短划分。

1）长（远）期预测：指对五年以上的安全状况的预测。它为安全管理方面的重大决策提供科学依据。

2）中期预测：指对一年以上五年以下的安全生产发展前景进行的预测。它是制订五年计划和任务的依据。

3）短期预测：指对一年以内的安全状态的预测。它是年度计划、季度计划以及规定短期发展任务的依据。

2. 安全预测的基本原理

系统安全预测同其他预测方法一样，遵循如下的基本原理：

（1）系统原则。系统安全预测是系统工程，因此，应当从系统的观点出发，以全局的观点、更大的范围、更长的时间、更大的空间、更高的层次来考虑系统安全预测问题，并把系统中影响安全的因素用集合性、相关性和阶层性协调起来。

（2）类推和概率推断原则。如果已经知道两个不同事件之间的相互制约关系或共同的有联系的规律，则可利用先导事件的发展规律来预测迟发事件的发展趋势，这就是所谓的类推预测。

根据小概率事件推断准则，若某系统评价结果表明其发生事故的概率为小概率事件，则推断该系统是安全的；反之，若其概率很大，则认为系统是不安全的。

（3）惯性原理。对于同一个事物，可以根据事物的发展都带有一定的延续性（即所谓惯性）来推断系统未来发展趋势。所以惯性原理也可以称为趋势外推原理。

应该注意的是，应用此原理进行安全预测是有条件的，它是以系统的稳定性为前提的，也就是说，只有在系统稳定时，事物之间的内在联系及其基本特征才有可能延续下去。但是绝对稳定的系统是不存在的，这就要根据系统某些因素的偏离程度对预测结果进行修正。

3. 安全预测方法

安全预测分析是建立在调查研究和科学试验基础上的科学分析。对于任何事物，如果只有情况和数据，没有科学的分析，就不能解释事物演变的规律及其发展趋势，也就无法实现预测。目前，预测方法有 150 种以上，比较常用的有 20～30 种，从大的方面可分为以下三类：

（1）经验推断预测法。经验推断预测法包括：头脑风暴法、德尔菲法、主观概率法、试验预测法、相关树法、形态分析法、未来脚本法等。

（2）时间序列预测法。时间序列预测法包括：滑动平均法、指数滑动平均法、周期变动分析法、线性趋势分析法、非线性趋势分析法等。

（3）计量模型预测法。计量模型预测法包括：回归分析法、灰色预测法、马尔柯夫链预测法、投入产出分析法、宏观经济模型法等。

本节就其中主要的常用计量模型预测法进行介绍。

5.1.2 回归预测分析法

要准确地预测，就必须研究事物的因果关系。回归分析法就是一种从事物变化的因果关系出发的预测方法。它利用数理统计原理，在大量统计数据的基础上，通过寻求数据变化规律来推测、判断和描述事物未来的发展趋势。

事物变化的因果关系可用一组变量来描述，即自变量与因变量之间的关系。这些依从关系一般可以分为两大类。一类是确定的关系，它的特点是：自变量为已知时就可以准确地求出因变量，变量之间的关系可用函数关系确切地表示出来。另一类是相关关系，或称为非确定关系，它的特点是：虽然自变量与因变量之间存在密切的关系，却不能由一个或几个自变量的数值准确地求出因变量，在变量之间往往没有明确的数学表达式，但可以通过观察，应用统计方法大致地或平均地说明自变量与因变量之间的统计关系。回归分析法正是根据这种相互关系建立回归方程的。

回归分析法通过对影响因素的分析确定解释变量；对数据进行收集和处理，选择预测模型；然后对模型进行计算，得出预测结果。

1. 一元线性回归分析法

比较典型的回归预测分析法是一元线性回归分析法，它是根据自变量（x）与因变量（y）的相互关系，用自变量的变动来推测因变量变动的方向和程度，其基本方程式为：

$$y = a + bx \tag{5-1}$$

式中　y——因变量；

　　　x——自变量；

　　　a、b——回归系数。

进行一元线性回归，应首先收集事故数据，并在以时间为横坐标的坐标系中画出各个相对应的点，根据图中各点的变化情况就可以大致看出事故变化的某种趋势，然后进行计算，求出回归直线。

回归系数 a、b 是根据统计的事故数据通过以下方程组来决定的：

$$\begin{cases} \sum y = na + b\sum x \\ \sum xy = a\sum x + b\sum x^2 \end{cases} \tag{5-2}$$

式中　y——因变量，为事故数据；
　　　x——自变量，为时间序号；
　　　n——事故数据总数。

解方程组（5-2）得到回归系数 a、b 的值为：

$$\begin{cases} a = \dfrac{\sum x \sum xy - \sum x^2 \sum y}{(\sum x)^2 - n \sum x^2} \\ b = \dfrac{\sum x \sum y - n \sum xy}{(\sum x)^2 - n \sum x^2} \end{cases} \tag{5-3}$$

a 和 b 的值确定之后，就可以在坐标系中画出回归直线。

【例 5-1】　表 5-1 是某矿务局 1993～2002 年顶板事故死亡人数的统计数据，试用一元线性回归方法建立其预测方程。

表 5-1　顶板事故死亡人数的统计数据表

年　度	时间顺序 x	死亡人数 y	x^2	xy	y^2
1993	1	30	1	30	900
1994	2	24	4	48	576
1995	3	18	9	54	324
1996	4	4	16	16	16
1997	5	12	25	60	144
1998	6	8	36	48	64
1999	7	22	49	154	484
2000	8	10	64	80	100
2001	9	13	81	117	169
2002	10	5	100	50	25
合计	$\sum x = 55$	$\sum y = 146$	$\sum x^2 = 385$	$\sum xy = 657$	$\sum y^2 = 2802$

解：将表中数据代入方程组（5-2）中，便可求出 a 和 b 的值，即：

$$a = \frac{\sum x \sum xy - \sum x^2 \sum y}{(\sum x)^2 - n \sum x^2} = \frac{55 \times 657 - 385 \times 146}{55^2 - 10 \times 385} = 24.3$$

$$b = \frac{\sum x \sum y - n \sum xy}{(\sum x)^2 - n \sum x^2} = \frac{55 \times 146 - 10 \times 657}{55^2 - 10 \times 385} = -1.77$$

故回归直线的方程为：

$$y = 24.3 - 1.77x$$

在回归分析中，为了了解回归直线对实际数据变化趋势的符合程度的大小，还应求出相关系数 γ。其计算公式如下：

$$\gamma = \frac{L_{xy}}{\sqrt{L_{xx}L_{yy}}} \tag{5-4}$$

式中

$$L_{xy} = \sum xy - \frac{1}{n} \sum x \sum y$$

$$L_{xx} = \sum x^2 - \frac{1}{n}\left(\sum x\right)^2$$

$$L_{yy} = \sum y^2 - \frac{1}{n}\left(\sum y\right)^2$$

将表5-1中的有关数据代入，即：

$$L_{xy} = 657 - \frac{1}{10} \times 55 \times 146 = -146$$

$$L_{xx} = 385 - \frac{1}{10} \times 55^2 = 82.5$$

$$L_{yy} = 2802 - \frac{1}{10} \times 146^2 = 670.4$$

故

$$\gamma = \frac{-146}{\sqrt{82.5 \times 670.4}} = -0.62$$

$|\gamma| = 0.62$，说明回归直线与实际数据的变化趋势相符合。所以，可根据所建立的回归直线预测方程对以后的死亡人数趋势进行预测。

注意：相关系数$|\gamma| = 1$时，说明回归直线与实际数据的变化趋势完全相符；$\gamma = 0$时，说明x与y之间完全没有线性关系。在大部分情况下，$0 < |\gamma| < 1$。这时，就需要判别变量x与y之间有无密切的线性相关关系。一般来说，γ越接近于1，说明x与y之间存在着的线性关系越强，用线性回归方程来描述这两者的关系就越合适，利用回归方程求得的预测值也就越可靠。

2. 多元线性回归分析法

与一元线性回归函数类似，多元回归函数$y = a + b_1 x_1 + b_2 x_2 + \cdots + b_k x_k$，能在一定程度上描述多个自变量$x_1, x_2, \cdots, x_k$与因变量$y$之间的关系，可通过函数方程预测$y$的值。预测精度取决于多元回归直线对观测数据的拟合程度。

【例5-2】 选取影响我国煤矿行业安全状况的4个宏观指标：x_1为累计颁布煤矿安全法律法规数，x_2为采煤机械化程度；x_3为GDP增长率（以1978年为基期）；x_4为国有重点煤矿工程技术人员百分比，将1999~2008年的上述4个指标的原始统计数据汇总于表5-2。试分析煤炭百万吨死亡率与4个宏观指标的多元线性关系。

表5-2　全国煤矿安全水平及其宏观影响指标的统计案例（1999~2008年）

年份	x_1/个	x_2（%）	x_3（%）	x_4（%）	煤炭百万吨死亡率y/（人/Mt）
1999	204	75.20	7.6	2.43	5.28
2000	210	75.05	8.4	2.46	5.86
2001	219	75.10	8.3	2.48	5.21

(续)

年份	x_1/个	x_2 (%)	x_3 (%)	x_4 (%)	煤炭百万吨死亡率 y/(人/Mt)
2002	232	77.78	9.1	2.49	5.02
2003	245	81.47	10.0	2.50	3.71
2004	260	82.72	10.1	2.52	3.08
2005	276	84.46	10.4	2.54	2.81
2006	292	85.50	11.1	2.57	2.04
2007	310	86.00	11.4	2.58	1.485
2008	327	87.00	9.6	3.00	1.82

解：根据多元线性回归参数的最小二乘估计法，结合运用 SPSS 软件，得到这 4 个自变量与煤炭百万吨死亡率之间的多元线性回归方程为：

$$y = 18.488 - 0.035x_1 - 23.451x_2 + 49.81x_3 + 320.824x_4$$

相关系数 $r = 0.993 > 0.8$，说明这 4 个自变量与因变量的相关程度较高。

由此可知，$b_1 = -0.035$，表示在采煤机械化程度 x_2、GDP 增长率 x_3、国有重点煤矿工程技术人员百分比 x_4 保持不变的条件下，颁布的煤矿安全法律法规数 x_1 每增加 1 个，煤炭百万吨死亡率就会降低 0.035 人/Mt；同理，$b_2 = -23.451$，表示在 x_1、x_3、x_4 保持不变的条件下，采煤机械化程度 x_2 每提高 1%，煤炭百万吨死亡率就会降低 0.235 人/Mt；$b_3 = 49.81$，表示在 x_1、x_2、x_4 保持不变的条件下，GDP 增长率 x_3 每提高 1%，煤炭百万吨死亡率就会增加 0.498 人/Mt；$b_4 = 320.824$，表示在 x_1、x_2、x_3 保持不变的条件下，国有重点煤矿工程技术人员百分比 x_4 每增加 1%，煤炭百万吨死亡率就会增加 3.208 人/Mt。

3. 非线性回归分析法

一元线性回归模型和多元线性回归模型，都是假定因变量与自变量之间的相关关系可以用线性方程来近似表现。然而在实际的安全现象中，非线性关系大量存在，在众多情况中，非线性的回归模型比线性回归模型更能反映客观现象。

非线性回归的回归曲线有多种，选用哪一种曲线作为回归曲线，则要看实际数据在坐标系中的变化分布形状，也可根据专业知识确定分析曲线。非线性回归的分析法是通过一定的变换，将非线性问题转化为线性问题，然后利用线性回归的方法进行回归分析。

表 5-3 列出了一些常见的非线性模型。

表 5-3 典型非线性模型及线性化方法

函数名称	函数表达式	线性化方法
双曲线函数	$\dfrac{1}{y} = a + \dfrac{b}{x}$	$v = \dfrac{1}{y}$，$u = \dfrac{1}{x}$
幂函数	$y = ax^b$	$v = \ln y$，$u = \ln x$
指数函数	$y = ae^{bx}$	$v = \ln y$，$u = x$
	$y = ae^{b/x}$	$v = \ln y$，$u = \dfrac{1}{x}$

(续)

函数名称	函数表达式	线性化方法
对数函数	$y = a + b\ln x$	$v = y$, $u = \ln x$
S 型函数	$y = \dfrac{1}{a + be^{-x}}$	$v = \dfrac{1}{y}$, $u = e^{-x}$
一元多项式方程	$y = a + b_1 x + b_2 x^2 + \cdots + b_k x^k$	—
多元多项式方程（以二元为例）	$y = a + b_1 x_1 + b_2 x_2 + b_3 x_1 x_2 + b_4 x_1^2 + b_5 x_2^2$	—

根据专业知识和实用观点，这里仅列举一种非线性回归曲线——指数函数。

$$y = ae^{bx} \tag{5-5}$$

令

$$y' = \ln y, \quad a' = \ln a$$

则有：

$$y' = a' + bx$$

$$y = ae^{\frac{b}{x}} \tag{5-6}$$

令

$$y' = \ln y, \quad x' = \frac{1}{x}, \quad a' = \ln a$$

则有：

$$y' = a' + bx'$$

【例 5-3】 某矿 2014 年，工伤人数的统计数据见表 5-4，用指数函数 $y = ae^{bx}$ 进行回归分析。

表 5-4　某矿 2014 年工伤人数的统计数据

月份	时间序号 x	工伤人数 y	$y' = \ln y$	x^2	xy'	y'^2
1	1	15	2.708	1	2.708	7.333
2	2	12	2.485	4	4.970	6.175
3	3	7	1.946	9	5.838	3.787
4	4	6	1.792	16	7.168	3.211
5	5	4	1.386	25	6.930	1.921
6	6	5	1.609	36	9.654	2.589
7	7	6	1.792	49	12.544	3.211
8	8	7	1.946	64	15.568	3.787
9	9	4	1.386	81	12.474	1.921
10	10	4	1.386	100	13.86	1.921
11	11	2	0.693	121	7.623	0.480
12	12	1	0.000	144	0	0
合计	$\sum x = 78$		$\sum y' = 19.129$	$\sum x^2 = 650$	$\sum xy' = 99.337$	$\sum y'^2 = 36.336$

解： 对 $y = ae^{bx}$ 两边取自然对数得：

$$\ln y = \ln a + bx$$

令
$$y' = \ln y, \quad a' = \ln a$$
则：
$$y' = a' + bx$$
用一元线性回归方程计算公式得：
$$a' = \frac{\sum x \sum xy' - \sum x^2 \sum y'}{(\sum x)^2 - n\sum x^2} = \frac{78 \times 99.337 - 650 \times 19.129}{78^2 - 12 \times 650} = 2.73$$

$$b = \frac{\sum x \sum y' - n\sum xy'}{(\sum x)^2 - n\sum x^2} = \frac{78 \times 19.129 - 650 \times 99.337}{78^2 - 12 \times 650} = -0.175$$

因 $a' = \ln a$，所以 $a = e^{a'} = e^{2.73} = 15.33$

故指数回归方程为：
$$y = 15.33 e^{-0.175x}$$

求相关系数 γ：
$$L_{xy'} = \sum xy' - \frac{1}{n}\sum x \sum y' = -25.00$$

$$L_{xx} = \sum x^2 - \frac{1}{n}(\sum x)^2 = 143$$

$$L_{y'y'} = \sum y'^2 - \frac{1}{n}(\sum y')^2 = 5.84$$

$$\gamma = \frac{L_{xy'}}{\sqrt{L_{xx}L_{y'y'}}} = -0.87$$

$\gamma = -0.87$，说明用指数曲线进行回归分析，在一定程度上反映了该矿工伤人数的趋势。所以，可根据建立的回归方程对以后工伤人数发展趋势进行预测。

回归预测分析法根据过去的事故变化情况和事故统计数据进行回归分析，由得到的回归曲线方程预测判断下一阶段的事故变化趋势，以指导下一步的安全工作。

4. 常用回归分析软件

在解决实际问题时，传统的回归分析方法求解过程繁琐，计算量大，为其应用带来了困难，目前已有许多能自动进行回归分析的计算软件。现简要介绍 SPSS 和 Excel 两种常用的统计分析软件。

SPSS（Statistical Package for the Social Sciences）是世界上最早的统计分析软件，由美国斯坦福大学研制，是世界上应用最广泛的专业统计软件之一。该软件理论严谨，各种统计分析功能齐全，其内容覆盖了从描述统计、探索性数据分析到多元分析的几乎所有统计分析功能。SPSS 的基本功能包括数据管理、统计分析、图表分析、输出管理等。SPSS 的统计分析过程包括描述性统计、均值比较、一般线性模型、相关分析、回归分析、对数线性模型、聚类分析、数据简化、生存分析、时间序列分析、多重响应等几大类，每类中又分好几个统计过程，比如回归分析中又分线性回归分析、曲线估计、Logistic 回归、Probit 回归、加权估计、两阶段最小二乘法、非线性回归等多个统计过程，而且每个过程中又允许用户选择不同的方法及参数。SPSS 还有专门的绘图系统，可以根据数据绘制各种图形。

SPSS for Windows 的分析结果清晰、直观、易学易用，而且可以直接读取 Excel 及 DBF

数据文件,它使用 Windows 的窗口方式展示各种管理和分析数据方法的功能,使用对话框展示出各种功能选择项,只要掌握一定的 Windows 操作技能,粗通统计分析原理,就可以使用该软件为特定的科研工作服务。由于其操作简单,已经在我国的社会科学、自然科学的各个领域发挥了巨大作用。该软件还可以应用于经济学、生物学、心理学、医疗卫生、体育、农业、林业、商业、金融等各个领域。

Excel 是微软公司 Office 软件产品的一个很重要的组成部分,是一个性能优越的电子制表软件,并且支持较强的数据分析、图表绘制、宏命令、VBA 编程及决策支持分析功能。Excel 能够绘制出多种样式的平面图形和立体图形,曲线平滑质量较高,并能实现图、文、表混排,排出图文并茂、艳丽多彩的数据分析报表。同时,Excel 提供了一组数据分析工具,称为"分析工具库",在建立复杂统计或工程分析时可以节省步骤。只需为每一个分析工具提供必要的数据和参数,该工具就会使用适宜的统计或工程函数,在输出表格中显示相应的结果。其中有些工具在生成输出表格时还能同时生成图表。要使用这些工具,用户必须熟悉需要进行分析的统计学或工程学的特定领域。"回归分析"分析工具是"分析工具库"的一部分。此工具通过对一组观察值使用"最小二乘法"直线拟合,进行线性回归分析。此工具可用来分析单个因变量是如何受一个或几个自变量影响的。

SPSS 等软件都是针对专业统计从业人员或是经济学研究工作者编写的,要能够比较熟练地掌握使用这些软件,需要专门的训练和较长时间的摸索,对非统计专业的人员来说,这是比较困难的。而 Excel 具有简便易学的优点,又有统计中数据分析的功能,所以用户在使用 Excel 进行统计回归分析时,能够较快地掌握,举一反三,达到学以致用的目的。Excel 作为一个基本的管理软件,已在财务管理、投资学、会计学、审计学、市场学、运作管理、微观经济学、宏观经济学等领域中应用,同时也在管理界得到了广泛的使用。

5.1.3 灰色预测法

客观世界是物质的世界,也是信息的世界。但在工程技术、社会、经济、农业、环境、生态、军事等领域,经常会出现信息不完全的情况,如系统因素或参数不完全明确,因素关系不完全清楚,系统结构不完全知道,系统的作用原理不完全明了等。

信息完全明确的系统为白色系统。一个商店可看作一个系统,在人员、资金、损耗、销售等信息完全明确的情况下,可算出该店的盈利、库存,可判断商店的销售态势、资金的周转速度等,这样的系统是白色系统。

信息完全不明确的系统是黑色系统。如遥远的某个星球,也可看作一个系统,虽然知道其存在,但体积多大,重量多少,距离地球多远,这些信息完全不知道,这是一个黑色系统。

信息部分明确、部分不明确的系统为灰色系统。譬如粮食生产系统,肥料、种子、农药、气候、土壤、劳力、水利、耕作、政策等都是影响粮食产量的因素,但难以确定全部因素,更难找到肥料、农药等诸因素与粮食产量的映射关系。显然,粮食生产系统是一个灰色系统。

安全系统具有典型的灰色特征。从安全的角度来考查这个系统,则可以发现表征系统安全的参数是灰数。这不仅意味着统计数据的灰性,也意味着监测数据的灰性。事故伤亡率、职业病人数、事故与职业病所造成的经济损失等数据,由于统计数据不完善,加上漏报、瞒报等人为干扰以及其他各种原因,而成为有一定误差的灰数,严重时甚至会失真。此外,由于外界的干扰、仪器的误差等原因,使尘、毒浓度以及噪声与振动强度等实测数据在形式上是白数，实质上也是灰数。诸如此类的数据，均可看作在真实值的某个邻域内变化的灰数。影响系统安全的因素是灰元。或者说，在各种影响因素中，有许多不完全明确，已经明确的却难以量化，已经量化的又随机变化。比如对某个企业来说，有许多因素影响着企业的安全生产，其中包括工人的生理和心理特征、机器的可靠性和人机适应性、环境中的噪声与振动等，但要确定全部因素是十分困难的。同时，已知的许多影响因素难以量化，如企业领导对安全的重视程度、工人的安全意识、安全机构的业务能力等。此外，已经量化的许多因素也是灰色的，如机器的可靠性值、环境参数等均在变化，并且在很多情况下这种变化是随机的。

构成系统安全的各种关系是灰关系。首先，各种因素和系统安全主行为的关系是灰的。比如说，影响某企业年均事故伤亡率的因素无疑包括人的安全意识、企业领导对安全生产的重视程度等，但这些因素是灰元，要找到这些因素和事故伤亡率的定量映射关系是不大可能的。其次，因素与因素之间的关系同样是灰的。比如说，人的安全意识影响人的安全行为，但这些因素本身就是灰元，其关系自然是灰关系。第三，人—机—环境系统中三个子系统之间的关系也是灰关系。比如说，人在很大程度上决定了环境质量，环境质量反过来又影响人的安全行为，这种相互影响呈现明显的不确定性。第四，系统和系统所处环境之间的关系无疑还是灰的。比如，一座核电站是一个局部人—机—环境系统，核辐射事故要破坏环境，而地震、洪水等环境因素则危及电站安全。这种相互作用具有随机、难定量的特性。

利用灰色系统理论预测的主要优点是，它通过一系列数据生成方法（直接累加法、移动平均法、加权累加法、遗传因子累加法、自适性累加法等）将根本没规律的、杂乱无章的或规律性不强的一组原始数据序列变得具有明显的规律性，解决了数学界一直认为不能解决的微积分方程建模问题。

灰色系统预测是从灰色系统的建模、关联度及残差辨识的思想出发，所获得的关于预测的新概念、观点和方法。

将灰色系统理论用于厂矿企业预测事故，一般选用 GM（1，1）模型，它是一阶的一个变量的微分方程模型。

1. 灰色预测建模方法

设原始离散数据序列 $x^{(0)} = \{x_1^{(0)}, x_2^{(0)}, \cdots, x_N^{(0)}\}$，其中 N 为序列长度，上标（0）表示累加次数为 0 次。按下式对其进行一次累加生成处理，得到序列 $x^{(1)} = \{x_1^{(1)}, x_2^{(1)}, \cdots, x_N^{(1)}\}$，其中 $x_1^{(1)} = x_1^{(0)}$。以序列 $x^{(1)} = \{x_1^{(1)}, x_2^{(1)}, \cdots, x_N^{(1)}\}$ 为基础建立灰色的生成模型：

$$x_k^{(1)} = \sum_{j=1}^{k} x_j^{(0)} \quad k = 1, 2, \cdots, N \tag{5-7}$$

下式称为一阶灰色微分方程，记为 GM（1，1），式中 a 和 u 为待辨识参数：

$$\frac{dx^{(1)}}{dt} + ax^{(1)} = u \tag{5-8}$$

设参数向量：

$$\hat{a} = [a u]^T$$

$$y_N = (x_2^{(0)}, x_3^{(0)}, \cdots, x_N^{(0)})^T$$

$$B = \begin{pmatrix} -(x_2^{(1)} + x_1^{(1)})/2 & 1 \\ \vdots & \vdots \\ -(x_N^{(1)} + x_{N-1}^{(1)})/2 & 1 \end{pmatrix}$$

则由下式求得 $\hat{a}$ 的最小二乘解：

$$\hat{a} = (B^T B)^{-1} B^T y_N \tag{5-9}$$

得到响应方程为：

$$\hat{x}_{k+1}^{(1)} = \left(x_1^{(1)} - \frac{u}{a} \right) e^{-ak} + \frac{u}{a} \tag{5-10}$$

但模型得出的是一阶累加量，建模运算后需作逆生成：

$$\hat{x}_{k+1}^{(0)} = \hat{x}_{k+1}^{(1)} - \hat{x}_k^{(1)} \tag{5-11}$$

GM(1,1)模型的拟合残差中往往还有一部分动态有效信息，可以通过建立残差GM(1,1)模型对原模型进行修正。

2. 预测模型的后验差检验

可以用关联度及后验差对预测模型进行检验，下面介绍后验差检验。记0阶残差为：

$$\varepsilon_i^{(0)} = x_i^{(0)} - \hat{x}_i^{(0)} \quad i = 1, 2, \cdots, n \tag{5-12}$$

式中 $\hat{x}_i^{(0)}$ ——通过预测模型得到的预测值。

残差均值：

$$\overline{\varepsilon}^{(0)} = \frac{1}{n} \sum_{i=1}^{n} \varepsilon_i^{(0)} \tag{5-13}$$

残差方差：

$$S_1^2 = \frac{1}{n} \sum_{i=1}^{n} (\varepsilon_i^{(0)} - \overline{\varepsilon}^{(0)})^2 \tag{5-14}$$

原始数据均值：

$$\overline{x} = \frac{1}{N} \sum_{i=1}^{n} x_i^{(0)} \tag{5-15}$$

原始数据方差：

$$S_2^2 = \frac{1}{N} \sum_{i=1}^{n} (x_i^{(0)} - \overline{x})^2 \tag{5-16}$$

因此，可计算后验差检验指标：

后验差比值 c：

$$c = \frac{S_1}{S_2} \tag{5-17}$$

小误差概率 P：

$$P = P\{ |\varepsilon_i^{(0)} - \overline{\varepsilon}^{(0)}| < 0.6745 S_2 \} \tag{5-18}$$

按照上述两指标，可从表5-5查出精度检验等级。

表5-5 精度检验等级

预测精度等级	P	c	预测精度等级	P	c
好（GOOD）	>0.95	<0.35	勉强（JUST MARK）	>0.7	<0.45
合格（QUALIFIED）	>0.8	<0.5	不合格（UNQUALIFIED）	≤0.7	≥0.65

【例5-4】 已知某矿2005～2013年千人负伤率（见表5-6），试用GM(1,1)模型对该矿2014年、2015年两年的千人负伤率进行灰色预测，并对拟合精度进行后验差检验。

表5-6 某矿2005~2013年千人负伤率

年　份	2005	2006	2007	2008	2009	2010	2011	2012	2013
千人负伤率	56.165	55.650	49.525	34.585	14.405	9.525	8.970	6.475	4.110

解：由表5-6可以得到：
$$x^{(0)} = (56.165 \quad 55.650 \quad 49.525 \quad 34.585 \quad 14.405 \quad \cdots \quad 4.110)$$
$$x^{(1)} = (56.165 \quad 111.815 \quad 161.340 \quad 195.925 \quad 210.330 \quad \cdots \quad 239.410)$$

可建立数据矩阵 B, y_N：

$$B = \begin{pmatrix} -83.990 & 1 \\ -136.577 & 1 \\ \vdots & \vdots \\ -237.355 & 1 \end{pmatrix}$$

$$y_N = (55.650 \quad 49.525 \quad 34.585 \quad 14.405 \quad 9.525 \quad \cdots \quad 4.110)^T$$

由式(5-9)得：

$$\hat{a} = \begin{pmatrix} a \\ u \end{pmatrix} = \begin{pmatrix} 0.37285 \\ 93.3336 \end{pmatrix}$$

则

$$a = 0.37285$$
$$u = 93.3336$$

将 a 和 u 代入式(5-11)可得到：

$$\hat{x}^{(0)}_{k+1} = \hat{x}^{(1)}_{k+1} - \hat{x}^{(1)}_k = 250.331 - 194.16^{-0.37285k}$$

计算结果见表5-7。

表5-7 计算结果

年份	序号	$x^{(0)}$	$x^{(1)}$	灰色预测 $\hat{x}^{(1)}$	灰色预测 $\hat{x}^{(0)}$	灰色预测 $\hat{\varepsilon}^{(0)}$
2005	1	56.165	56.165	56.165	56.165	0
2006	2	55.650	111.815	116.594	60.429	-4.779
2007	3	49.525	161.340	158.215	41.621	7.904
2008	4	34.585	195.925	186.883	28.668	5.917
2009	5	14.405	210.330	206.628	19.745	-5.340
2010	6	9.525	219.855	220.228	13.600	-4.075
2011	7	8.970	228.825	229.595	9.367	-0.397
2012	8	6.475	235.300	260.047	6.452	0.0230
2013	9	4.110	239.410	240.491	4.444	-0.334
2014	10			243.551	3.060	
2015	11			245.660	2.109	

进行后验差检验：

$$\varepsilon_i^{(0)} = x_i^{(0)} - \hat{x}_i^{(0)} \quad i = 1, 2, \cdots, n$$

$$\overline{\varepsilon}^{(0)} = 0.4408, \quad S_1 = 4.1589$$

$$\overline{x}^{(0)} = 26.60, \quad S_2 = 21.00$$

则

$$c = \frac{S_1}{S_2} = 0.198 < 0.35$$

$$P = P\{|\varepsilon_i^{(0)} - \overline{\varepsilon}^{(0)}| < 0.6745 S_2\} = 1 > 0.95$$

对照表5-5知，灰色系统预测拟合精度为好，预测结果正确可靠。

5.1.4 马尔柯夫链预测法

如果事物的发展过程及状态只与事物当时的状态有关，而与以前状态无关时，则此事物的发展变化称为马尔柯夫链。如果系统的安全状况具有马尔柯夫性质，且一种状态转变为另一种状态的规律又是可知的，那么可以利用马尔柯夫链的概念进行计算和分析，来预测未来特定时刻的系统安全状态。

马尔柯夫链表征一个系统在变化过程中的特性状态，可用一组随时间进程而变化的变量来描述。如果系统在任何时刻上的状态是随机性的，则变化过程是一个随机过程，当时刻 t 变到时刻 $t+1$，状态变量从某个取值变到另一个取值，系统就实现了状态转移。系统从某种状态转移到各种状态的可能性大小，可用转移概率来描述。

假定系统的初始状态可用状态向量表示为：

$$S^{(0)} = (S_1^{(0)}, S_2^{(0)}, S_3^{(0)}, \cdots, S_n^{(0)}) \tag{5-19}$$

状态转移概率矩阵为：

$$P = \begin{pmatrix} P_{11} & P_{12} & \cdots & P_{1n} \\ P_{21} & P_{22} & \cdots & P_{2n} \\ \vdots & \vdots & & \vdots \\ P_{n1} & P_{n2} & \cdots & P_{nn} \end{pmatrix} \tag{5-20}$$

状态转移矩阵是一个 n 阶方阵，满足概率矩阵的一般性质，即满足 $0 \leq P_{ij} \leq 1$ 且 $\sum_{j=1}^{n} P_{ij} = 1$。也就是说，状态转移矩阵的所有行变量都是概率向量。

一次转移向量 $S^{(1)}$ 为：

$$S^{(1)} = S^{(0)} P$$

二次转移向量 $S^{(2)}$ 为：

$$S^{(2)} = S^{(1)} P = S^{(0)} P^2$$

类似地

$$S^{(k+1)} = S^{(0)} P^{(k+1)}$$

【例5-5】 某单位对1250名接触硅尘人员进行健康检查时，发现职工的健康状况分布见表5-8。

表 5-8　接尘职工健康状况

健康状况	健　康	疑似硅肺	硅　肺
代表符号	$S_1^{(0)}$	$S_2^{(0)}$	$S_3^{(0)}$
人数	1000	200	50

根据统计资料，一年后接尘人员的健康变化规律为：原健康人员继续保持健康者剩70%。有20%变为疑似硅肺者，10%的人被确定为硅肺患者，即：

$$P_{11}=0.7,\ P_{12}=0.2,\ P_{13}=0.1$$

原有疑似硅肺者一般不可能恢复为健康者，仍保持原状者为80%，有20%被正式确定为硅肺，即：

$$P_{21}=0,\ P_{22}=0.8,\ P_{23}=0.2$$

硅肺患者一般不可能恢复为健康或返回为疑似硅肺患者，即：

$$P_{31}=0,\ P_{32}=0,\ P_{33}=1$$

状态转移矩阵为：

$$P=\begin{pmatrix} P_{11} & P_{12} & P_{13} \\ P_{21} & P_{22} & P_{23} \\ P_{31} & P_{32} & P_{33} \end{pmatrix}$$

预测一年后接尘人员的健康状况为

$$S^{(1)}=S^{(0)}P=\begin{pmatrix} S_1^{(0)} & S_2^{(0)} & S_3^{(0)} \end{pmatrix}\begin{pmatrix} P_{11} & P_{12} & P_{13} \\ P_{21} & P_{22} & P_{23} \\ P_{31} & P_{32} & P_{33} \end{pmatrix}$$

$$=\begin{pmatrix} 1000 & 200 & 50 \end{pmatrix}\begin{pmatrix} 0.7 & 0.2 & 0.1 \\ 0 & 0.8 & 0.2 \\ 0 & 0 & 1 \end{pmatrix}=\begin{pmatrix} 700 & 360 & 190 \end{pmatrix}$$

即一年后，仍然健康者为700人，疑似硅肺者为360人，被定为硅肺患者为190人。预测表明，该单位硅肺发展速度很快，必须加强防尘工作和医疗卫生工作。

5.2　系统安全决策

决策是人们为了实现特定的目标，在占有大量调研预测资料的基础上，运用科学的理论和方法，充分发挥人的智慧，系统地分析主客观条件，围绕既定目标拟订各种实施预选方案，并从若干个有价值的目标方案、实施方案中选择和实施一个最佳的执行方案的人类社会的一项重要活动，是人们在改造客观世界的活动中充分发挥主观能动性的表现，它涉及人类生活的各个领域。

由于安全系统是一个不确定的系统，受多种因素影响，所以要以最低的成本达到最优的安全水平，就要进行决策。

5.2.1 安全决策概述

1. 安全决策的定义

安全决策是针对生产活动中需要解决的特定安全问题，根据安全标准、规范等要求，运用现代科学技术知识和安全科学的理论与方法，提出各种安全措施方案，经过分析、论证与评价，从中选择最优方案，并予以实施的过程。

安全决策是建立在安全价值判断基础上的，它的基本准则是效用。离开了效用准则，决策就是非理性的、盲目的。在现代效用理论中，效用是价值的定量表述。价值至少具有以下两个基本特征：①比较特性；②可度量性。

对于安全系统而言，效用有三个层次的含义：

1) 安全的价值或效用是不容置疑的，安全本身就是价值。

2) 安全是相对的，某一安全性在某种条件下认为是安全的，但在另一种条件下就不一定被认为是安全的。安全的相对性可用阈值来表达，因此，安全的价值具有比较特性。

3) 安全的价值是客观的，虽然安全的社会效用、精神效用难于量化，但是安全的经济效用是可以度量的。

2. 安全决策的作用和目的

安全决策的作用和目的主要有以下三个方面：

(1) 突出安全决策在安全科学和安全管理中的地位。

(2) 用"令人满意"的准则代替传统决策理论的"最优化"准则，提出了目标冲突、创新程序、时机、来源和群体处理方式等一系列有关决策程序的问题。

(3) 强调在决策中要采用定量方法和计算技术，并重视心理因素、人际关系等社会因素在决策中的作用。

3. 决策的分类

决策的分类方法很多。根据决策系统的约束性与随机性原理，可分为确定型决策和非确定型决策。

(1) 确定型决策。确定型决策是在一种已知的完全确定的自然状态下，选择满足目标要求的最优方案。确定型决策问题，一般应具备四个条件：

1) 存在着决策者希望达到的一个明确目标（收益大或损失小）。

2) 只存在一个确定的自然状态。

3) 存在着决策者可选择的两个或两个以上的抉择方案。

4) 不同的决策方案在确定的状态下的益损值可以计算。

(2) 非确定型决策。当决策问题有两种以上自然状态，哪种可能发生是不确定的，在此情况下的决策称为非确定型决策。

非确定型决策又可分为两类：当决策问题自然状态的概率能确定，就是在概率基础上做决策，但要冒一定的风险，这种决策称为风险型决策。如果自然状态的概率不能确定，即没有任何有关每一自然状态可能发生的信息，在此情况下的决策就称为完全不确定型决策。

风险型决策问题通常要具备以下五个条件：

1) 存在着决策者希望达到的一个明确目标。

2) 存在着决策者无法控制的两种或两种以上的自然状态。

3）存在着可供决策者选择的两个或两个以上的抉择方案。
4）不同的抉择方案在不同的自然状态下的益损值可以计算出来。
5）每种自然状态出现的概率可以估算出来。

4. 安全决策与决策要素

（1）决策过程。决策是人们为实现某个（些）准则而制定、分析、评价、选择行动方案并组织实施的全部活动；也是提出、分析和解决问题的全部过程。主要包括五个阶段，如图5-1所示。

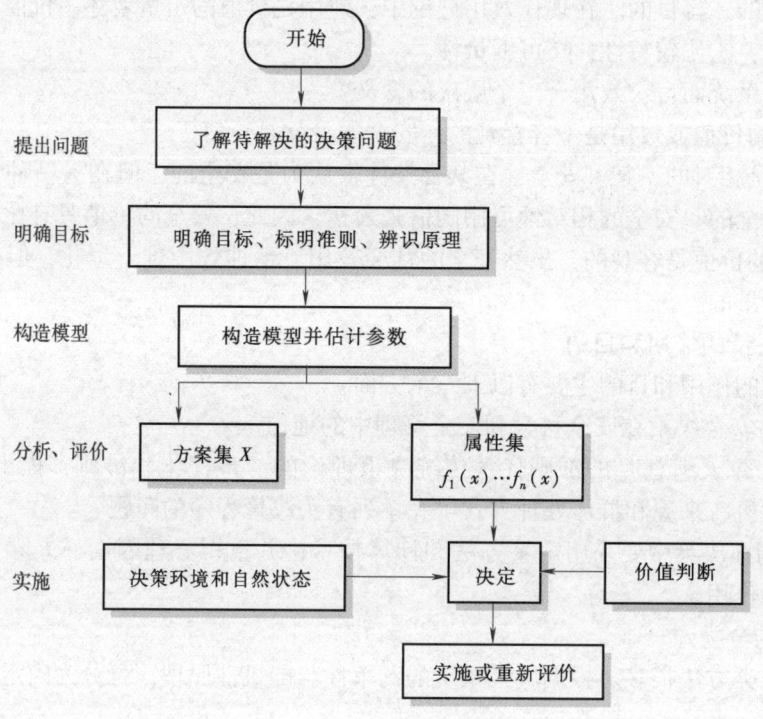

图5-1 典型的决策过程

在这种典型的决策过程中，系统分析、综合、评价是系统工程的基本方法，亦是决策（评价）的主要阶段。

1）分析。一般是指把一件事物、一种现象或一个概念分成较简单的组成部分，找出这些部分的本质属性和相互关系。系统分析是为了给决策者提供判断、评价和抉择满意方案所需的信息资料，系统分析人员使用科学的分析方法对系统的准则、功能、环境、费用、效益等进行充分的调查研究，并收集、分析和处理有关的资料和数据，对方案的效用进行计算、处理或仿真试验，把结果与既定准则体系进行比较和评价，作为决策的主要依据。

2）综合。一般是指把分析过的对象的各个部分，各种关系联合成一个整体。系统综合就是根据分析结果确定系统的组成部分及它们的构成方式和运作方式，进行系统设计，形成满足约束条件的可供优选的备选方案。

3）评价。一般是对分析、综合结果的鉴定。评价的主要目的是判别设计的系统（备选方案）是否达到了预定的各项准则要求，能否投入使用，这是决策过程中的评价。

最后，根据分析、综合评价的结果，再引入决策者的倾向性信息和酌情选定的决策规划，排列各备选方案的顺序,由决策者选择满意方案付诸实施。如果实施的结果不满意或不够满意,可根据反馈的信息,返回到上述几个阶段的任何一个阶段,重复地更深入地进行决策分析研究,以期获得尽可能满意的结果。

(2) 决策要素。决策的要素有:决策单元和决策者、准则(指标)体系、决策结构和环境、决策规则等。

1) 决策单元和决策者。决策单元常常包括决策者及共同完成决策分析研究的决策分析者,以及用以进行信息处理的设备。决策单元的工作是接受任务、输入信息、生成信息和加工成智能信息,从而产生决策。

决策者是指对所研究问题有权利、有能力做出最终判断与选择的个人或集体。其主要责任在于提出问题,规定总任务和总需求,确定价值判断和决策规划,提供倾向性意见,抉择最终方案并组织实施。

2) 准则(指标)体系。对一个有待决策的问题,必须首先定义它的准则。在现实决策问题中,准则常具有层次结构,包含目标和属性两类,形成多层次的准则体系,如图5-2所示。

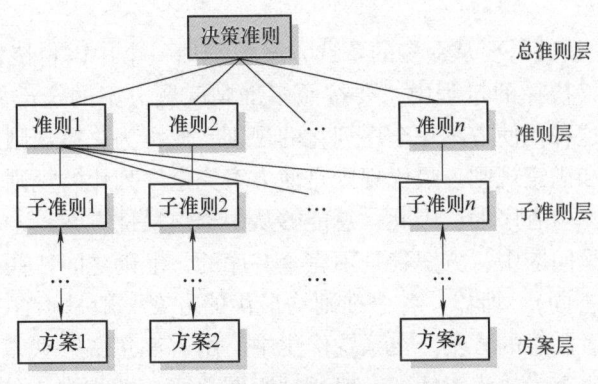

图 5-2 准则体系的层次

准则体系最上层的总准则只有一个,一般比较宏观、笼统、抽象。为此要将总准则分解为各级子准则,直到相当具体、直观,并可以直接或间接地用备选方案本身的属性(性能、参数)来表征的层次为止。在层次结构中,下层的准则比上层的准则更加明确具体并便于比较、判断和测算,它们可作为达到上层准则的某种手段。下层子准则集合一定要保证上层准则的实现,子准则之间可能一致,亦可能相互矛盾,但要与总准则相协调,并尽量减少冗余。

设定准则体系是为了评价、选择备选方案,所以准则体系最低层是直接或间接表征方案性能、参数的属性层。应当尽量选择属性值,能够直接表征与之联系,达到所要求程度的属性,否则,只好选用间接表征与之联系的达到所要求程度的代用属性。代用属性与相应目标之间的关系表现为间接关系,其中隐含决策人的价值判断。例如,用武器系统操作人员的文化程度与是否需要专门培训来表征武器系统的使用方便性(目标要求),就是一种代用属性。它隐含着下述价值判断:操作人员文化程度越低,武器系统使用方便性越好。

当将一个或一组属性与一个准则联系时,应该具备综合性和可度量性。如果属性的值可充分地表明满足与之联系准则的程度,则称该属性(集)是综合的;如果对于备选方案可以用某一种标度赋予这属性一定值，则称该属性是可度量的。常用来度量属性的标度有比例标度、区间标度和序标度。

3）决策结构和环境。决策的结构和环境属于决策的客观态势（情况）。为阐明决策态势，必须尽量清楚地识别决策问题（系统）的组成、结构和边界，以及所处的环境条件。它需要标明决策问题的输入类型和数量；决策变量（备选方案）集和属性集以及测量它们的标度类型；决策变量（方案）和属性间以及属性与准则间的关系。

决策变量亦称可控（受控）变量，它是决策（评价）的客观对象。在自然系统中，决策变量集常以表征系统主要特征的一组性能、参数的形式出现，由它们可以组合出无限多个备选方案，其范围由一组约束条件所限制。而在实际（社会）系统中，例如安全系统，因变量之间、变压与属性之间的结构过于复杂，有许多是半结构化甚至非结构化形式，尚难以给予形式化的表述，所以决策变量常以有限个离散的备选方案的形式出现。

决策的环境条件可区分为确定性和非确定性两大类。由于决策是面向未来发生事件所做的抉择，所以决策的环境条件都带有不确定性，只是在很多情况下，正常环境出现的概率很大，非正常条件发生的可能性很小（即近似认为是小概率事件），而认为环境条件是确定的。

4）决策规则。决策就是要从众多的备选方案中选择一个用以付诸实施的方案，作为最终的抉择。在做出最终抉择的过程中，要按照多准则问题方案的全部属性值的大小进行排序，从而依序择优。这种促使方案完全序列化的规则，便称为决策规则。决策规则一般可分为两大类：最优规则和满意规则。最优规则是使方案完全序列化的规则，只有在单准则决策问题中，方案集才是完全有序的，因此，总能够从中选出最优方案。

然而在多准则决策问题中，方案集是不完全有序的，准则之间往往存在矛盾性与不可公度性（各准则的量纲不同），所以，各个准则均最优的方案一般是不存在的。因而，只能在满意规则下寻求决策者满意的方案。在系统优化中，用"满意解"代替"最优解"，就会使复杂问题大大简化。决策者的满意性，一般通过所谓"倾向性结构（信息）"来表述，它是多准则决策不可缺少的重要组成部分。

5. 安全决策过程

安全决策与通常的决策过程一样，应按照一定的程序和步骤进行。不同的是，在进行安全决策时，应注意安全问题的特点，确定各个步骤的具体内容。

（1）确定目标。决策过程首先需要明确目标，也就是要明确需要解决的问题。对安全而言，从大安全观出发，安全决策所涉及的主要问题就是保证人们的生产安全、生活安全和生存安全。但是这样的目标所涉及的范围和内容太大了，以至于无法操作，应进一步界定、分解和量化。

例如，生产安全是一个总目标，它可以分解为预防事故发生，消除职业病和改善劳动条件。而且，对已分解的目标，还应根据行业不同，现实条件不同（如经济保证、技术水平），边界约束条件不同，区分目标的实现层次和内涵。

又如，生活安全可以分解为个人生活安全、家庭生活安全和社会生活安全，也可以分解为生命安全、财产安全和生活舒适与健康；生存安全可以分解为自然灾害、人为灾害，也可分解为生态环境安全、灾害、交通安全以及突发事件（战争、冲突等）。

另外，对于决策目标应有明确的指标要求；对于技术问题，应有风险率、严重度、一定可靠度下的安全系数以及事故率、时间域和空间域等具体量化指标；对于难于量化的定性目标，则应尽可能加以具体说明。

（2）确定决策方案。在目标确定之后，决策人员应依据科学的决策理论，对要求达到的目标进行调查研究，进行详细的技术设计、预测分析，拟出几个可供选择的方案。

首先，应根据总目标和指标的要求将那些达不到目标基本要求的方案舍弃掉，然后再用加权法或其他数学方法对各个方案进行排序。排在第一位的方案也称为备选决策提案。备选决策提案不一定是最后决策方案，还需要经过技术评价和潜在问题分析做进一步的慎重研究。

（3）潜在问题或后果分析。对备选决策方案，决策者要向自己提出"假如采用这个方案，将要产生什么样的结果？假如采用这个方案，可能导致哪些不良后果和错误？"等问题，从这些可能产生的后果中进行比较，以决定方案的取舍。

对安全问题，考虑其决策方案后果，应特别注意如下一些潜在问题：

1）人身安全方面：应特别注意有无生命危险，有无造成工伤的危险，有无职业病和后遗症的危险。

2）人的精神和思想方面：是否会造成人的道德、思想观念的变化；是否会造成人的兴趣爱好和娱乐方式的变化；是否会造成人的情绪和感情方面的变化；是否会加重人的疲劳，带来精神紧张，影响个人导致不安全感或束缚感的产生等。

3）人的行为方面：能否造成人的生活规律、生活方式以及生活时间的变化等。

（4）实施与反馈。决策方案在实施过程中应注意制定实施规划，落实实施机构、人员职责，并及时检查与反馈实施情况，使决策方案在实施过程中趋于完善并达到预期效果。

根据决策环境，考虑属性量化程度，可以把多属性决策（MADM）问题区分为确定性和非确定性两类，相应的决策方法就有确定性多属性决策方法、定性与定量相结合的决策方法和模糊多属性决策方法。目前采用的决策方法有：确定性多属性决策方法、评分法、决策树法、技术经济评价法、稀少事件评价法、模糊决策法等。

5.2.2 确定性多属性决策方法

一种多属性决策（MADM）方法就是一个对属性及方案信息进行处理选择的过程。该过程所用的基础数据主要是决策矩阵、属性 $f_j(j \in M)$ 和/或方案 $x_i(i \in N)$ 的偏好信息（倾向性）。决策矩阵 A 一般由决策分析人员给出，它提供了分析决策问题的基本信息，是各种 MADM 方法的基础。需要指出的是，A 的元素从形式上看是定量化的，它们也可以是定性的，甚至是模糊的。对应于确定性多属性决策，则 A 多是定量化的，$f_j(j \in M)$ 和/或 $x_i(i \in N)$ 的倾向性信息一般是由决策者给出的。根据决策者对决策问题提供倾向性信息的环节及充分程度的不同，可将求解 MADM 的问题的方法归纳为：无倾向性信息的方法、有关于属性的倾向性信息的方法和有关于方案的倾向性信息的方法三类。由于安全决策问题是个很复杂的课题，本书只介绍一类无倾向性信息的决策方法——筛选方案的方法。

1. 优势法

该方法的操作过程是，从备选方案集 R 中：

$$R = \{x_1, x_2, x_3, x_4\} \tag{5-21}$$

任取两个方案（记为x_1和x_2）。若决策者（或决策分析者）认为（或决策矩阵A已知）x_1劣于x_2，则剔去x_1，保留x_2；若无法区分两者的优劣时，皆保留。将留下的非劣方案与R中的第三个方案x_3进行比较，如果它劣于x_3，则剔去前者，如此进行下去，经$n-1$步后便确定了非劣解集R_{Pa}。

这种方法不需要对属性做任何假设和变换，也不要求确定权系数。那么经过这种方法筛选后，n个原方案中将有多少个非劣方案保留下来呢？卡尔皮尼（H. C. Calpine）和戈尔丁（A. Golding）导出了一个具有m个属性n个方案的MADM问题经优势法筛选后保留下来的非劣解期望数估计公式：

$$N(m,1) \approx 1 + \ln n + (\ln n)^2/2! + \cdots + (\ln n)^{m-3}/(m-3)! + \gamma(\ln n)^{m-2}/(m-2)! + (\ln n)^{m-1}/(m-1)! \quad (5\text{-}22)$$

式中　γ——欧拉常数（≈ 0.5772）。

显然，$N(m,1) = N(1,n) = 1$。

2. 连接法（满意法）

该方法要求决策者对表征方案的每个属性提供一个可接受的最低值，称为切除值（Cut off Values）。只有当一个方案的每个属性值均不低于对应的切除值时，该方案才能保留，即方案x被接受，即：

$$f_j(x) \geq f_j^0 \quad (j \in M, x \in R) \quad (5\text{-}23)$$

式中　f_j^0——j个属性的切除值。

可以看出，切除值的规定是这个方法的关键所在，如果定得过高，将淘汰过多方案；如果定得太低，又会保留过多方案，可按下列方式来确定切除值。令r为被淘汰方案的比例，P_c为任一随机选出的方案，其各属性值满足下式的概率：

$$r = 1 - P_c^m \quad (5\text{-}24)$$

则有：

$$P_c = (1-r)^{1/m} \quad (5\text{-}25)$$

例如：若$m=6$，$r=0.75$，则$P_c = (1-0.75)^{1/6} = 0.79$。即对每个属性所设定的切除值应保证有至少79%的方案数对应的属性值超过该切除值。另外，也可以用迭代法由低到高逐步提高切除值，直到得到所希望保留的方案数为止。

3. 分离法

分离法用来筛选方案时仍要对每个属性设定切除值，但和连接法不同的是，并不要求每个属性值都超过这个值，只要求方案中至少有一个属性值超过切除值就被保留。按此原则方案x，即满足：

$$f_j(x) \geq f_j^d \quad (当j=1或2或\cdots或m, x \in R) \quad (5\text{-}26)$$

式中　f_j^d——规定的切除值。

总体来看，分离法保证了凡在其一属性上占优势的方案皆被保留，而连接法则保证了凡在某一属性上处劣势的方案皆被淘汰。显然，它们虽不宜用于方案排序，但却可以保障经上述两种方法筛选后，方案集R中所剩的方案已基本上是非劣方案。

【例5-6】 设某生产线，安全技术改造方案所涉及的各种因素的集合见表5-9。

表 5-9 安全技术改造方案集合

备选方案 x_i	属性 f_j					
	最大生产量 f_1	多品种生产性 f_2	可靠性 f_3	自动化程度 f_4	安全技术改造费 f_5	风险率 f_6
x_1	20	中	中	中	900	10^{-6}
x_2	25	低	低	低	1200	10^{-3}
x_3	18	高	高	高	1000	10^{-4}
x_4	22	中	中	中	900	10^{-4}

该安全技术改造问题决策矩阵为：

$$A = \begin{array}{c} \\ x_1 \\ x_2 \\ x_3 \\ x_4 \end{array} \begin{pmatrix} f_1 & f_2 & f_3 & f_4 & f_5 & f_6 \\ 20 & 中 & 中 & 中 & 900 & 10^{-6} \\ 25 & 低 & 低 & 低 & 1200 & 10^{-3} \\ 18 & 高 & 高 & 高 & 1000 & 10^{-4} \\ 22 & 中 & 中 & 中 & 900 & 10^{-4} \end{pmatrix}$$

解：用优势法求解。在多准则决策问题（MCDM）中，定义：设 $\bar{x} \in R$，若不存在 $x \in R$ 满足 $F(x) \geqslant F(\bar{x})$，则称 $\bar{x}$ 为 MCDM 的非劣解（R 为备选方案集）。

用此概念去考查这 4 个方案，并不存在 $F(x) \geqslant F(\bar{x})$ 的情况，所以 x_1，x_2，x_3，x_4 均为非劣解。

若假设 $f_1(x_1) = f_1(x_4)$，则可导出 $x_1 > x_4$，此时 x_4 是劣解，应剔除。

（连接法求解）　若设定切除值 $F^c = (f_1^c, f_2^c, \cdots, f_6^c)^T = (18, 中, 中, 中, 1000, 低)$，则可接受的方案集合 R_c 为：

$$R_c = \bigcap_{j=1}^{m} \{x \mid f_j(x) \geqslant f_j^c, x \in R\} = \{x_1, x_3\}$$

（分离法求解）　设定 $F^d = (20, 中, 中, 中, 1000, 低)^T$，则可接受的方案集合为 R_d 为：

$$R_d = \bigcup_{j=1}^{m} \{x \mid f_j(x) \geqslant f_j^d, x \in R\} = \{x_1, x_3, x_4\}$$

5.2.3　评分法

评分法就是根据预先规定的评分标准对各方案所能达到的指标进行定量计算比较，从而达到对各个方案排序的目的。

1. 评分标准

一般按 5 分制评分：优（5 分）、良（4 分）、中（3 分）、差（2 分）、最差（1 分）。当然也可按 7 个等级评分，这要视决策方案多少及其之间的差别大小和决策者要求而定。

2. 评分方法

多数采用专家打分的办法，即以专家根据评价目标对各抉择方案评分，然后取其平均值或除去最大、最小值后的平均值作为分值。

3. 评价指标体系

评价指标体系一般应包括三个方面的内容：技术指标、经济指标和社会指标。对于安全问题决策，若有几个不同的技术抉择方案，则其评价指标体系大致有：技术先进性、可靠性、安全性、维修性、可操作性等；经济方面有成本、质量可靠性、原材料、周期、风险率等；社会方面有劳动条件、环境、精神习惯、道德伦理等。当然要注意指标因素不宜过多，否则不但难以突出主要因素，而且会造成评价结果不符合实际。

4. 加权系数

由于各评价指标的重要性不一样，必须赋给每个评价指标一个加权系数。为了便于计算，一般取各个评价指标的加权系数 g_i 之和为 1。加权系数值可由经验确定或用判断表法计算。

计算各评价指标的加权系数公式为：

$$g_i = \frac{k_i}{\sum_{i=1}^{n} k_i} \tag{5-27}$$

式中 k_i ——各评价指标的总分；
n ——评价指标数。

判断表见表 5-10，将评价目标的重要性两两比较，同等重要各给 2 分；某一项重要者则分别给 3 分和 1 分；某一项比另一项重要得多，则分别给 4 分和 0 分。将上述对比的给分填入表中。

表 5-10 评价项目的重要性判断表

被比较者 比较者	A	B	C	D	k_i	g_i
A		1	0	1	2	0.083
B	3		1	2	6	0.250
C	4	3		3	10	0.417
D	3	2	1		6	0.250
重要性排序 $C>B=D>A$					$\sum_{i=1}^{4} k_i = 24$	$\sum_{i=1}^{4} g_i = 1.0$

5. 计算总分

计算总分也有多种方法（见表 5-11），可根据其适用范围选用，总分或有效值高者当为首选方案。

表 5-11 总分计算方法

序 号	方法名称	公 式	适 用 范 围
1	分值相加法	$Q_1 = \sum_{i=1}^{n} k_i$	计算简单、直观
2	分值相乘法	$Q_2 = \prod_{i=1}^{n} k_i$	各方案总分相差大，便于比较
3	均值法	$Q_3 = \frac{1}{n} \sum_{i=1}^{n} k_i$	计算简单、直观

(续)

序号	方法名称	公式	适用范围
4	相对值法	$Q_4 = \dfrac{\sum_{i=1}^{n} k_i}{nQ_0}$	$Q_4 \leqslant 1$，能看出与理想方案的差距
5	有效值法	$N = \sum_{i=1}^{n} k_i g_i$	总分中考虑了各评价指标的重要程度

注：Q_i——方案总分值；N——有效值；n——方案指标数；k_i——各评价指标的评分值；g_i——各评价指标的加权系数；Q_0——理想方案总分值。

5.2.4 决策树法

决策树法是风险决策的基本方法之一。决策树分析方法又称概率分析决策方法。决策树法与事故树分析一样是一种演绎性方法，就是一种有序的概率图解法。

1. 决策树形

决策树的结构如图 5-3 所示，图中符号说明如下：

方块 □——决策点，从它引出的分支叫方案分支，分支数即为提出的方案数。

圈 ○——方案节点（也称自然状态点）。从它引出的分支称为概率分支，每条分支上面应注明自然状态（客观条件）及其概率值，分支数即为可能出现的自然状态数。

三角 △——结果节点（也称末梢），它旁边的数值是每一方案在相应状态下的收益值。

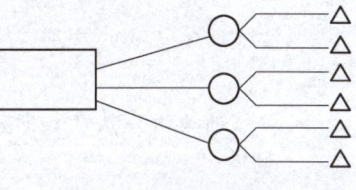

图 5-3　决策树示意图

2. 决策步骤

首先根据决策问题绘制决策树；计算概率分支的概率值和相应的结果节点的收益值；计算各概率点的收益期望值；确定最优方案。

3. 决策树分析法的优点

（1）决策树能显示出决策过程，不但能通观决策过程的全局，而且能在此基础上系统地对决策过程进行合理分析，集思广益，便于做出正确决策。

（2）决策树显示能把风险决策的各个环节联系成一个统一的整体，有利于决策过程中的思考，能看出未来发展的几个步骤，易于比较各种方案的优劣。

（3）决策树法既可进行定性分析，也可进行定量分析。

【例 5-7】 某厂因生产需要，考虑是否自行研制一个新的安全装置。首先，这个研制项目是否需要评审，如果评审，则需要评审费 5000 元；不评审，则可省去评审费用。如果决定评审，评审通过概率为 0.8，不通过的概率为 0.2。每种研制形式都有失败的可能，如果研制成功（无论哪一种形式），能有 6 万元收益；若采用"本厂独立完成"形式，则研制费为 2.5 万元，成功概率为 0.7，失败概率为 0.3；若采用"外厂协作"形式（包括先评审），则支付研制费用为 4 万元，成功概率为 0.99，失败概率为 0.01。针对上述问题，需要进行决策。

解：（1）首先画出决策树，如图 5-4 所示。

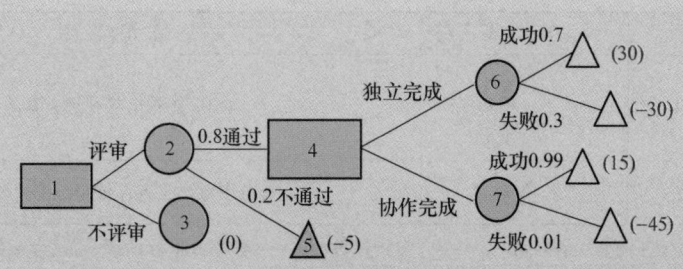

图 5-4 决策树示意图

(2) 根据上述数据计算各节点的收益(收益=效益-费用)。
独立研制成功的收益：
$$(60-5-25)千元 = 30 千元$$
独立研制失败的收益：
$$(0-5-25)千元 = -30 千元$$
协作研制成功的收益：
$$(60-5-40)千元 = 15 千元$$
协作研制失败的收益：
$$(0-5-40)千元 = -45 千元$$

按照期望值公式计算期望值，期望值公式为：
$$E(V) = \sum_{i=1}^{n} P_i V_i$$

式中 V_i——事件 i 的条件值；
P_i——特定事件 i 发生的概率；
n——事件总数。

独立研制成功的期望值：
$$E(V_6) = [0.7 \times 30 + 0.3 \times (-30)] 千元 = 12 千元$$
协作研制成功的期望值：
$$E(V_7) = [0.99 \times 15 + 0.01 \times (-45)] 千元 = 14.4 千元$$

(3) 根据期望值决策准则，若决策目标是收益最大，则采用期望值最大的行为方案，如果决策目标是使损失最小，则选定期望值最小的方案，本例选用期望值最大者，即选用协作完成形式。

上报评审环节的期望值为：
$$E(V_2) = [0.8 \times 14.4 + 0.2 \times (-5)] 千元 = 10.52 千元$$

5.2.5 技术经济评价法

技术经济评价法是对抉择方案进行技术经济综合评价时，不但考虑评价指标的加权系数，而且所取的技术价和经济价都是相对于理想状态的相对值。这样更便于决策判断与方案筛选。

1. 技术评价

技术评价步骤如下:

1) 确定评价的技术项目和评价指标集。

2) 明确各技术指标的重要程度。在指标集的众多技术指标中,要明确哪些是必须满足的,即所谓固定要求,低于或高于该指标就不合格;要明确哪些是可以给出一个允许范围的,也即有一个最低要求;还要明确哪些是希望达到的。

3) 分别对各个技术指标评分。

4) 进行技术指标总评价。在各个技术指标评分的基础上,进行总的评分,即求出各技术指标的评分值与加权系数乘积之和与最高分(理想方案)的比值:

$$W_t = \frac{\sum_{i=1}^{n} V_i g_i}{V_{max} \sum_{i=1}^{n} g_i} = \frac{\sum_{i=1}^{n} V_i}{n V_{max}} \tag{5-28}$$

式中 W_t——技术价;

V_i——各技术评价指标的评分值;

V_{max}——各技术评价指标的最高分(对理想方案,5 分制的 5 分);

n——技术评价指标个数;

g_i——各技术评价指标的加权系数,取 $\sum_{i=1}^{n} g_i = 1$。

技术价 W_t 越高,方案的技术性能越好。理想方案的技术价为 1, $W_t < 0.6$,表示方案不可取。

2. 经济评价

经济评价的步骤如下。

1) 按成本分析的方法,求出各方案的制造费用 C_i。

2) 确定该方案的理想制造费用。通常理想的制造费 C_I 是允许制造费的 0.7 倍。允许制造费 C 可按下式计算:

$$C = \frac{C_I}{0.7} = \frac{C_{M,min}}{C_s / C_i} \tag{5-29}$$

式中 $C_{M,min}$——合适的市场价格;

C_s——标准价格,是研制费、行政管理费、销售费、盈利和税金的总和;

C_i——制造费用。

3) 确定经济价。确定经济价的公式:

$$W_w = \frac{C_I}{C_i} = \frac{0.7C}{C_i} \tag{5-30}$$

经济价 W_w 值越大,经济效果越好。理想方案的经济价为 1,表示实际生产成本等于理想成本。W_w 的许用值为 0.7,此时,实际生产成本等于允许成本。

3. 技术经济综合评价

可以用计算法和图法进行技术经济综合评价。

(1) 相对价 W 法。

1) 均值法:

$$W = 0.5(W_t + W_w) \quad (5-31)$$

2) 双曲线法：

$$W = \sqrt{W_t + W_w} \quad (5-32)$$

相对价 W 值越大，方案的技术经济综合性能越好。一般应取 $W > 0.65$。当 W_t、W_w 两项中有一项数值较小时，用双曲线法能使 W 值明显变小，更便于对方案的抉择。

（2）优度图法。优度图如图 5-5 所示。图中横坐标为技术价 W_t，纵坐标为经济价 W_w。每个方案的 W_{ti}、W_{wi} 值构成点 S_i，而 S_i 的位置就反映了此方案的优度。当 W_t、W_w 值均等于 1 时的交点 S_I 是理想优度，表示技术经济综合指标的理想值。$0 - S_I$ 连线称为"开发线"，线上各点 $W_t = W_w$。S_i

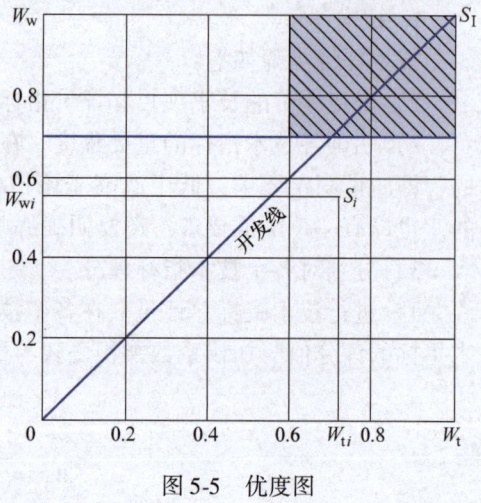

图 5-5 优度图

点离 S_I 点越近，表示技术经济综合指标越高，离开发线越近，说明技术经济综合性能越好。

5.2.6 稀少事件评价法

当决策者要在多种抉择方案中做决策时，可能会遇到某种稀少事件是否值得考虑，或者在用智力激励法进行风险辨别时，稀少事件如何估计的问题。

稀少事件（Rare Events）是指那些发生的概率非常小的事件，对它们很难用直接观测的方法进行研究，因为它们不但"百年不遇"，而且"不重复"。在稀少事件中有两种不同的风险估计：一类是称外围"零—无穷大"的风险，指的是那些发生的可能性很小（几乎为零）而后果却十分严重（几乎是无穷大）的事故，例如核电站泄漏事故；另一类是发生概率很小，后果不像前一类那么严重，但涉及的面或人数却很多，并且易被一些偶然因素、另外的风险、与它们的作用相同或相反的其他因素所掩盖的事故，如水质污染不是特别严重的情况下，很难确定其与癌症发病率之间的关系。前一类情况主要涉及明显事故的估计与价格，后一类情况则主要是对潜在危险进行测量和估计。

对稀少事件很难给出一个严格定义，就第一类事故情况来说，一般采用如下的定义：即 100 年才可能发生一次事故称为稀少事件。其数学表达式如下：

$$nP < 0.01 \quad (5-33)$$

式中　n——试验次数（次/年）；
　　　P——事故发生的概率。

1. 稀少事件的风险度

稀少事件一般服从二项分布，它们相互独立，发生的概率为 P，在 n 次试验中，有 m 次成功（发生）的概率 $P(m)$ 为：

$$P(m) = C_n^m P^m (1-P)^{n-m} \quad (m = 0, 1, 2, \cdots, n) \quad (5-34)$$

其均值（期望值）：

$$E(x) = nP \quad (5-35)$$

方差：

$$D(x) = nP(1-P) \quad (5-36)$$

风险度 R 为：

$$R = \frac{\sqrt{D(x)}}{E(x)} = \frac{\sqrt{nP(1-P)}}{nP} \tag{5-37}$$

对于稀少事故，$P \ll 1$，故有：

$$\left. \begin{array}{l} D(x) = nP \\ R = \dfrac{1}{\sqrt{nP}} \end{array} \right\} \tag{5-38}$$

2. 绝对风险与对比风险

概率估计只有当概率不太大和不太小时才比较准确，因此以期望值（均值）为基础的统计数据计算对稀少事件的分析不是很确切，为此有人提出对比风险的概念。对比风险与绝对风险可定义如下：

（1）绝对风险。绝对风险是对某一可能发生事件的概率及其后果的估计，也就是通常所讨论的风险概念。

（2）对比风险。对比风险可分为两种情况，一种是对于发生概率相似的事件，比较其发生的后果；另一种是对于两种后果及大小相似的事件，比较其发生的概率。

绝对风险与对比风险的适用区域示意图如图 5-6 所示。

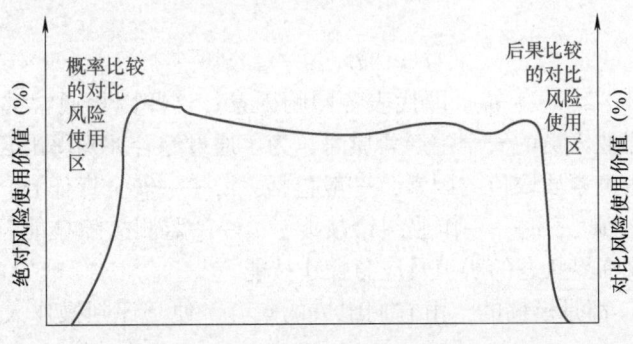

图 5-6　绝对风险与对比风险的适用区域示意图

3. 稀少事件风险估计的应用

例如某企业需存放一种有毒有害物质，拟有两种存放方案：一种是简单的浅埋，另一种是放在专门建造的地窖中。浅埋比较经济，但在发生水灾时会大量溢散。水灾的发生是稀少事件。现在需要决定的是是否需要考虑浅埋溢散的影响。设有害物质的保护期为 100 年，当发生水灾时，浅埋会造成 100% 的有害物质溢散，而专建地窖方案有 10% 的溢散。因专建的地窖是按要求建造的，溢散 10% 是符合有关规定的。

假定决策者是一个对风险持中性态度的人，等价水平 $P = 1 \times 10^{-4}$/年（即 100 年中发生溢散的概率为 0.01 与埋在专建地窖中等价）。决策者为更保险，将此又降低两个数量级即认为等价水平是 $P = 1 \times 10^{-6}$/年。然后就要对水灾发生的概率进行估计。如果水灾概率小于 1×10^{-6}/年，则可以采用浅埋方案；否则，则应采用专建地窖方案。

5.2.7　模糊决策法

利用模糊数学的办法将模糊的安全信息定量化，从而对多因素进行定量评价与决策，就是模糊决策法。

这里所说的模糊的安全信息，其实就是我们常说的描述与安全有关的定性术语。例如预测事故发生，常用可能性很大、可能性不大或很小；预测事故后果时，常用灾难性的、非常严重的、严重的、一般的等术语进行区别。如何用这些安全领域中常用的定性术语进行评价和决策，采用模糊数学的方法是行之有效的途径之一。

传统的安全管理，基本上是凭经验和感性认识去分析和处理生产中各类安全问题，对系统的评价只有"安全"或"不安全"的定性估计。这样的分析，忽略了问题性质的程度上的差异，而这种差异有时是很重要的。例如在分析和识别高处作业的危险性时，不能简单地划分为"安全"或"不安全"，而必须考虑"危险性"这个模糊概念的程度怎样。模糊概念不是只用"1"（安全）、"0"（不安全）两个数值去度量，而是用 0~1 之间一个实数去度量，这个数就叫"隶属度"。例如某方案对"操作性"的概念有八成符合，即称它对"操作性"的隶属度是 0.8。用函数表示不同条件下隶属度的变化规律称为"隶属函数"。隶属度可通过已知的隶属函数或统计法求得。

模糊决策主要分为两步进行：首先按每个因素单独评判，然后再按所有因素综合评判。

1. 建立因素集

因素集是指以所决策（评价）系统中影响评判的各种因素为元素所组成的集合，通常用 U 表示，即：

$$U = \{u_1, u_2, \cdots, u_m\} \tag{5-39}$$

各元素 u_i（$i = 1, 2, \cdots, m$）即代表各影响因素。这些因素通常都具有不同程度的模糊性。例如，评判作业人员的安全生产素质时，为了通过综合评判得出合理的值，可列出影响作业人员的安全生产素质取值的因素，一般包括：u_1——安全责任心；u_2——所受安全教育程度；u_3——文化程度；u_4——作业纠错技能；u_5——监测故障技能；u_6———般故障排除技能；u_7——事故临界状态的辨识及应急操作技能。

上述因素 $u_1 \sim u_7$ 都是模糊的，由它们组成的集合，便是评判操作人员的安全生产技能的因素集。

2. 建立权重集

一般来说，因素集 U 中的各因素对安全系统的影响程度是不一样的。为了反映各因素的重要程度，对各个因素应赋予一相应的权数 Q_i。由各权数所组成的集合：

$$A = \{a_1, a_2, \cdots, a_m\} \tag{5-40}$$

A 称为因素权重集，简称权重集。

各权数 a_i，应满足归一性和非负性条件：

$$\sum_{i=1}^{m} a_i = 1 \quad (a_i \geq 0) \tag{5-41}$$

它们可视为各因素 u_i 对"重要"的隶属度。因此，权重集是因素集上的模糊子集。

3. 建立评判集

评判集是评判者对评判对象可能做出的各种总的评判结果所组成的集合。通常用 V 表示，即：

$$V = \{v_1, v_2, \cdots, v_n\} \tag{5-42}$$

各元素 v_i 即代表各种可能的总评判结果。模糊综合评判的目的，就是在综合考虑所有影响因素基础上，从评判集中得出一个最佳的评判结果。

4. 单因素模糊评判

单独从一个因素进行评判，以确定评判对象对评判集元素的隶属度，称为单因素模糊评判。

设对因素集 U 中第 i 个因素 u_i 进行评判，对评判集 V 中第 j 个元素 v_j 的隶属度为 r_{ij}，则按第 i 个因素 u_i 的评判结果可得模糊集合：

$$R_i = \{r_{i1}, r_{i2}, \cdots, r_{in}\} \tag{5-43}$$

同理，可得到相应于每个因素的单因素评判集如下：

$$R_1 = \{r_{11}, r_{12}, \cdots, r_{1n}\} \tag{5-44}$$
$$R_2 = \{r_{21}, r_{22}, \cdots, r_{2n}\}$$
$$\cdots$$
$$R_m = \{r_{m1}, r_{m2}, \cdots, r_{mn}\}$$

将各单因素评判集的隶属度行组成矩阵，又称为评判（决策）矩阵：

$$R = \begin{pmatrix} r_{11} & \cdots & r_{1n} \\ \vdots & & \vdots \\ r_{m1} & \cdots & r_{mn} \end{pmatrix} \tag{5-45}$$

5. 模糊综合决策

单因素模糊评判，仅反映了一个因素对评判对象的影响。要综合考虑所有因素的影响，得出正确的评判结果，这就是模糊综合决策。

如果已给出决策矩阵 R，再考虑各因素的重要程度，即给定隶属函数或权重集 A，则模糊综合决策模型为：

$$B = AR \tag{5-46}$$

评判集 V 上的模糊子集，表示系统评判集诸因素的相对重要程度。

【例 5-8】 设评判某类事故的危险性，一般可考虑事故发生的可能性 u_1、事故后的严重度 u_2、对社会造成的影响 u_3 以及防止事故的难易程度 u_4。这 4 个因素就可构成危险性的因素集，即：

$$U = \{u_1, u_2, u_3, u_4\}$$

由于因素集中各因素对安全系统影响程度是不一样的，因此，要考虑权重系数。若评判人确定的权重系数用集合表示，即权重集为：

$$A = (0.5, 0.2, 0.2, 0.1)$$

建立评判集。若评判人对评判对象可能做出各种总的评语为危险性很大、较大、一般、小，则评判集为：

$$V = \{很大(v_1)、较大(v_2)、一般(v_3)、小(v_4)\}$$

对因素集中的各个因素的评判，可用专家座谈的方式来评定。具体做法是：任意固定一个因素，进行单因素评判，联合所有单因素评判，得单因素评判矩阵 R。如对事故发生的可能性 u_1 这个因素评判：若有 40% 的人认为很大，50% 的人认为较大，10% 的人认为一般，没有人认为不会发生，则评判集为

$$(0.4, 0.5, 0.1, 0)$$

同理，可得到其他3个因素的评判集，即事故严重程度的评判集为

$$(0.5, 0.4, 0.1, 0)$$

对社会造成影响程度的评判集为：

$$(0.1, 0.3, 0.5, 0.1)$$

防止事故难易程度的评判集为：

$$(0, 0.3, 0.5, 0.2)$$

于是可将各单因素评判集的隶属度分别列为一行组成评判矩阵：

$$R = \begin{pmatrix} 0.4 & 0.5 & 0.1 & 0 \\ 0.5 & 0.4 & 0.1 & 0 \\ 0.1 & 0.3 & 0.5 & 0.1 \\ 0 & 0.3 & 0.5 & 0.2 \end{pmatrix}$$

则这类事故危险性综合评判模型为：

$$B = AR$$

将 A 和 R 代入，计算：

$$B = (0.5 \quad 0.2 \quad 0.2 \quad 0.1) \cdot \begin{pmatrix} 0.4 & 0.5 & 0.1 & 0 \\ 0.5 & 0.4 & 0.1 & 0 \\ 0.1 & 0.3 & 0.5 & 0.1 \\ 0 & 0.3 & 0.5 & 0.2 \end{pmatrix}$$

$$= \begin{pmatrix} (0.5 \cap 0.4) \cup (0.2 \cap 0.5) \cup (0.2 \cap 0.1) \cup (0.1 \cap 0) \\ (0.5 \cap 0.5) \cup (0.2 \cap 0.4) \cup (0.2 \cap 0.3) \cup (0.1 \cap 0.3) \\ (0.5 \cap 0.1) \cup (0.2 \cap 0.1) \cup (0.2 \cap 0.5) \cup (0.1 \cap 1.5) \\ (0.5 \cap 0) \cup (0.2 \cap 0) \cup (0.2 \cap 0.1) \cup (0.1 \cap 0.2) \end{pmatrix}$$

$$= \begin{pmatrix} 0.4 \cup 0.2 \cup 0.1 \cup 0 \\ 0.5 \cup 0.2 \cup 0.2 \cup 0.1 \\ 0.1 \cup 0.1 \cup 0.2 \cup 0.1 \\ 0 \cup 0 \cup 0.1 \cup 0.1 \end{pmatrix}^T$$

$$= (0.4 \quad 0.5 \quad 0.2 \quad 0.1)$$

B 就代表评判集结果，但是因为 $0.4+0.5+0.2+0.1=1.2$，不容易看出百分比例关系，为此，可进行归一化处理：

$$B' = \left(\frac{0.4}{1.2} \quad \frac{0.5}{1.2} \quad \frac{0.2}{1.2} \quad \frac{0.1}{1.2}\right) = (0.33 \quad 0.42 \quad 0.17 \quad 0.08)$$

也就是说，对这类事故就上述4个因素的综合决策为：相当33%的评价人认为危险性很严重，有42%的人认为较严重，有17%的人认为危险性一般，有8%的评价人认为这类事故的危险性或风险性小。

5.2.8 决策的稳定性和决策风险

一个复杂的安全决策问题往往有多个不确定因素影响决策的效果。决策问题的定量分析

需要通过模型实现，即在收集基础数据和资料的基础上，通过固定模型参数来做分析比较。在最优方案实施时这些参数的预测值（如年初选定的千人负伤率）往往与实际值有差异，有的差异可能还很大，以至于必须对原方案进行修改，甚至重来。发生这种不确定性的原因，或是由于原来的估计有误，或是外界情况突变引发了事故发生，但不论哪种原因，都会对决策方案的效果产生影响。因此，在决策分析过程中，还有必要研究决策的稳定性和风险问题。

1. 决策的稳定性

（1）敏感性分析。敏感性分析也称优化后分析或灵敏度分析。它是指在安全决策分析过程中对影响决策方案稳定性的各种重要因素进行测试的一种模拟分析。由于各因素的变动，对原决策方案的稳定性将产生影响，有时还会改变原有结论。在这些因素中，影响大的因素称为敏感因素，影响小的或无影响的因素称为不敏感因素。

通过敏感性分析，可以发现决策模型中对原决策理论的稳定性影响程度较大的一个或几个参数，或在不改变原有决策结论的前提下，确定决策方案中的关键参数所允许变动的范围，一旦预计到参数的变动将可能超过允许范围而改变原有结论时，就必须修正或重新制定方案。所以，敏感性分析可以预测决策方案的稳定性并对其加以控制，使决策分析者和决策者避免对最优方案的绝对化理解，引导进一步对决策方案稳定性及其影响因素的研究，并考虑好较为灵活的对策措施，在工作中争取主动，防止因决策失误而使决策目标不能实现。

在决策稳定性分析过程中，主要的敏感性分析方法有以下几种。

1）相对衡量法。在保持其他因素不变的情况下，逐次变动某个因素（模型参数），要分析的各因素每次变动的幅度相同。比较在相同的变动幅度条件下，决策方案效果的变化程度，那些对决策效果影响较大的因素即为敏感性因素。确定敏感性因素后，再综合判断该方案优化性质的稳定状况以及允许变动的幅度范围。

2）绝对衡量法，也称最有利 – 最不利法。把一个或几个因素分别向最有利（乐观）或最不利（悲观）的方向改变，以测度它（们）对方案效果的影响，从而确定有关因素的敏感程度和决策方案的稳定性。

3）图示法。用二维坐标把各因素的变动情况用曲线表示出来，据此定出有利区域与不利区域，作为择定决策方案、研究方案稳定性的依据。但是，由于该方法受做图限制，在需要分析的变量较多时较为困难。

4）专家判断法。一般组织一定数量的专家组成专家组，通过专家打分方式获取各影响因素权重，权重越大，其敏感度也越大。该方法尤其适合安全决策，因为安全决策分析是一个复杂的系统分析过程，影响安全决策的因素众多，哪一因素的敏感性较高并不是一个人所能决定的，且不同专家由于认知水平不同对同一因素的敏感性水平的认知也不同，因此需综合各专家的认知形成综合判断意见。

5）转折分析法。这是一种在风险决策分析中常用的方法，通过确定最优决策方案发生转变的某个临界参数（条件值或其发生概率）值，并据此来判断决策方案的优化稳定性，以进一步查找有关的主要影响因素和采取必要的措施。

（2）效用理论。在安全决策分析中，由于决策者的价值观不同，对于同样的可能结果会产生不同选择方式，因而产生了效用理论。效用作为衡量各个方案可能结果的一种统一的无量纲的数量指标，反映了决策者的主观意图和倾向。所以，效用和主观概率是决策分析中特有的两个基本概念。效用理论和概率论一起构成了决策分析的基础理论。

1) 效用与效用函数。设决策问题的各可行方案有多种可能的结果值，依据决策者的主观愿望和价值倾向，每个结果值对决策者均有不同的价值和作用。反映结果值对决策者的价值和作用大小的量值称为效用。效用是决策者对于自己偏好的一种度量，也是决策价值观念的一种反映。

在绝对确定性条件下，两个方案之间的决策问题通常是一个很普通的问题。效用用以度量决策分析中各种可能的结果，并使之能在数量上进行比较。按照效用理论进行决策分析时，根据决策者的效用函数（曲线）来计算各个方案可能结果的期望效用值，并以最大期望值作为选择方案的依据。

效用函数亦即效用曲线。图 5-7 为各种决策者的典型效用函数。其中，中立型效用函数是线性的，斜率为 1，即效用值的增加与投入量的增加成正比关系，这表明该类型决策者完全按照货币期望值准则进行决策，对待风险的态度保持中立；保守型效用函数说明该类型决策者对待风险持保守态度；冒进型效用函数说明该类型决策者对待风险不怕冒失，企图谋取最大利益。

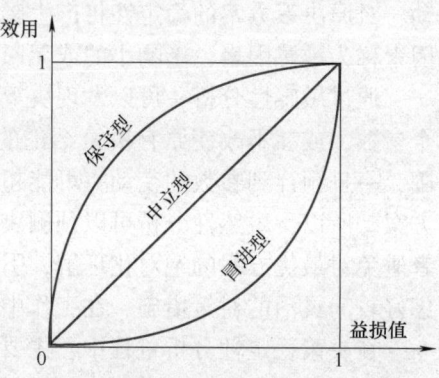

图 5-7 典型效用函数

2) 效用函数的建立。通常效用函数都是按照经验确定的。它主要是针对决策者建立的。根据对效用函数的经验研究，有以下几点结论。

一种特定的效用函数都与特定的决策者有关。一般说来，无法为一组人确定一种效用函数。

下凹型效用函数表明决策者厌恶风险，上凹型效用函数表明决策者喜欢冒险。效用函数也存在混合型的，例如在正收益值范围内时，决策者往往敢于"冒险"，而在负收益值范围内则"厌恶风险"，事实上，大部分效用函数在负收益值很小时就相当陡峭，这说明大多数决策者对较大损失极端厌恶。

通常没有一种数学函数与一个人观察到的数据完全相符，也不可能从理论上去确定一个特定的数学函数作为某个人的效用函数。尽管采用了回归和方差技术来缩小一些函数的选择范围。

因此，要建立某个决策者的效用函数需要很多的基础数据作支持。

3) 效用函数的应用。效用函数可应用于安全决策分析中遇到了一些困难，但又必须解决的问题。例如，在安全决策中，需要考虑和分析决策的风险问题，效用理论就可以为它提供有效的处理方法；在安全分析决策中，所关心决策的实施往往会产生许多的影响因素，效用理论对这些影响因素冲突和不可公度的问题，也可以提供一种权衡处理的办法；对于群决策问题，由于各部门和个人的意图和倾向不同，对于方案的选择态度也不同，因而一种方案可能影响到利害关系互有矛盾的各部门和个人，决策中必须考虑这些部门和个人的意见，如何采用一项指标正确反映集体的意图和倾向，还有待进一步探讨。效用函数的另外一种基本用途是总结决策者的决策经验，以提高决策者的素质。

2. 决策风险

(1) 风险及其估量。任何决策问题都面临着某种不确定性及这种不确定性带来的风险。

目前关于风险的准确定义及其测定方法在经济学界还没有统一定论,在安全管理领域则用事故发生的严重度和发生概率来表征,即:风险=事故概率×事故严重度。

一般一个特定的决策,它的可能结果的概率分布越密集,这个决策的风险性就越小,也就是说它的实际结果远离期望的概率越小。据此,人们规定了一种测定方案可能结果(即随机变量)概率分布密集度的标准,作为衡量风险大小的尺度。标准差越小、概率分布越密集,决策方案的风险也就越小。

【例 5-9】 某工厂考虑对厂房的防尘设备进行改造。有两种改造方案:方案 1 按照改造结果的好坏有"很好""较好"两种情况,收益分别为 200000 元、100000 元,两种情况出现的概率相同;方案 2 绝大多数情况(概率为 0.99)的收益是 151000 元,情况不好时(概率为 0.01)的收益是 51000 元。试对以上两种方案进行决策风险分析。

解:(1)计算期望,即预期收益:
$$E(X_1) = (0.5 \times 200000 + 0.5 \times 100000) 元 = 150000 元$$
$$E(X_2) = (0.99 \times 151000 + 0.01 \times 51000) 元 = 150000 元$$

由此可知,两种方案的期望收益都一样。

(2)按照式 $\delta_r = \sqrt{P_{r1}[X_{r1} - E(X_{r1})]^2 + P_{r2}[X_{r2} - E(X_{r2})]^2}$,计算标准差:

方案 1:$\delta_1 = \sqrt{0.5 \times (200000 - 150000)^2 + 0.5 \times (200000 - 150000)^2} 元 = 50000 元$

方案 2:$\delta_2 = \sqrt{0.99 \times (151000 - 150000)^2 + 0.01 \times (150000 - 51000)^2} 元 = 9500 元$

由此可见,虽然两种改造方案的收益都一样,但方案 2 的标准差比方案 1 低,方案 2 的风险更小。如果是中立型或保守型的决策者,建议选择方案 2,这意味着极大或极小收益发生的概率都较小;如果是冒进型决策者,建议选择方案 1。

说明:当结果可能不只两种时,也可以计算其标准差。如将【例 5-9】改为:方案 1 的结果为 100000 元、110000 元、120000 元、…、200000 元,且相等概率;方案 2 的结果为 130000 元、140000 元、150000 元、160000 元、170000 元,且发生概率相等。请读者对以上两种方案进行决策风险分析。

(2)考虑风险时的决策处理。由于考虑了风险,通常的安全目标决策也就成为决策方案的实施了。影响安全目标的因素众多,使得问题复杂性大大增强。这个特点在安全管理中尤为显著。在多因素影响的方案选择中往往几个方案各有特点,因此在选择时,决策者就不能直接运用最优准则,而是要在几个方案中进行某种"权衡",以便得出一种折中的或令人满意的选择。由此可见,权衡是多因素安全决策的主要观念之一,它可以看作评价多因素方案的主要手段。

为了做出权衡,决策分析者必须与决策者打交道,要求其进行权衡。权衡要反映决策者的主观意图。权衡不仅能够解决决策实施过程中众多因素的冲突问题,而且能够解决冲突因素之间的不可公度问题。这里,各影响因素之间的不可公度是指不同部门对于实现安全目标的认识不同,没有统一的度量标准。这种认识或影响因素的冲突与不可公度使得方案评价和比较非常困难,所以需要通过权衡予以解决。在安全决策问题中,通常根据多个因素对决策者所产生的综合效用去估计它们的价值。如果分析者不能直接采用效用函数去解决安全决策问题,而借助其他方法,也仍然要克服众多影响因素的不可公度或互相冲突的困难。因此,一般在解决安全决策问题时,多采用专家判断法。

复 习 题

1. 什么是安全预测?系统安全预测的原理有哪些?
2. 某机械企业 2007~2014 年的轻伤事故统计见表 5-12,试利用灰色 GM (1, 1) 模型对该企业 2015 年、2016 年的轻伤事故次数进行预测,并对拟合精度进行后验差检验。

表 5-12 某机械企业 2007~2014 年轻伤事故统计表

年 份	2007	2008	2009	2010	2011	2012	2013	2014
轻伤事故数/起	295	286	305	273	241	222	235	213

3. 某型号内燃机气缸的磨损量(平均值)和行驶里程的关系见表 5-13,试分别用一元线性回归分析法和灰色 GM (1, 1) 模型对 30000km 时气缸的磨损量进行预测。

表 5-13 某型内燃机气缸的磨损量和行驶里程的关系

行驶里程/km	5000	7500	10000	12500	15000
气缸磨损量/μm	30	46	50	60	70
行驶里程/km	17500	20000	22500	25000	27500
气缸磨损量/μm	88	100	110	125	135

4. 什么是安全决策?安全决策与一般的决策问题相比有哪些特点?
5. 试述决策、准则、价值、属性、目标、指标的基本概念。
6. 安全决策方法有哪些?各有什么特点?
7. 某工厂考虑是否对炉夹套的冷却系统进行改进。首先,改进项目是否需要评审,如果评审,则需要评审费 8000 元,不评审则可以省去评审费。如果决定评审,评审通过概率为 0.9,不通过的概率为 0.1。评审通过后,可通过"本厂独立完成"或"厂外协作"完成的方式进行改进,本厂独立完成有两个方案:方案 1 为改进失水信号检测器并增加备用泵,研制费用 3 万元,研制成功的概率为 0.6,失败概率为 0.4,研制成功后的收益为 15 万元;方案 2 为增加备用泵,研制费用 2 万元,研制成功的概率为 0.7,失败概率为 0.3,研制成功后的收益为 6 万元;厂外协作方式的研制费用 5 万元,研制成功的概率为 0.9,失败概率 0.1,研制成功后的收益为 11 万元。针对上述问题,试画出决策树,并进行决策分析。

第 6 章

典型事故影响模型与计算

本章学习目标：

要求掌握泄露模型、扩散模型、火灾模型、爆炸模型的机理及其计算表达式，熟悉火灾辐射伤害、爆炸超压伤害、毒物泄露伤害的计算方法，学会运用相关模型进行危化品事故的泄露、扩散、危害的计算和分析。

本章学习方法：

学习本章内容需温习高等数学、流体力学等相关数学知识，可结合《化工企业定量风险评价导则》（AQ/T 3046—2013）提升对各类模型的实际应用能力，同时可尝试使用 MATLAB 等软件实现模型求解。

随着科学技术的进步，一方面，易燃易爆有毒危险品的加工、储存和运输规模越来越大；另一方面，加工和储运化学危险品的技术系统一旦发生事故，给社会造成的人员伤害和财产损失也越来越严重。对于这些发生频率虽低，但后果严重的火灾、爆炸和毒气泄漏事故，各国政府和民众都非常重视。因此，对火灾、爆炸、中毒等重大事故危害后果的分析评价，将为政府和企业采取安全措施和制定事故应急救援预案提供依据。

6.1 泄漏模型

泄漏计算是进行扩散计算的前提。泄漏主要包括液体泄漏、气体泄漏和两相流泄漏等。

6.1.1 液体泄漏模型

液体泄漏量可根据流体力学中的伯努利方程计算。伯努利方程如下：

$$p + 0 + \rho g h = p_0 + \frac{1}{2}\rho v^2 + 0 \tag{6-1}$$

式中　ρ——液体密度（kg/m^3）；
　　　p——容器内介质压力（Pa）；
　　　p_0——大气压力（Pa）；

g——重力加速度，$g = 9.8 \text{m/s}^2$；
h——裂口之上液位高度（m）；
v——液体出口速度（m/s）。

根据式（6-1），得液体出口速度为：

$$v = \sqrt{2gh + \frac{2(p-p_0)}{\rho}} \tag{6-2}$$

当裂口不规则时，可采用等效尺寸代替，得液体质量泄漏速率（泄漏的质量流量）公式为：

$$Q = C_d A \rho v = C_d A \rho \sqrt{2gh + \frac{2(p-p_0)}{\rho}} \tag{6-3}$$

式中　Q——液体的质量泄漏速率（kg/s）；
　　　C_d——液体泄漏系数；
　　　A——泄漏孔面积（m²）。

由液体泄漏过程中的质量守恒可知：

$$C_d A v \mathrm{d}t = -A_T \mathrm{d}h \tag{6-4}$$

式中　A_T——容器内液体面积（m²）。

对式（6-1）进行微分，忽略压力的变化，得：

$$\mathrm{d}h = \frac{v \mathrm{d}v}{g} \tag{6-5}$$

将式（6-5）带入式（6-4），并对其积分得：

$$\int_0^{t_s} \mathrm{d}t = \int_{v_0}^{0} -\frac{A_T}{C_d A g} \mathrm{d}v \tag{6-6}$$

式中　t_s——泄漏持续时间（s）；
　　　v_0——泄漏初始速度（m/s）；
　　　其他符号意义同前。

对式（6-6）积分即可得到下式：

$$t_s = [v_0/(C_d g)](A_T/A) \tag{6-7}$$

式（6-7）用来计算泄漏持续时间。

液体泄漏系数 C_d 的取值通常可从标准化学工程手册中查到。对于管道破裂，C_d 的典型取值为 0.8。表 6-1 为常用的液体泄漏系数数据。

表 6-1　液体泄漏系数 C_d

雷诺数 Re	裂口形状		
	圆形（多边形）	三角形	长方形
>100	0.65	0.60	0.55
≤100	0.50	0.45	0.40

这个方法没有考虑泄漏速率对时间的依赖关系（压力随时间而降低以及液压高度下降）。因此，计算出来的泄漏速率是保守的最大可能泄漏速率。

6.1.2 气体泄漏

压力气体泄漏通常以射流的方式发生,泄漏的速度与其流动的状态有关,计算时可按理想流体进行考虑,泄漏过程为等熵流动过程。对于一般的气体流动,可利用流体力学原理和热力学原理进行计算。

如图 6-1 所示,图中 ρ_0、p_0、T_0、v_0 分别表示管道外气体的密度、压强、温度和比体积;ρ_1、p_1、T_1、v_1 分别表示管道内大气的密度、压强、温度和比体积,A 表示泄漏面积。可列出能量方程:

$$h_0 + \frac{1}{2}c_{f0}^2 = h_1 + \frac{1}{2}c_{f1}^2 \tag{6-8}$$

式中 h_0、h_1——管道外、内的气体比焓;
c_{f0}、c_{f1}——管道外、内的气体流速,$c_{f1} \approx 0$。

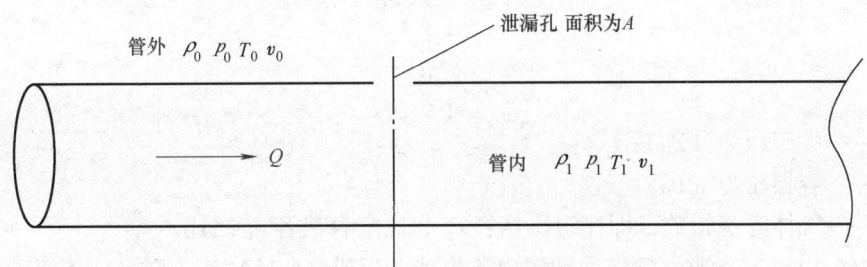

图 6-1 管道气体泄漏示意图

因气体焓 $h = c_p T$,可得:

$$c_{f0} \approx \sqrt{2(h_1 - h_0)} = \sqrt{2c_p(T_1 - T_0)} \tag{6-9}$$

根据理想气体微分方程 $\mathrm{d}s = \dfrac{c_p}{T}\mathrm{d}T - \dfrac{R_g}{p}\mathrm{d}p$;$\mathrm{d}s = \dfrac{c_p}{v}\mathrm{d}v + \dfrac{c_V}{p}\mathrm{d}p$ 可得:

$$\frac{p_1}{p_0} = \left(\frac{T_1}{T_0}\right)^{\frac{\kappa}{\kappa-1}} = \left(\frac{v_1}{v_0}\right)^{-\kappa} \tag{6-10}$$

式中 c_p、c_V——气体比定压热容和比定容热容;
R_g——气体常数[J/(mol·K)],$R_g = c_p - c_V = \dfrac{M}{R}$,$M$ 为气体相对分子质量,R 为普适气体常数,通常取 $R = 8.31436 \mathrm{J/(mol \cdot K)}$;
T——气体温度;
κ——气体等熵指数,$\kappa = \dfrac{c_p}{c_V}$。

则气体流速为:

$$c_{f0} = \sqrt{2(h_1 - h_0)} = \sqrt{2c_p(T_0 - T_1)} = \sqrt{\frac{2\kappa}{\kappa-1}p_1 v_1 \left[1 - \left(\frac{p_0}{p_1}\right)^{\frac{\kappa-1}{\kappa}}\right]} \tag{6-11}$$

综上,有气体泄漏质量流量 Q 的计算公式:

$$Q = C_g A \rho_0 c_{f0} = C_g A \rho_0 \sqrt{\frac{2\kappa}{\kappa-1} p_1 v_1 \left[1 - \left(\frac{p_0}{p_1}\right)^{\frac{\kappa-1}{\kappa}}\right]} \qquad (6\text{-}12)$$

式中 C_g——气体泄漏系数。

由式（6-10）可得 $\rho_0 = \dfrac{1}{v_0} = \left(\dfrac{p_0}{p_1}\right)^{\frac{1}{\kappa}} \dfrac{1}{v_1}$，得：

$$Q = C_g A \rho_1 \left(\frac{p_0}{p_1}\right)^{\frac{1}{\kappa}} \sqrt{\frac{2\kappa}{\kappa-1} p_1 v_1 \left[1 - \left(\frac{p_0}{p_1}\right)^{\frac{\kappa-1}{\kappa}}\right]} \qquad (6\text{-}13)$$

由气体性质可知 p_1/p_0 的值可以趋于 0，但不能增大到大于 1。在研究气体泄漏过程中，按气体泄漏特征可把气体泄漏分为临界流动和亚临界流动。把以声速流动的气体泄漏称为临界流。

培端（Perry）等人用如下的关系式作为临界流的判断准则：

$$\frac{p_0}{p} \leqslant \left(\frac{2}{\kappa+1}\right)^{\frac{\kappa}{\kappa-1}} \qquad (6\text{-}14)$$

$$\frac{p_0}{p} > \left(\frac{2}{\kappa+1}\right)^{\frac{\kappa}{\kappa-1}} \qquad (6\text{-}15)$$

式中 p_0——大气压力（Pa）；
  p——容器压力（Pa）；
  κ——气体等熵指数，即比定压热容 c_p 和比定容热容 c_V 之比。

当式（6-14）成立时，气体流动属声速流动；当式（6-15）成立时，气体流动属亚声速流动。

声波在理想气体中的传播可认为是绝热定熵过程，由热力学理论可以导出其速度为：

$$c_{声} = \sqrt{\left(\frac{\partial p}{\partial \rho}\right)_s} = \sqrt{-v^2 \left(\frac{\partial p}{\partial v}\right)_s} = \sqrt{\kappa p_0 v_0} \qquad (6\text{-}16)$$

临界流时有 $c_{f0} = c_{声}$，根据式（6-11）得到：

$$\sqrt{\frac{2\kappa}{\kappa-1} p_{cr} v_{cr} \left[1 - \left(\frac{p_0}{p_{cr}}\right)^{\frac{\kappa-1}{\kappa}}\right]} = \sqrt{\kappa p_0 v_0} \qquad (6\text{-}17)$$

$$\frac{p_0}{p_{cr}} = \left(\frac{2}{\kappa+1}\right)^{\frac{\kappa}{\kappa-1}} \qquad (6\text{-}18)$$

对于很多气体，临界比值 $(p/p_0)_{cr}$ 近似为 2，也就是说容器内部压力近似等于大气压力的 2 倍，此时流体泄漏的出口速度近似等于声速。临界流的质量泄漏速率可按下式计算：

$$Q = C_g A \rho \sqrt{\frac{RT\kappa}{M} \left(\frac{2}{\kappa+1}\right)^{\frac{\kappa+1}{\kappa-1}}} \qquad (6\text{-}19)$$

式中 Q——气体的质量泄漏速率（kg/s）；
  C_g——气体泄漏系数；
  A——裂口面积（m²）；
  M——气体相对分子质量；
  ρ——泄漏气体密度（kg/m³）；

其他符号意义同前。

将 $\rho = \dfrac{pM}{RT}$ 代入上式，则有：

$$Q = C_g Ap \sqrt{\dfrac{M\kappa}{RT}\left(\dfrac{2}{\kappa+1}\right)^{\frac{\kappa+1}{\kappa-1}}} \tag{6-20}$$

气体呈亚声速流动时，其质量泄漏速率可按下式计算：

$$Q = YC_g Ap \sqrt{\dfrac{M\kappa}{RT}\left(\dfrac{2}{\kappa+1}\right)^{\frac{\kappa+1}{\kappa-1}}} \tag{6-21}$$

式中　Y——气体膨胀因子，$Y = \sqrt{\dfrac{1}{\kappa-1}\left(\dfrac{\kappa+1}{2}\right)^{\frac{\kappa+1}{\kappa-1}}\left(\dfrac{p}{p_0}\right)^{\frac{2}{\kappa}}\left[1-\left(\dfrac{p_0}{p}\right)^{\frac{\kappa+1}{\kappa}}\right]}$。

当容器内物质随泄漏而减少或压力降低而影响泄漏速度时，泄漏速度的计算比较复杂。如果流速小或时间短，在后果计算中可采取最初排放速度，否则应计算其等效泄漏速度。

常用气体的等熵指数 κ 值见表 6-2。κ 值也可按气体的分子组成近似地确定，单原子气体 $\kappa = 1.67$，双原子气体 $\kappa = 1.40$，多原子气体 $\kappa = 1.20 \sim 1.30$。

表 6-2　常用气体的等熵指数

气体	空气	氮气	氧气	氢气	甲烷	乙烷	乙烯	丙烷	氨气
κ 值	1.40	1.40	1.397	1.412	1.315	1.18	1.22	1.33	1.32
气体	氯气	干饱和蒸汽	一氧化碳	二氧化碳	一氧化氮	二氧化氮	过热蒸汽		氢氰酸
κ 值	1.35	1.135	1.395	1.295	1.4	1.31	1.3		1.31

6.1.3　两相流泄漏模型

越来越多的证据表明，加压容器产生的多数泄漏是两相流泄漏，即同时泄漏出气体和液体。因此，泄漏速率介于气相泄漏速率与液相泄漏速率之间。

古德（Gude）在 1975 年提出了两相流泄漏关系式。假设源容器和泄漏点之间的管道长度和管道直径之比 $L/D > 12$，泄漏点压力与泄漏点上流压力之比 $p_c/p = 0.55$，其具体计算方法如下。

（1）第一步，按下式计算两相流的质量分数。

假设蒸发前液体的总质量为 m，蒸发的液体质量为 m_1，液体的蒸发热为 H_v，则依据能量守恒有：

$$m_1 H_v = c_p m \Delta T \tag{6-22}$$

其中 $\Delta T = T - T_c$，则有：

$$\dfrac{m_1}{m} = c_p \dfrac{T - T_c}{H_v} \tag{6-23}$$

即：

$$M_v = \dfrac{(T - T_c) c_p}{H_v} \tag{6-24}$$

式中 M_v——蒸发的液体占液体总量的比例；
T_c——对应于泄漏点压力 p_c 的平衡温度（K）；
T——对应于泄漏点上流压力 p 的平衡温度（K）；
c_p——液体的比定压热容[J/(kg·K)]；
H_v——液体的蒸发热（J/kg）。

（2）第二步，按下式计算两相流的平均密度。

$\rho = \dfrac{M}{V}$，其中 $V = V_l + V_v$，$V_l = \dfrac{m - m_1}{\rho_l}$，$V_v = \dfrac{m_1}{\rho_v}$，则有：

$$\rho = \dfrac{1}{\dfrac{m_1}{m} + \dfrac{1 - \dfrac{m_1}{m}}{\rho_l}} \tag{6-25}$$

则有：

$$\rho = \dfrac{1}{\dfrac{M_v}{\rho_v} + \dfrac{1 - M_v}{\rho_l}} \tag{6-26}$$

式中 ρ、ρ_v、ρ_l——两相流、蒸气和液体的密度（kg/m³）。

（3）第三步，按下式计算两相流的质量泄漏速率。

$$Q = AC_d \sqrt{2\rho(p - p_c)} \tag{6-27}$$

式中 C_d——两相流泄漏系数，多数情况下，取 $C_d = 0.8$；
A——裂口面积（m²）；
p——两相混合物的压力（Pa）；
p_c——临界压力，可取 $p_c = 0.55p$。

如果管道长度和管道直径之比 $L/D < 12$，先按前面介绍的方法计算纯液体泄漏速率和两相流泄漏速率，再用内插法加以修正。两相流实际泄漏速率的计算公式为：

$$Q = Q_{vl} + (Q_l - Q_{vl})(12 - L/D)/10 \tag{6-28}$$

式中 Q、Q_{vl} 和 Q_l——两相流实际泄漏速率、按式（6-27）计算出来的两相流泄漏速率和纯液体泄漏速率（kg/s）。

如果管道长度和管道直径之比 $L/D \leq 2$，一般认为泄漏为纯液体泄漏。

6.2 扩散模型

危险化学品泄漏后在空气中扩散过程极为复杂，扩散过程中的一些现象和规律还没有被人们很好理解。扩散与泄漏是否为瞬间泄漏或连续泄漏受气体的密度、泄漏的方向、涉及的相变、液滴的沉降、气象条件、地面的性质等诸多因素的影响，并且人们所发展的扩散机理众多，这一切使得危险化学品的泄漏扩散分析十分复杂。

泄漏源的类型直接关系到扩散模型的选择。简单的扩散模型将泄漏模型分为瞬间泄漏和连续泄漏两种类型。

根据气云密度与空气密度的相对大小，将气云分为重气云、中性气云和轻气云三类。如果气云密度显著大于空气密度，气云将受到方向向下的负浮力（即重力）作用，这样的气云称为重气云。如果气云密度显著小于空气密度，气云将受到方向向上的正浮力作用，这样的气云称为轻气云。如果气云密度与空气密度相当，气云将不受明显的浮力作用，这样的气云称为中性气云。轻气云和中性气云统称为非重气云。

利用大气扩散模式可描述泄漏物质在事故发生地的扩散过程。一般情况下，对于泄漏物质密度与空气接近或经很短时间的空气稀释后密度即与空气接近的情况，可用如图 6-2 所示的烟羽扩散模式描述连续泄漏源泄漏物质的扩散过程。连续泄漏源通常泄漏持续时间较长。用如图 6-3 所示的烟团扩散模式描述瞬间泄漏源泄漏物质的扩散过程。瞬间泄漏源的特点是泄漏在瞬间完成。连续泄漏源如连接在大型储罐上的管道穿孔、柔性连接器处出现的小孔或缝隙、连续的烟囱排放等。瞬间泄漏源如液化气体钢瓶破裂、瞬间冲料形成的事故排放、压力容器安全阀异常起动。

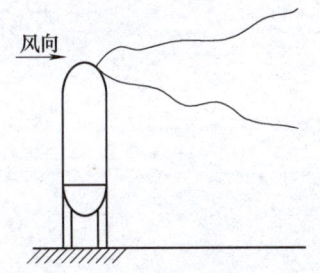

图 6-2　烟羽扩散模式示意图　　　图 6-3　烟团扩散模式示意图

危险化学品事故扩散分析涉及如此众多的复杂问题，为了简化分析，特做如下假设：
(1) 气云在平整、无障碍物的地面上空扩散。
(2) 气云不发生化学反应和相变反应，也不发生液滴沉降现象。
(3) 危险品泄漏速度不随时间变化。
(4) 风向为水平方向，风速和风向不随时间、地点和高度变化。
(5) 气云和环境之间无热量交换。

6.2.1　非重气云扩散模型

高斯模型用来描述危险物质泄漏形成的非重气云扩散行为，或描述重气云在重力作用消失后的远场扩散行为。为了便于分析，建立如下坐标系 $Oxyz$：其中原点 O 是泄漏点在地面上的正投影，x 轴沿下风向水平延伸，y 轴在水平面上垂直于 x 轴，z 轴垂直向上延伸。除了本节第一部分提出的那些假设外，高斯模型还使用了如下假设：
(1) 气云密度与环境空气密度相当，气云不受浮力作用。
(2) 云团中心的移动速度或云羽轴向蔓延速度等于环境风速。
(3) 云团内部或云羽横截面上浓度、密度等参数服从高斯分布（即正态分布）。

高斯模型中，泄漏气体大面积泄漏，气体在短时间内挥发对应的是瞬时排放，又称为烟团模型；持续闪蒸对应的是连续排放，又称为烟羽模型。泄漏危害范围为一个近似的扇形区域，其中扇形的扩散角约为 40°。

根据高斯模型（见图 6-4），泄漏源下风向某点 (x, y, z) 在 t 时刻的密度用下面介绍的公式计算。

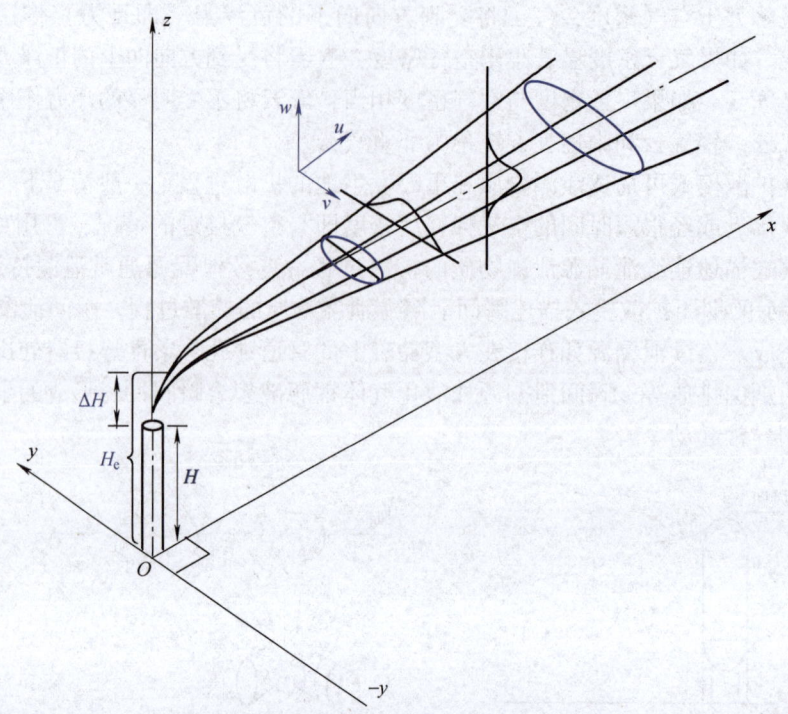

图 6-4 烟流扩散高斯模型的坐标系

1. 瞬间泄漏扩散模型

假定单位容积粒子比 ρ/q 在空间的概率分布密度为正态分布，则：

$$\frac{\rho(x,y,z,t)}{q(x_0,y_0,z_0,t_0)} = \frac{1}{(2\pi)^{3/2}\sigma_x\sigma_y\sigma_z}\exp\left\{-\frac{1}{2}\left[\frac{(x-x_0-x')^2}{\sigma_x^2}+\frac{(y-y_0-y')^2}{\sigma_y^2}+\frac{(z-z_0-z')^2}{\sigma_z^2}\right]\right\} \quad (6\text{-}29)$$

式中　x、y、z、t——预测点的空间坐标和预测时的时间；

x_0、y_0、z_0、t_0——烟团初始空间坐标和初始时间；

x'、y'、z'——烟团中心在 $t\sim t_0$ 期间迁移的距离

$$\left(\text{其中}, x'=\int_{t_0}^{t}u\mathrm{d}t, y'=\int_{t_0}^{t}v\mathrm{d}t, z'=\int_{t_0}^{t}w\mathrm{d}t\right);$$

u、v、w——烟团中心在 x、y、z 方向的速度分量；

ρ——预测点的烟团瞬时密度；

q——烟团的瞬时排放量；

σ_x、σ_y、σ_z——x、y、z 方向的标准差（扩散参数），是扩散时间 t 的函数。

位于地面 H_e 高处的瞬时泄漏浓度为：

$$C(x,y,z,t,H_e) = \frac{2Q}{(2\pi)^{3/2}\sigma_x\sigma_y\sigma_z}\exp\left[-\frac{(x-ut)^2}{2\sigma_x^2}-\frac{y^2}{2\sigma_y^2}\right]\left\{\exp\left[-\frac{(z-H)^2}{2\sigma_z^2}\right]+\exp\left[-\frac{(z+H)^2}{2\sigma_z^2}\right]\right\} \quad (6\text{-}30)$$

2. 连续泄漏扩散模型

（1）连续排放源，源强 Q 恒定、有风且均匀稳定条件下，其最基本的非重气云扩散公式

(不考虑地面与混合层顶的反射):将连续泄漏看作 Δt 时间内气团泄漏量为 Δt 的瞬时泄漏的叠加。以气云团初始空间坐标为原点,下风向为 x 轴,横风向为 y 轴,指向天顶为 z 轴。假设 $u=$ 常值,$v=w=0$,σ_x、σ_y、σ_z 都是 x 的函数,将式 (6-29) 对 t_0 从 $-\infty$ 到 t 积分可得:

$$\rho(x,y,z) = \frac{Q}{2\pi u \sigma_y \sigma_z} \exp\left(-\frac{y^2}{2\sigma_y^2}\right) \exp\left(-\frac{z^2}{2\sigma_z^2}\right) \qquad (6\text{-}31)$$

式中 $\rho(x,y,z)$ ——预测点 (x,y,z) 处的污染物密度。

(2) 考虑地面的反射的连续排放源烟流扩散公式:设地面为全反射体,采用像源法,即假设地平面为一镜面,在其下方有一与真实源完全对称的虚源,则这两个源按式 (6-31) 叠加后的效果和真实源考虑到地面反射的结果是等价的。以地面位置的中心点为坐标原点,泄漏源下风向任一点的气云密度为:

$$\rho(x,y,z) = \frac{Q}{2\pi u \sigma_y \sigma_z} \exp\left(-\frac{y^2}{2\sigma_y^2}\right) \left\{ \exp\left[-\frac{(z-H_e)^2}{2\sigma_z^2}\right] + \exp\left[-\frac{(z+H_e)^2}{2\sigma_z^2}\right] \right\} \qquad (6\text{-}32)$$

式中 H_e ——泄漏源有效高度,为泄漏源几何高度 H 与烟气抬升高度 ΔH 之和;
  u ——环境风速。

对地面密度 ($z=0$),有:

$$\rho(x,y,0) = \frac{Q}{\pi u \sigma_y \sigma_z} \exp\left(-\frac{y^2}{2\sigma_y^2}\right) \exp\left(-\frac{H_e^2}{2\sigma_z^2}\right) \qquad (6\text{-}33)$$

下风向 x 轴线上的地面密度 ($y=0, z=0$) 为:

$$\rho(x,0,0) = \frac{Q}{\pi u \sigma_y \sigma_z} \exp\left(-\frac{H_e^2}{2\sigma_z^2}\right) \qquad (6\text{-}34)$$

高斯模式的成功运用是有一定的假设前提的,使用时应注意以下问题:该模式较适用于估算较长时间内的平均密度,不能真实地估算非平稳状态下的或短期的污染物密度的涨落;该模式本身没有计入风向和风速的变化,也未包括由风切变引起的湍流影响;该公式适用于平均风速大于 2m/s 时的情况;在实际应用中,当需要考虑污染物在大气中比较复杂的实际散布过程和各种非理想情况时,应将高斯扩散的基本模式给以适当修正,以扩大其适用范围,如在较远距离时的修正、在静风和很稳定条件下的修正以及城市、水上、不规则地形条件下的修正等(结合试验数据进行)。

对于连续泄漏,平均时间取 10min。其中 σ_x、σ_y 和 σ_z 与地面的有效粗糙度 Z_0 有关。地面有效粗糙度见表 6-3。

表 6-3 地面有效粗糙度 Z_0

地面类型	Z_0/m	地面类型	Z_0/m
草原、平坦开阔地	≤0.1	分散的高矮建筑物(城市)	1~4
农作物地区	0.1~0.3	密集的高矮建筑物(大城市)	4
村落、分散的树林	0.3~1		

有效粗糙度 $Z_0 \leq 0.1$m 地区的扩散系数 $\sigma_x = \sigma_y = \sigma_{y0}$,$\sigma_z = \sigma_{z0}$,其值可按表 6-4 选取。

表 6-4 $Z_0 \leq 0.1\text{m}$ 地区的扩散系数

大气稳定度类型	σ_{y0}/m	σ_{z0}/m
A	$0.22x(1+0.0001x)^{-\frac{1}{2}}$	$0.20x$
B	$0.16x(1+0.0001x)^{-\frac{1}{2}}$	$0.12x$
C	$0.11x(1+0.0001x)^{-\frac{1}{2}}$	$0.08x(1+0.0002x)^{-\frac{1}{2}}$
D	$0.08x(1+0.0001x)^{-\frac{1}{2}}$	$0.06x(1+0.0015x)^{-\frac{1}{2}}$
E	$0.06x(1+0.0001x)^{-\frac{1}{2}}$	$0.03x(1+0.0003x)^{-\frac{1}{2}}$
F	$0.04x(1+0.0001x)^{-\frac{1}{2}}$	$0.016x(1+0.0003x)^{-\frac{1}{2}}$

注：$100\text{m}<x<10\text{km}$，抽样时间间隔 10~60min，平坦地面；$\sigma_x = \sigma_y$。

有效粗糙度 $Z_0 \geq 0.1\text{m}$ 地形的扩散系数按照如下的方法求取：

$$\left.\begin{array}{l} \sigma_y = \sigma_{y0} f_y \\ \sigma_z = \sigma_{z0} f_z \\ f_y(Z_0) = 1 + a_0 Z_0 \\ f_z(x, Z_0) = (b_0 - c_0 \ln x)(d_0 + e_0 \ln x)^{-1} Z_0^{f_0 - g_0^{\ln x}} \end{array}\right\} \quad (6-35)$$

其中，σ_{y0}、σ_{z0} 按表 6-4 中的数值取值，修正参数 a_0、b_0、c_0、d_0、e_0、f_0、g_0 应根据表 6-5 取值。

表 6-5 修正参数的选取

稳定度	A	B	C	D	E	F
a_0	0.042	0.115	0.15	0.38	0.3	0.57
b_0	1.10	1.5	1.49	2.53	2.4	2.913
c_0	0.0364	0.045	0.0182	0.13	0.11	0.0944
d_0	0.4364	0.853	0.87	0.55	0.86	0.753
e_0	0.05	0.0128	0.01046	0.042	0.01682	0.0228
f_0	0.273	0.156	0.089	0.35	0.27	0.29
g_0	0.024	0.0136	0.0071	0.03	0.022	0.023

注：A~F 表示气象条件的稳定性；A 为极不稳定；B 为不稳定；C 为弱不稳定；D 为中性；E 为弱稳定；F 为稳定。

大气稳定度表示空气团在铅直方向的稳定程度。有毒有害、易燃易爆物质在大气中的扩散与大气稳定度密切相关。大气越不稳定，其扩散越快；大气越稳定，其扩散越慢。

根据云量、云状、太阳辐射情况和地面风速（来自地面 10m 高处的风速），帕斯奎尔-吉福德（Pasquill-Gifford）将大气的扩散能力从强不稳定到稳定划分为 A~F 六个稳定度等级。具体的分类方法见表 6-6，日照强度的确定见表 6-7。

表 6-6 稳定度级别划分表

地面风速（距地面 10m 高处）/(m/s)	白天日照			夜间条件	
	强	中等	弱	阴天且云层薄，或低空云量为 4/8	天空云量为 3/8
<2	A	A~B	B	—	—

(续)

地面风速(距地面10m高处)/(m/s)	白天日照			夜间条件	
	强	中等	弱	阴天且云层薄,或低空云量为4/8	天空云量为3/8
2~3	A~B	B	C	E	F
3~4	B	B~C	C	D	E
4~6	C	C~D	D	D	D
>6	C	D	D	D	D

注:1. A 为极不稳定;B 为不稳定;C 为弱不稳定;D 为中性;E 为弱稳定;F 为稳定。
2. 稳定级别 A~B 表示按 A、B 级的数据内插。
3. 夜晚定义为日落前 1h 至日出后 1h。
4. 无论何种天气状况,夜晚前后各 1h 算作中性,取 D 级稳定度。
5. 云量是指当地天空的云层覆盖率。
6. 强太阳辐射对应于晴空下太阳高度角大于 60°的条件,弱太阳辐射对应于晴空下太阳高度角 15°~35°。

表 6-7 日照强度的确定

天空云层情况	日照角 >60°	35°< 日照角 ≤60°	15°< 日照角 ≤35°
天空云量为 4/8,或高空有薄云	强	中等	弱
天空云量为 5/8~7/8,云层高度为 2134~4877m	中等	弱	弱
天空云量为 5/8~7/8,云层高度低于 2134m	弱	弱	弱

式(6-32)和式(6-33)中泄漏源有效高度是指泄漏气体形成的气云基本上变成水平状时气云中心的离地高度。在大多数问题中,泄漏源有效高度难以与泄漏源实际高度相一致。事实上,它等于泄漏源实际高度加泄漏源抬升高度。

泄漏源抬升高度可以用下面的公式近似计算:

$$\Delta H = v_s d [1.5 + 0.268 p_a (T_s - T_a) T_s^{-1} d]/v \qquad (6\text{-}36)$$

或

$$\Delta H = 2.4 v_s d / v \qquad (6\text{-}37)$$

式中 ΔH——泄漏源抬升高度(m);
v_s——气云出口速度(m/s);
d——出口直径(m);
v——环境风速(m/s);
p_a——环境大气压力(Pa);
T_s——气云出口温度(K);
T_a——环境大气温度(K)。

计算出泄漏源抬升高度以后,将泄漏源抬升高度与泄漏源实际高度相加就得到了泄漏源有效高度,即:

$$H_e = \Delta H + H \qquad (6\text{-}38)$$

【例 6-1】 某石油库的 5000m³ 汽油储罐，预计如果发生事故，可能为大面积泄漏。4500m³ 汽油在 10min 之内泄漏出来，并且很快挥发，汽油密度为 710kg/m³。所处地理位置属于亚热带季风气候，大气稳定度由相关气象条件可得为 B，气温取 25℃，年最低风速 1m/s，年平均风速 2.2m/s，年最大风速 18m/s。

根据《工作场所有害因素职业接触限值 第 1 部分：化学有害因素》（GBZ 2.1—2007）标准，作业人员在溶剂汽油环境中的平均容许浓度为 300mg/m³，短期接触（15min 加权平均）浓度为 450mg/m³。汽油蒸气在空气中的爆炸下限为 0.76%，即浓度达到 8300mg/m³ 有可能发生爆炸。这三个参数对泄漏事故来说是十分重要的考核依据，将其分为轻度危害、中度危害和极度危害，并以此为基础进行危害范围模拟计算，其结果见表 6-8。

表 6-8 泄漏汽油蒸气在空气中扩散距离

危害浓度危害程度	风速	扩散距离/m		
		扩散时间 300s	扩散时间 600s	扩散时间 1200s
300mg/m³ 轻度危害	最低风速	180~641	358~1215	724~2185
	平均风速	418~1206	845~2216	1766~3872
	最大风速	4314~6514	—	—
450mg/m³ 中度危害	最低风速	182~626	362~1182	734~2114
	平均风速	422~1179	856~2156	1780~3742
	最大风速	4410~6332	—	—
8300mg/m³ 极度危害	最低风速	193~526	393~958	833~1626
	平均风速	455~991	961~1729	—
	最大风速	—	—	—

图 6-5~图 6-11 是根据式（6-30）得到的瞬时扩散油气等浓度图。图中：x 轴为风向，y 轴为风向的垂直方向；弧线 1 表示油气浓度为 300mg/m³ 的等值线；弧线 2 表示油气浓度为 450mg/m³ 的等值线；弧线 3 表示油气浓度为 8300mg/m³ 的等值线。

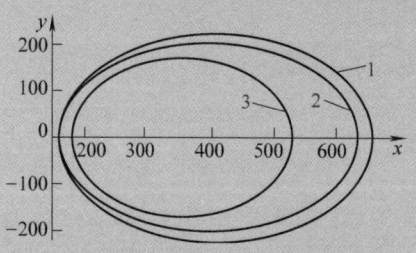

图 6-5 静风条件下，发生储罐破损 300s 时，油气扩散等浓度图（$v=1.0$m/s，$Q=3195000$kg，瞬态气体，流量特大型）

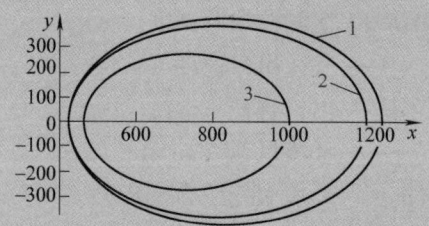

图 6-6 平均风速条件下，发生储罐破损 300s 时，油气扩散等浓度图（$v=2.2$m/s，$Q=3195000$kg，瞬态气体，流量特大型）

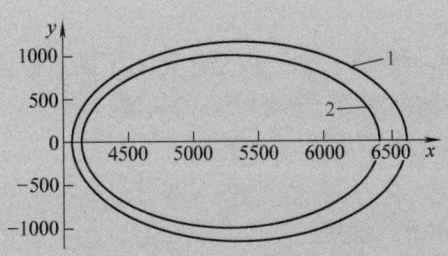

图 6-7 最大风速条件下,发生储罐破损 300s 时,油气扩散等浓度图（$v=1.8\text{m/s}$, $Q=3195000\text{kg}$, 瞬态气体, 流量特大型）

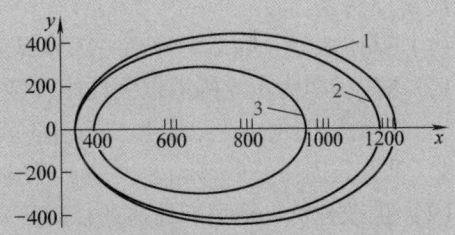

图 6-8 静风条件下,发生储罐破损 600s 时,油气扩散等浓度图（$v=1.0\text{m/s}$, $Q=3195000\text{kg}$, 瞬态气体, 流量特大型）

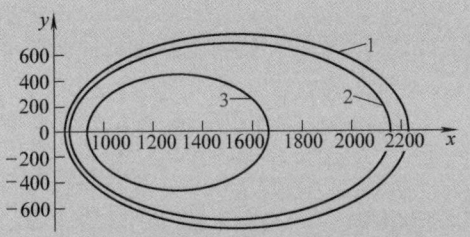

图 6-9 平均风速条件下,发生储罐破损 600s 时,油气扩散等浓度图（$v=2.2\text{m/s}$, $Q=3195000\text{kg}$, 瞬态气体, 流量特大型）

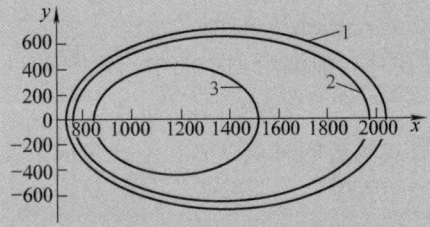

图 6-10 静风条件下,发生储罐破损 1200s 时,油气扩散等浓度图（$v=1.0\text{m/s}$, $Q=3195000\text{kg}$, 瞬态气体, 流量特大型）

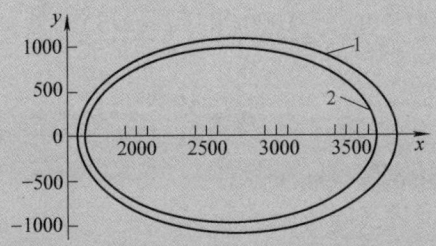

图 6-11 平均风速条件下,发生储罐破损 1200s 时,油气扩散等浓度图（$v=2.2\text{m/s}$, $Q=3195000\text{kg}$, 瞬态气体, 流量特大型）

6.2.2 重气云扩散模型

大多数危险化学品泄漏形成的气云是重气云。由于重气云密度显著大于环境空气密度,其扩散模式与非重气云明显不同。重气云扩散过程中的横风向蔓延特别快,而在垂直方向的蔓延非常缓慢。重气云扩散可能向上风向蔓延,而非重气云一般不会向上风向蔓延。如果扩散过程中遇到障碍物,重气云可能从旁边绕过而不是从顶上越过,而非重气云不仅能从旁边绕过而且常常从顶上越过障碍物。

盒子模型用来描述危险气体近地面瞬间泄漏形成的重气云团的运动,平板模型用来描述危险气体近地面连续泄漏形成的重气云羽的运动。这两类模型的核心是因空气进入而引起气云质量增加的速率方程。

1. 盒子模型

（1）基本假设。除了本节第一部分提出的那些假设外，盒子模型还使用了如下假设：

1）重气云团为正立的坍塌圆柱体，圆柱体初始高度等于初始半径的一半。

2）在重气云团内部，温度、密度和危险气体浓度等参数均匀分布。

3）重气云团中心的移动速度等于环境风速。

（2）扩散分析。坍塌圆柱体的径向蔓延速度由下式确定：

$$v_f = dr/dt = \{g[(\rho_p - \rho_a)/\rho_a]h\}^{1/2} \tag{6-39}$$

式中 v_f——圆柱体的径向蔓延速度（m/s）；

r——圆柱体半径（m）；

h——圆柱体高度（m）；

t——泄漏后时间（s）；

ρ_p——泄漏后 t 时刻的云团密度（kg/m³）；

ρ_a——空气密度（kg/m³）。

等式两边同时乘以 $2r$，上式变成下面的形式：

$$dr^2/dt = 2\{g[(\rho_p - \rho_a)/\rho_a]hr^2\}^{1/2}$$

$$V = \pi r^2 h$$

$$dr^2/dt = 2\{[g(\rho_p - \rho_a)/\rho_a]V/\pi\}^{1/2} \tag{6-40}$$

由于假设重气云团和环境之间没有热量交换，重气云团的浮力将守恒，即：

$$g[(\rho_p - \rho_a)/\rho_a]V = g[(\rho_0 - \rho_a)/\rho_a]V_0 \tag{6-41}$$

$$V_0 = \frac{1000QR(T+273)}{pM}$$

$$\rho_0 = \frac{Q}{V_0}$$

式中 ρ_0——重气云团的初始密度（kg/m³）；

Q——有毒气体的泄漏量（kg）；

R——普适气体常数[J/(mol·K)]，通常取 $R = 8.314$ J/(mol·K)；

T——当地温度（℃）；

p——当地的大气压（Pa）；

M——泄漏气体的相对分子质量；

V——重气云团的体积（m³）；

V_0——重气云团的初始体积（m³）。

将上式代入式（6-40），积分后得到：

$$r^2 = r_0^2 + 2\{g[(\rho_0 - \rho_a)/\rho_a]V_0/\pi\}^{1/2}t \tag{6-42}$$

式中 r_0——重气云团的初始半径（m）。

（3）转变点计算。随着空气的不断进入，重气云团的密度将不断减小，重气坍塌引起的扩散将逐步让位于环境湍流引起的扩散。目前，判断重气坍塌过程终止的常用准则为 ε 准则，下面以 ε 准则推导转变点发生的位置。

定义 $\varepsilon = (\rho_p - \rho_a)/\rho_a$。$\varepsilon$ 准则认为，如果 ε 小于或等于某个临界值（0.001~0.01），重

气坍塌引起的扩散将让位于环境湍流引起的扩散。

下面推导转变点发生的位置。

无量纲量 V/V_0 和 $x/V_0^{1/3}$ 存在如下函数关系：

$$V = V_0(x/V_0^{1/3})^{1.5}, x \geq V_0^{1/3} \tag{6-43}$$

式中，x 为下风向距离，它与时间 t、风速 u 之间的关系为：

$$x = ut \tag{6-44}$$

将式（6-43）带入 $C = C_0/V$，得到：

$$C = C_0(x/V_0^{1/3})^{-1.5}, x \geq V_0^{1/3} \tag{6-45}$$

$$E = gV(\rho_p - \rho_a)/\rho_a = gV\varepsilon \tag{6-46}$$

将式（6-43）代入式（6-46），得到：

$$E = g\varepsilon V_0 (x/V_0^{1/3})^{1.5} \tag{6-47}$$

由于不考虑云团与环境之间的热交换，云团浮力守恒，$E = E_0$，代入上式得到转变点对应的下风向距离 x_f 为：

$$x_f = E_0^{2/3} V_0^{-1/3} (g\varepsilon_{cr})^{-2/3} \tag{6-48}$$

式中　x_f——转变点对应的下风向距离（m）；

　　　ε_{cr}——ε 的临界值。

转变时所对应的泄漏时间 t_f 为：

$$t_f = \frac{x_f}{v} \tag{6-49}$$

式中　t_f——转变时所对应的泄漏时间（s）；

　　　v——环境风速（m/s）。

因此，根据上述转变原则，云团密度的计算分为以下三种情况：

1）如果泄漏持续时间 $t < t_f$，则采用瞬间泄漏的高斯模型进行计算。

2）如果 $t > t_f$ 且 $x \geq V_0^{1/3}$，则采用式（6-45）进行计算。

3）如果 $t > t_f$ 且 $x < V_0^{1/3}$，则云团的密度 $C = \rho_0$。

2. 平板模型

（1）基本假设。除了本节第一部分提出的那些假设外，平板模型还使用了如下假设：

1）重气云羽横截面为矩形，下风向距离为 $x(m)$ 处的云羽横风向半宽 $b(m)$，垂直方向高度为 $h(m)$。在泄漏源点，云羽横风向半宽为高度的 2 倍，即 $b_0 = 2h_0$。

2）重气云羽横截面内部，温度、密度和危险气体浓度等参数均匀分布。

3）重气云羽中心的轴向蔓延速度等于环境风速。

（2）扩散分析。在重气云羽的扩散过程中，横截面半宽的变化由下式确定：

$$vdb/dx = [gh(\rho_p - \rho_a)/\rho_a]^{1/2} \tag{6-50}$$

由于假设重气云羽与环境之间无热量交换，重气云羽的浮力通量在扩散过程中守恒，即：

$$2gvbh(\rho_p - \rho_a)/\rho_a = 2gvb_0h_0(\rho_0 - \rho_a)/\rho_a \tag{6-51}$$

将式（6-51）代入式（6-50），积分后得到：

$$b = b_0 \{1 + 1.5[gh_0(\rho_0 - \rho_a)/\rho_a]^{1/2} x (vb_0)^{-1}\}^{2/3} \tag{6-52}$$

由于重气云羽初始半宽 b_0 等于初始高度 h_0 的 2 倍，重气云羽的初始体积通量为：

$$V_0 = 2b_0 h_0 V = b_0^2 V \tag{6-53}$$

$$V_0 = \frac{1000QR(T+273)}{PM}$$

$$V = \pi r^2 h$$

$$\rho_0 = \frac{Q}{V_0}$$

式中　V——重气云羽的体积（m³）；
　　　V_0——重气云羽的初始体积（m³）；
　　　ρ_0——重气云羽的初始密度（kg/m³）；
　　　Q——有毒气体的泄漏量（kg）；
　　　R——普适气体常数 [J/(mol·K)]，通常取 $R = 8.314$ J/(mol·K)；
　　　T——当地温度（℃）；
　　　P——当地的大气压（Pa）；
　　　M——泄漏气体的相对分子质量。

从上式可以求出重气云羽的初始半宽：

$$b_0 = 2h_0 = (V_0/V)^{1/2} \tag{6-54}$$

随着空气的不断进入，不仅重气云羽的横风向水平尺寸要增大，重气云羽的高度也要增加。重气云羽的高度的变化与下风向距离间的关系由下式确定：

$$dh = (w_e/v)dx \tag{6-55}$$

式中　w_e——空气卷吸系数，且假设空气卷吸系数由下式确定：

$$w_e = 3.5v'_*/(11.67 + Ri) \tag{6-56}$$

式中　Ri——当地 Richardson 数，可由下式求得：

$$Ri = \frac{g(\rho_0 - \rho_a)V_0}{2vb\rho_a v'^2_*} \tag{6-57}$$

式中　v'_*——垂直方向的特征湍流速度（m/s），由下式确定：

$$v'_* = 1.3(v_*/v)\left[\frac{4}{9}v_e^2 + v^2\right]^{-1/2} \tag{6-58}$$

$$v_e = b_0\{1 + 1.5[gh_0(\rho_0 - \rho_a)/\rho_a]^{1/2}x(vb_0)^{-1}\}^{2/3} - b_0\{1 + 1.5[gh_0(\rho_0 - \rho_a)/\rho_a]^{1/2}x'(vb_0)^{-1}\}^{2/3} \tag{6-59}$$

式中　v_*——摩擦速度（m/s）；
　　　v_e——云羽的横风向扩展速度（m/s）；
　　　x——下风向的距离（m），$x = vt$；
　　　x'——横风向的扩展距离（m），$x' = v(t-1)$。

由于重气云羽横截面上危险物质通量守恒，因此：

$$2bhVC = 2b_0h_0VC_0 \tag{6-60}$$

上式两边同时除以 $2bh$，得到重气云羽中危险物质密度的计算公式：

$$C = \frac{b_0h_0C_0}{bh} \tag{6-61}$$

式中 C——t 时刻重气云羽内部危险物质密度（kg/m^3）；
　　C_0——初始时刻重气云羽内部危险物质密度（kg/m^3），$C_0 = \rho_0$；
　　h——下风向距离为 x 处的云羽高度 $h = w_e t(m)$。

（3）转变点计算。随着空气的不断进入，重气云团的密度将不断减小，重气坍塌引起的扩散将逐步让位于环境湍流引起的扩散。平板模型转变点对应的下风向距离 x_f 为：

$$x_f = \frac{10^{-4}b^2 + \sqrt{10^{-8}b^4 + 8m^2b^2}}{4\beta^2} \tag{6-62}$$

式中 x_f——转变点对应的下风向距离（m）；
　　m——重气云团质量；
　　β——一个参数，它的取值与大气稳定度有关，具体数值见表6-9。

表6-9　参数 β 与大气稳定度的关系

大气稳定度	A	B	C	D	E	F
β	0.22	0.16	0.11	0.08	0.06	0.04

因此，根据上述转变原则，密度的计算分为以下两种情况：
1）下风向的距离 $x > x_f$，则采用瞬间泄漏的高斯模型进行计算。
2）下风向的距离 $x \leq x_f$，则采用式（6-61）进行计算。

6.3　火灾模型

易燃、易爆的气体、液体泄漏后遇到引火源就会引发火灾。火灾对周围环境的影响主要在于其辐射热，若辐射热足够大，则会引起包括生物体在内的其他物体燃烧。但火灾辐射热的影响范围一般均在200m左右的近火源区域，对较远区域影响不大。辐射热损失可由单位表面积在接触时间内所收能量或单位面积受到的辐射的功率来计算确定。

火灾主要有三种类型，即池火灾、喷射火灾、固体火灾。

6.3.1　池火灾

可燃液体泄漏后流到地面或流到水面并覆盖水面，形成液池，遇点火源形成的火灾称为池火灾。如果液池的面积为固定的（泄漏的可燃液体被防液堤围住），则采用下面的计算方法。

1. 计算池直径

根据泄漏的液体量和地面性质，按下式可计算最大可能的液池面积：

$$S = \frac{W}{H_{\min}\rho} \tag{6-63}$$

式中 S——最大液池面积（m^2）；
　　ρ——液体的密度（kg/m^3）；
　　W——泄漏液体的质量（kg）；
　　$H_{\min}$——最小液层厚度（m）。

$H_{\min}$ 与地面性质相关,可从表 6-10 查询。如果没有合适的数据,液池最小厚度可取典型值 0.010m。

表 6-10 地面性质与最小液层厚度关系

地 面 性 质	最小液层厚度 $H_{\min}$/m
粗糙的沙壤或砂地	0.025
农业用地、草地	0.020
平整的砂石地	0.010
平整的石头地面、水泥地面	0.005
平静的水面	0.0018

2. 燃烧速度

当液池中的可燃液体的沸点高于周围环境温度时,液体表面上单位面积的质量燃烧速度的计算公式为:

$$m_f = \frac{dm}{dt} = \frac{0.001 H_c}{c_p(T_b - T_0) + H_{vap}} \tag{6-64}$$

式中 m_f——可燃液体燃烧的质量速度 [kg/(m²·s)];
H_c——液体燃烧热 (J/kg);
H_{vap}——液体的汽化热 (J/kg);
c_p——液体的比定压热容 [J/(kg·K)];
T_b——液体的常压沸点 (K);
T_0——环境温度 (K)。

当液体的沸点低于环境温度时,如加压液化气或冷冻液化气,其质量燃烧速度的计算公式为:

$$m_f = \frac{dm}{dt} = \frac{0.001 H_c}{H_{vap}} \tag{6-65}$$

式中的符号意义同前。

燃烧速度也可从相关手册中直接得到。表 6-11 列出了一些可燃液体的燃烧速度。

表 6-11 一些可燃液体的燃烧速度

可 燃 液 体	液体密度/(kg/m³)	液体燃烧质量速度/[kg/(m²·s)]
航空汽油	730	91.98 × 10⁻³
车用汽油	770	80.88 × 10⁻³
煤油	835	55.11 × 10⁻³
直接蒸馏的重油	938	78.10 × 10⁻³
丙酮	790	66.36 × 10⁻³
苯	879	165.37 × 10⁻³
甲苯	866	138.29 × 10⁻³
二甲苯	861	104.05 × 10⁻³
乙醚	715	125.84 × 10⁻³
甲醇	791	57.60 × 10⁻³

(续)

可 燃 液 体	液体密度/(kg/m³)	液体燃烧质量速度/[kg/(m²·s)]
丁醇	810	52.08×10^{-3}
戊醇	810	63.03×10^{-3}
二硫化碳	1270	132.97×10^{-3}
松节油	860	123.84×10^{-3}
醋酸乙酯	715	70.31×10^{-3}

3. 火焰高度

通常假设液池为圆形，池火火焰为圆柱形，火焰直径等于池直径，则火焰高度按下式计算：

$$L = 42D \left(\frac{m_f}{\rho_0 \sqrt{gD}} \right)^{0.61} \tag{6-66}$$

式中　L——火焰高度（m）；

　　　m_f——单位面积燃烧速率 [kg/(m²·s)]；

　　　ρ_0——空气密度，$\rho_0 = 1.293 \text{kg/m}^3$；

　　　g——重力加速度，$g = 9.8 \text{m/s}^2$；

　　　D——液池直径（m），$D = (4S/\pi)^{0.5}$。

用上式预测的火焰高度比池火火焰的实际高度稍微偏高。上面的池火火焰高度公式只适用于无风的情况。在有风情况下火焰会倾斜，火焰高度随风速的增大将下降。

4. 火焰表面热辐射通量

液池燃烧时，会通过火焰表面向外辐射热能。假设能量从圆柱形火焰的侧面向四周均匀辐射，则单位时间、单位火焰表面积辐射出的热能，即火焰表面热辐射通量 q_0 为：

$$q_0 = \frac{0.25\pi D^2 m_f f H_c}{0.25\pi D^2 + \pi DL} \tag{6-67}$$

式中　q_0——火焰表面热辐射通量（W/m²）；

　　　f——热辐射系数，通常 f 可取 0.15。

其他符号意义同前。

5. 目标接受热辐射强度

火焰的化学能通过辐射向四周传播，对于圆柱形火焰，不能按照点火源对待，其辐射通量与火焰的角度有关系，热辐射在空气中的传播按下式计算：

$$q(x) = q_0 V(1 - 0.058\ln x) \tag{6-68}$$

式中　$q(x)$——目标接受热辐射强度（W/m²）；

　　　q_0——火焰表面热辐射强度（W/m²）；

　　　V——视角系数；

　　　x——目标点到火焰表面的距离（m）。

视角系数 V 可以按莱（Rai）和卡雷卡（Kalelkar）提供的方法计算，即

$$V = \sqrt{V_H^2 + V_V^2} \tag{6-69}$$

$$\pi V_V = \arctan[h/(s^2-1)^{0.5}] + h(J-K)/s$$

$$J = [a/(a^2-1)^{0.5}]\arctan[(a+1)(s-1)/(a-1)(s+1)]^{0.5}$$

$$K = \arctan[(s-1)/(s+1)]^{0.5}$$

$$\pi V_H = A - B$$

$$A = [(b-1/s)^{0.5}]\arctan[(b+1)(s-1)/(b-1)(s+1)]^{0.5}/(b^2-1)^{0.5}$$

$$B = [(a-1/s)^{0.5}]\arctan[(a+1)(s-1)/(a-1)(s+1)]^{0.5}/(a^2-1)^{0.5}$$

$$a = (h^2 + s^2 + 1)/(2s)$$

$$b = (s^2 + 1)/(2s)$$

式中　　　h——火焰高度与其直径之比；

s——目标到火焰垂直轴的距离与火焰半径之比；

A、B、J、K、a、b——中间变量。

表 6-12 给出了部分视角系数与火焰高径比及距离间的关系。

表 6-12　视角系数与火焰高径比及距离间的关系

高径比 h	距离/半径比 s	视角系数 V	高径比 h	距离/半径比 s	视角系数 V
0.4	1.2	0.4427	0.4	1.6	0.1978
0.4	2.0	0.1072	0.4	2.4	0.0670
0.4	3.0	0.0389	0.8	1.1	0.5730
2.0	1.1	0.5807	2.8	1.1	0.5814
3.2	1.1	0.5816	3.6	1.1	0.5817
3.6	1.0001	0.7043	3.6	1.00001	0.7065

6.3.2　喷射火灾

加压的可燃气体泄漏时形成射流，如果在泄漏裂口处被点燃，将形成喷射火灾，使得周围的人员和财产受到损失。假定火焰为圆锥形，并用从泄漏处到火焰长度 4/5 处的点源模型来表示。

1. 火焰长度

喷射火的火焰长度可用如下方程得到：

$$L = \frac{(H_c m)^{0.444}}{161.66} \tag{6-70}$$

式中　L——火焰长度（m）；

m——泄漏气体的质量流量（kg/s）；

H_c——燃烧热（J/kg）。

2. 目标接受的热辐射通量

燃烧物单位时间释放的热量为热释放速率，热释放速率按下式计算：

$$Q = H_c m \tag{6-71}$$

式中　Q——可燃物的热释放速率（J/s）。

可燃物燃烧所产生的热量，只有一部分用于热辐射，设热辐射率为 f，则热辐射总量为：

$$F = Qf \tag{6-72}$$

将热辐射源作为一个点源模型考虑，那么辐射面可以看作一个球形，所以热辐射强度为：

$$q = \frac{F\tau}{4\pi x^2 \times 1000} = \frac{Qf\tau}{4\pi x^2 \times 1000} = \frac{fH_c m\tau}{4\pi x^2 \times 1000} \tag{6-73}$$

式中　q——距离火焰 x 处的目标所接受到的热源热辐射通量（kW/m^2）；

　　　f——热辐射率；

　　　x——目标距离火焰的距离（m）；

　　　τ——大气传输率，$\tau = 1 - 0.0565 \ln x$。

6.3.3　固体火灾

固体燃烧速率为：

$$M_c = m_f S \tag{6-74}$$

式中　m_f——单位面积可燃物的燃烧速率 [$kg/(m^2 \cdot s)$]；

　　　S——可燃物的燃烧面积（m^2）。

所以，热释放速率为：

$$Q = M_c H_c \tag{6-75}$$

式中　H_c——燃烧热（J/kg）。

那么，总的热释放量为：

$$F = Qf \tag{6-76}$$

式中　f——辐射系数，可取 $f = 0.25$。

将热辐射面看作一个球面，那么就可以推导出辐射强度的表达式为：

$$q(r) = \frac{F}{A} = \frac{Qf}{4\pi r^2} = \frac{fM_c H_c}{4\pi r^2} = \frac{fm_f S H_c}{4\pi r^2} \tag{6-77}$$

式中　A——辐射球体的表面积（m^2）；

　　　r——目标距离火焰的距离（m）。

6.4　爆炸模型

爆炸是物质的一种非常急剧的物理、化学变化，也是大量能量在短时间内迅速释放或急剧转化成机械功的现象。根据能量释放过程的性质，爆炸分为物理爆炸、化学爆炸和核爆炸。

物理爆炸就是物质状态参数（温度、压力、体积）迅速发生变化，在瞬间放出大量能量且对外做功的现象。其特点是在爆炸现象发生过程中，造成爆炸发生的介质的化学性质不发生变化，发生变化的仅是介质的状态参数。这类爆炸是由于设计、制造、腐蚀或低温、材料缺陷、交变载荷的作用，使得容器壁的平均应力超过材料的屈服点或强度极限，导致脆性疲劳、疲劳破裂和应力腐蚀破裂而发生的，也可因安全泄放装置、液化气体充装过量、严重受热膨胀、违章超负荷运行等而发生。常见的如蒸汽锅炉爆炸、轮胎爆炸和高压气瓶爆炸都是典型的物理爆炸。

化学爆炸是物质由一种化学结构迅速转变为另外的化学结构，在瞬间放出大量能量且对外做功的现象。如可燃气体、蒸气或粉尘与空气混合形成爆炸性混合物的爆炸。其特点是在爆炸现象发生过程中，介质的化学性质发生变化；形成爆炸的能源来自物质迅速发生化学变化时所释放的能量。化学爆炸具有放热性、快速性和生成气体产物三个要素。

核爆炸是指某些物质的原子核发生裂变反应或聚变反应，瞬间放出巨大能量而形成的爆炸现象。例如，原子弹爆炸和氢弹爆炸都是典型的核爆炸。

本书主要讨论物理爆炸和化学爆炸。

6.4.1 物理爆炸

物理爆炸如压力容器破裂时，气体膨胀所释放的能量（即爆炸能量）不仅与气体压力和容器的容积有关，而且与介质在容器内的物性相态相关。因为有的介质以气态存在，如空气、氧气、氢气等；有的以液态存在，如液氨、液氯等液化气体以及高温饱和水等。容积与压力相同而相态不同的介质，在容器破裂时产生的爆炸能量也不同，而且爆炸过程也不完全相同，其能量计算公式也不相同。

1. 压缩气体与蒸汽容器的爆炸能量

当压力容器中介质为压缩气体，即以气态形式存在而发生爆炸时，气体膨胀所释放的能量（即爆炸能量）与压力容器的容积有关。其爆破过程是容器内的气体由容器破裂前的压力降至大气压力的一个简单膨胀过程，所以历时一般都很短。不管容器内介质与周围大气存在多大的温差，都可以认为容器内的气体与大气无热量交换，即此时气体介质的膨胀是一个绝热膨胀过程。因此其爆破能量即为气体介质膨胀所做的功，可按理想气体绝热膨胀做功公式计算。

绝热膨胀过程是定熵过程，即：

$$ds = c_p \frac{dV}{V} + c_V \frac{dp}{p} = 0 \tag{6-78}$$

令

$$r = \frac{c_p}{c_V}$$

并将其代入式（6-78）中积分可得到：

$$r\ln V + \ln p = \text{const1}$$

即：

$$pV^r = \text{const2}$$

膨胀功为：

$$w_s = \int_1^2 p\,dV = \int_1^2 \frac{p_1 V_1^r}{V^r}\,dv = \frac{1}{r-1}(p_1 V_1 - p_2 V_2) = \frac{p_1 V_1}{r-1}\left[1 - \left(\frac{p_2}{p_1}\right)^{\frac{r-1}{r}}\right] \tag{6-79}$$

将大气压强为 p_2 代入式（6-79）中，p_1 视为初始压强，得爆炸能量：

$$E_g = \frac{pV}{\kappa - 1}\left[1 - \left(\frac{0.1013}{p}\right)^{\frac{\kappa-1}{\kappa}}\right] \times 10^3 \tag{6-80}$$

式中 E_g——气体的爆炸能量（kJ）；

p——容器内气体的绝对压力（MPa）；

V——容器的体积（m³）；

κ——气体等熵指数,常用气体的等熵指数数值见表6-2。

2. 介质全部为液体时的爆炸能量

通常用液体加压时所做的功作为常温液体压力容器爆炸时释放的能量,计算公式如下:

$$E_L = \frac{(p-1)^2 V \beta_t}{2} \quad (6-81)$$

式中 E_L——常温下液体压力容器爆炸时释放的能量(kJ);
p——液体的绝对压力(Pa);
V——容器的体积(m^3);
β_t——液体在压力 p 和温度 T 下的压缩系数。

3. 液化气体和高温饱和水容器的爆炸能量

在液氯、液氨储罐及锅炉等压力容器内,介质一般以气、液两种物态存在,介质工作压力大于大气压力,介质温度高于其在大气压力下的沸点(也称"过热")。当容器破裂发生爆炸时,除了气体急剧膨胀对外做功外,还有过热液体激烈的蒸发过程。在大多数情况下,这类容器内的饱和液体占有容器介质质量的绝大部分,它的爆炸能量比饱和气体大得多,一般计算时不考虑气体膨胀所做的功。由于这类爆炸在瞬间完成,可按绝热过程计算其爆炸能量。

(1)液化气体容器的爆炸能量。液化气体容器破裂爆炸释放出的能量可按下式计算:

$$E = [(H_1 - H_2) - (S_1 - S_2)T_b]W \quad (6-82)$$

式中 E——过热状态下液体的爆炸能量(kJ);
H_1——爆炸前液化气体的焓(kJ/kg);
H_2——在大气压力下饱和液体的焓(kJ/kg);
S_1——爆炸前饱和液体的熵[kJ/(kg·K)];
S_2——在大气压力下饱和液体的熵[kJ/(kg·K)];
T_b——介质在大气压力下的沸点(K);
W——饱和液体的质量(kg)。

(2)饱和水容器的爆炸能量。常用压力下饱和水的爆炸能量可按下列简化公式计算:

$$E_w = C_w V \quad (6-83)$$

式中 E_w——饱和水容器的爆炸能量(kJ);
V——容器内饱和水所占的体积(m^3);
C_w——饱和水爆炸能量系数(kJ/m^3)。

饱和水爆炸能量系数由压力决定,表6-13列出了常用压力下饱和水的爆炸能量系数。

表6-13 常用压力下饱和水的爆炸能量系数

额定压力 p/MPa	0.4	0.5	0.6	0.8	0.9	1.1	1.4	1.7	2.6	3.1
爆炸能量系数 C_w/(MJ/m^3)	23.8	27.2	32.5	41.4	45.6	53.6	63.5	72.4	95.6	106

比较饱和水蒸气和饱和水爆炸能量系数,可以发现,饱和水的爆炸能量系数为蒸汽的几十倍。这表明,饱和水的能量为同体积、同压力的饱和蒸汽的几十倍,所以在容器中,即使饱和水与饱和蒸汽各占一半的容积,饱和蒸汽的爆炸能量也不到全部爆炸能量的10%。

4. 压力容器爆炸时的冲击波能量

压力容器爆炸时，其爆炸能量以冲击波能量、破片能量和容器残余变形能量三种形式向外释放。研究表明，后两种形式所消耗的能量只占总爆炸能量的3%~15%，即爆炸能量的主要形式是冲击波。

冲击波是由压缩波叠加形成的，是波阵面以突进形式在介质中传播的压缩波。容器破裂时，容器内的高压气体大量冲出，使它周围的空气受到冲击而发生扰动，使其状态（压力、密度、温度等）发生突跃变化。其传播速度大于扰动介质的声速，这种扰动在空气中传播就成为冲击波。在离爆炸中心一定距离的地方，空气压力会随时间发生迅速而悬殊的变化。开始时，压力突然升高，产生一个很大的正压力，接着又迅速衰减，在很短时间内正压降至负压。如此反复循环数次，压力逐渐衰减下去。开始时产生的最大正压力就是冲击波波阵面上的超压 Δp，超压可以达到数个甚至数十个大气压。多数情况下，冲击波的伤害、破坏作用是由超压引起的，冲击波超压对人体的伤害及对建筑物的破坏作用见表 6-14 和表 6-15。

表 6-14 冲击波超压对人体的伤害作用

超压 Δp/MPa	伤 害 作 用
0.02~0.03	轻微挫伤
0.03~0.05	中等损伤（听觉器官损伤、内脏轻度出血、骨折等）
0.05~0.10	严重损伤（内脏严重挫伤、可引起死亡）
>0.10	极严重，可能造成大部分死亡

表 6-15 冲击波超压对建筑物的破坏作用

超压 Δp/MPa	破 坏 作 用
0.005~0.006	门、窗玻璃部分破碎
0.006~0.010	受压面的门窗玻璃大部分破碎
0.015~0.02	窗框损坏
0.02~0.03	墙壁裂缝
0.04~0.05	墙壁大裂缝，房瓦掉下
0.06~0.07	木建筑厂房房柱折断，房架松动
0.07~0.10	砖墙倒塌
0.10~0.20	防震钢筋混凝土破坏，小房屋倒塌
0.20~0.30	大型钢结构破坏

冲击波的伤害、破坏作用准则有超压准则、冲量准则和超压-冲量准则等。下面仅介绍超压准则。超压准则认为，只要冲击波超压达到一定值，便会对目标造成一定的伤害或破坏。

试验数据表明，不同数量的同类炸药发生爆炸时，目标到爆炸中心距离 R 和炸药量 q 若满足下式要求：

$$\frac{R}{R_0} = \left(\frac{q}{q_0}\right)^{1/3} = a \tag{6-84}$$

则

$$\Delta p(R) = \Delta p_0(R/a) \tag{6-85}$$

式中　R——目标与爆炸中心的距离（m）；

　　　R_0——目标与基准爆炸中心的距离（m）；

　　　q——爆炸时产生冲击波所消耗的能量，TNT 当量（kg）；

　　　q_0——基准爆炸能量，TNT 当量（kg）；

　　　a——炸药爆炸试验的模拟比；

　　　Δp——目标处的超压（MPa）；

　　　Δp_0——基准目标处的超压（MPa）。

利用式（6-84）和式（6-85）和表 6-16 及爆炸的炸药量或 TNT 当量即可计算确定各种相应距离下的超压。表 6-16 是 1000kg TNT 炸药在空气中爆炸时所产生的冲击波超压。

表 6-16　1000kg TNT 炸药在空气中爆炸时所产生的冲击波超压

距离 R_0/m	0.77	0.924	1.078	1.232	1.386	1.54	1.848	2.156
超压 Δp_0/MPa	2.94	2.06	1.67	1.27	0.95	0.76	0.50	0.33
距离 R_0/m	2.464	2.772	3.08	3.85	4.62	5.39	6.16	6.93
超压 Δp_0/MPa	0.235	0.17	0.126	0.079	0.057	0.043	0.033	0.027
距离 R_0/m	7.7	8.47	9.24	10.01	10.78	11.55		
超压 Δp_0/MPa	0.0235	0.0205	0.018	0.016	0.0143	0.013		

【例 6-2】　设有一压缩气体储罐，容积 15m³，压力 1MPa（表压），运行时容器破裂爆炸。试计算储气罐爆炸时的能量，并估算距离为 10m 处的冲击波超压。

解：储气罐破裂时的能量为：

$$E_g = \frac{pV}{\kappa-1}\left[1-\left(\frac{0.1013}{p}\right)^{\frac{\kappa-1}{\kappa}}\right]\times 10^3 = \left\{\frac{1.1\times 15}{1.4-1}\left[1-\left(\frac{0.1013}{1.1}\right)^{\frac{1.4-1}{1.4}}\right]\times 10^3\right\}\text{kJ}$$

$$= 20.38\times 10^3 \text{kJ}$$

TNT 当量：

$$W_{TNT} = \frac{20.38\times 10^3}{Q_{TNT}}\text{kg} = 4.51\text{kg}$$

与 1000kg TNT 的模拟比为：

$$a = \left(\frac{4.51}{1000}\right)^{1/3} = 0.1652$$

与模拟试验中的相当距离为：

$$R_0 = \frac{R}{a} = \frac{10}{0.1652}\text{m} = 60.53\text{m}$$

查表 6-16，用插入法求得离爆炸源 10m 处的冲击波超压为 0.0178MPa。由表 6-14 和表 6-15 可查出其对人员的伤害及对建筑物的破坏。

5. 压力容器爆炸时碎片能量及飞行距离计算

压力容器爆炸时，壳体可能破裂为很多大小不等的碎片或碎块向四周飞散抛掷，造成人员伤亡或财产损失。

(1) 碎片能量的计算。碎片飞出时具有动能，动能的大小与每块碎片的质量及速度的平方成正比，即：

$$E = \frac{1}{2}mv^2 \tag{6-86}$$

式中　E——碎片的动能（J）；
　　　m——碎片的质量（kg）；
　　　v——碎片击中人或物体的速度（m/s）。

根据有关研究，碎片击中人体时的动能在26J以上时，可致外伤；碎片击中人体时的动能在60J以上时，可致骨骼外伤；碎片击中人体时的动能在200J以上时，可致骨骼重伤。

(2) 碎片飞行距离的计算。压力容器碎片飞离壳体时，一般具有80~120m/s的初速度，即使在飞离容器较远的地方也常有20~30m/s的速度。

设爆炸时压力容器或碎片离地面高度为h，则压力容器或碎片平抛初速度v_0与飞行距离的关系可由下式计算：

$$v_0 = \frac{R}{\sqrt{2h/g}} \tag{6-87}$$

若压力容器爆炸时碎片或容器抛出时与地面成θ角，则抛出初速度v_0与飞行距离的关系为：

$$v_0 = \sqrt{\frac{Rg}{\sin 2\theta}} \tag{6-88}$$

式中　v_0——压力容器或碎片抛出的水平初速度（m/s）；
　　　R——抛出的水平距离（m）；
　　　h——压力容器或碎片原来的离地高度（m）；
　　　g——重力加速度（m/s²）。

(3) 碎片穿透量的计算。压力容器爆炸时，碎片常常会损坏或穿透临近的设备管道，引发二次火灾、爆炸或中毒事故。压力容器爆炸时，碎片的穿透力与碎片击中时的动能成正比，即：

$$S = K_c \frac{E}{A} \tag{6-89}$$

式中　S——碎片对材料的穿透量（mm）；
　　　E——碎片击中物体时所具有的动能（J）；
　　　A——碎片穿透方向的截面面积（mm²）；
　　　K_c——材料的穿透系数，见表6-17。

表6-17　材料的穿透系数

材料名称	钢　板	钢筋混凝土	木　材
穿透系数K_c	1	10	40

6.4.2　化学爆炸

1. 凝聚相爆炸

凝聚相含能材料爆炸能产生多种破坏效应，如热辐射、一次破片作用、有毒气体产物的致命效应，但破坏力最强，破坏区域最大的是冲击波的破坏效应，因此，凝聚相爆炸模型主要考虑冲击波的伤害作用。

凝聚相含能材料的爆炸冲击波最大正相超压 Δp_s，可按下式计算：

$$\Delta p_s = 0.137Z^{-3} + 0.119Z^{-2} + 0.269Z^{-1} - 0.019 \tag{6-90}$$

$$Z = R / \left(\frac{1000E}{p_a}\right)^{1/3}$$

$$E = 1.8WQ_c$$

式中　Z——无量纲距离；
　　　Δp_s——冲击波超压（Pa）；
　　　p_a——环境压力，一般取 101325Pa；
　　　R——目标到爆源的水平距离（m）；
　　　E——爆源总能量（kJ）；
　　　W——含能材料的质量（kg）；
　　　Q_c——爆炸料的爆炸热（kJ/kg）。

2. 蒸气云爆炸

易燃易爆气体如氢气、天然气等，泄漏后随着风向扩散，与周围空气混合成易燃易爆混合物，在扩散过程中如遇到点火源，延迟点火，又要存在某些特殊原因和条件，火焰加速传播，产生爆炸冲击波超压，发生蒸气云爆炸（Vapor Cloud Explosion，简称VCE）。VCE是一类经常发生且后果十分严重的爆炸性事故。

易燃易爆的液化气体如液化石油气、液化丙烷、液化丁烷等，其沸点远小于环境温度，泄漏后将会由于自身的热量、地面传热、太阳辐射、气流运动等迅速蒸发，在液池上面形成蒸气云，与周围空气混合成易燃易爆混合物，并且随着风向扩散，在扩散过程中如遇到点火源，也会发生蒸气云爆炸。蒸气云爆炸产生的冲击波超压是其主要危害。

蒸气云爆炸冲击波最大正相超压 Δp_s 可按下式计算：

$$\Delta p_s = e^A p_a \tag{6-91}$$

$$A = -0.9126 - 1.5058\ln Z + 0.1675(\ln Z)^2 - 0.032(\ln Z)^3$$

$$Z = R / \left(\frac{1000E}{p_0}\right)^{1/3}$$

$$E = 1.8aWQ_c$$

式中　Z——无量纲距离；
　　　Δp_s——冲击波超压（Pa）；
　　　p_a——环境压力，一般取 101325Pa；
　　　R——目标到爆源的水平距离（m）；
　　　E——爆源总能量（kJ）；
　　　1.8——地面爆炸系数；
　　　a——蒸气云的 TNT 当量系数（一般取值为 0.01~0.1，统计平均值为 0.04）；
　　　W——蒸气云中对爆炸冲击波有实际影响的质量（kg）；
　　　Q_c——燃料的燃烧热（kJ/kg）。

3. 沸腾液体扩展蒸气爆炸

易燃易爆的液化气体容器在外部火焰的烘烤下可能发生突然破裂，压力平衡被破坏，液体急剧气化，并随即被火焰点燃而发生爆炸，产生巨大的火球，危害极其严重。这种事故被称为沸腾液体扩展蒸气爆炸。沸腾液体扩展蒸气爆炸的主要危险是火球产生的强烈热辐射伤害。

（1）火球直径：
$$D = 2.665W^{0.327} \tag{6-92}$$

式中　D——火球直径（m）；
　　　W——火球中消耗的可燃物质量（kg），对单罐储存，W 取罐容量的50%；对双罐储存，W 取罐容量的70%；对多罐储存，W 取罐容量的90%。

（2）火球持续时间：
$$t = 1.089W^{0.327} \tag{6-93}$$

式中　t——火球持续时间（s）。

（3）火球抬升高度。火球在燃烧时，将抬升到一定高度。火球中心距离地面的高度 H 由下式估计：
$$H = D \tag{6-94}$$

（4）火球表面热辐射能量。假设火球表面热辐射能量是均匀扩散的。火球表面热辐射能量 SEP 由下式计算：
$$SEP = \frac{\eta W H_a}{4\pi R^2 t} \tag{6-95}$$

式中　η——火球表面的辐射能量比；
　　　H_a——火球的有效燃烧热（J/kg）。

η 与储罐破裂瞬间储存物料的饱和蒸汽压力 p 有关：
$$\eta = 0.27p^{0.32}$$

对于因外部火灾引起的沸腾液体扩展蒸气爆炸事故，上式中的 p 值可取储罐安全阀起动压力 p_v 的1.21倍，即：
$$p = 1.21p_v$$

H_a 由下式求得：
$$H_a = H_c - H_v - c_p T \tag{6-96}$$

式中　H_c——燃烧热（J/kg）；
　　　H_v——常温沸点下的蒸发热（J/kg）；
　　　c_p——恒压比定压热容 [J/(kg·K)]；
　　　T——火球表面火焰温度与环境温度之差，一般来说 $T = 1700$K。

（5）视角系数。视角系数 F 的计算公式如下：
$$F = \left(\frac{D}{2r}\right)^2 \quad F = (R/r)^2 \tag{6-97}$$

式中　r——目标到火球中心的距离（m）。

令目标与储罐的水平距离为 X（m），则：
$$r = (X^2 + H^2)^{0.5}$$

(6) 大气热传递系数。火球表面辐射的热能在大气中传输时，由于空气的吸收及散射作用，一部分能量损失掉了。假定能量损失比为 a，则大气热传递系数 $\tau_a = 1 - a$。a 和大气中的 CO_2 和 H_2O 的含量、热传输距离及辐射光谱的特性等因素有关。

τ_a 可由以下的经验公式求取：

$$\tau_a = 2.02 (p_w r')^{-0.09} \tag{6-98}$$

$$p_w = p_w^0 RH$$

$$r' = r - R$$

式中　r'——目标到火球表面的距离（m）；

　　　p_w——环境温度下空气中的水蒸气压（N/m^2）；

　　　p_w^0——环境温度下的饱和水蒸气压（N/m^2）；

　　　RH——相对湿度。

(7) 火球热辐射强度。在不考虑障碍物对火球热辐射产生阻挡作用的条件下，距离储罐 X（m）处的热辐射强度 q 可由下式计算：

$$q = SEP \times F \times \tau_a \tag{6-99}$$

式中　q——目标与储罐水平距离 X（m）处的热辐射强度（W/m^2）。

6.5　事故伤害的计算方法

6.5.1　火灾辐射伤害计算方法

火灾通过辐射热的方式影响周围环境，当火灾产生的热辐射强度足够大时，可使周围的物体燃烧或变形，强烈的热辐射可能烧毁设备甚至造成人员伤亡等。表 6-18 为稳态火灾下不同入射通量造成的伤害情况。

火灾的事故后果主要包括：池火灾、喷射火灾、沸腾液体扩展蒸气云爆炸火球、固体火灾。

表 6-18　稳态火灾下不同入射通量造成的伤害情况

热辐射强度/（kW/m^2）	对人的伤害
37.5	1% 死亡/10s，100% 死亡/1min
25.0	严重（2度）烧伤/10s，100% 死亡/1min
12.5	1度烧伤/10s，1% 死亡/1min
4.0	20s 以上引起疼痛但不会起水疱
1.6	长时间接触不会有不适感

1. 人身伤害概率计算

火灾伤害概率计算的过程是：首先通过火灾的事故后果模型得出计算位置处的热辐射通量数值，然后通过火灾热辐射概率方程确定伤害概率。

热辐射伤害概率方程通常使用彼得森 1990 年提出的概率方程。

皮肤裸露时的死亡几率为：

$$P_r = -36.38 + 2.56\ln(tq^{4/3}) \tag{6-100}$$

二度烧伤几率为：
$$P_r = -43.14 + 3.0188\ln(tq^{4/3}) \tag{6-101}$$

一度烧伤几率为：
$$P_r = -39.83 + 3.0186\ln(tq^{4/3}) \tag{6-102}$$

式中 t——人暴露在火灾热辐射下持续的时间（s）；

q——人体接受的辐射强度（W/m²）。

同裸露人体相比，由于服装的防护作用，人体实际接受到的热辐射强度有所减少，人体实际接受的热辐射强度 q_c 为：

$$q_c = \beta q$$

式中 β——穿衣系数，可取 $\beta = 0.4$。

由上述伤害几率，通过下式可得到相应的伤害概率：

$$P = \int_{-\infty}^{P_r - 5} \frac{1}{\sqrt{2\pi}} e^{-\frac{u^2}{2}} du \tag{6-103}$$

式中 P——伤害概率（大于 0 小于 1）。

2. 人身伤害半径计算

（1）稳态火灾。对于池火灾、喷射火灾和固体火灾这类稳态火灾，其人身伤害半径的计算是：根据暴露时间为 10s，50% 的概率为原则，求得导致死亡热通量 q_1、重伤热通量 q_2、轻伤热通量 q_3 分别为 81830W/m²、69522W/m²、30548W/m²，然后利用 q_i 值反算得到人身伤害半径。

（2）瞬间火灾。沸腾液体扩展蒸气爆炸的主要危险是火球产生的强烈热辐射伤害，由于这种火灾类型为瞬间火灾，因此这种火灾的各种半径的计算方法与稳态火灾的有所不同。它的计算过程是：根据火灾持续时间计算得到导致死亡、重伤和轻伤的热通量，然后利用 q_i 值反算得到人身伤害半径。

死亡热通量 q_1：

$$q_1 = \left(\frac{e^{16.164}}{t}\right)^{0.75} \tag{6-104}$$

重伤热通量 q_2：

$$q_2 = \left(\frac{e^{15.947}}{t}\right)^{0.75} \tag{6-105}$$

轻伤热通量 q_3：

$$q_3 = \left(\frac{e^{14.851}}{t}\right)^{0.75} \tag{6-106}$$

火灾持续时间 t，可根据式（6-93）求取，即：

$$t = 1.089 W^{0.327}$$

式中 W——火球中消耗的可燃物质量（kg），对单罐储存，W 取罐容量的 50%；对双罐储存，W 取罐容量的 70%；对多罐储存，W 取罐容量的 90%。

3. 财产损失半径计算

火灾财产损失半径的计算是，通过下式计算目标接受的辐射通量 q_4，然后利用 q_4 值反算便可以得到财产损失半径：

$$q_4 = 6730 t^{-4/5} + 25400 \tag{6-107}$$

式中 q_4——引燃木柴的所需的热通量（W/m²）；
t——火灾持续时间（s）。

表6-19 为辐射热对周围环境的影响。

表6-19 辐射热对周围环境的影响

辐射热量/(kW/m²)	对周围环境的影响	辐射热量/(kW/m²)	对周围环境的影响
<4000	不会起火灾	10000	一切木结构起火
4000~7000	杉木板起火	50000	钢材变形
7200	塑料起火		

火灾持续时间 t 的长短与火灾类型有直接关系。

(1) 池火灾。在有防液堤的情形下，火灾持续时间 t 由下式计算：

$$t = \frac{W}{m_f S} \tag{6-108}$$

式中 S——液池最大可能的面积（m²）；
m_f——单位面积燃烧速率 [kg/(m²·s)]。

在没有防液堤的情形下，火灾持续时间 t 由下式计算：

$$t = \frac{H_{\min}\rho}{m_f} \tag{6-109}$$

式中 $H_{\min}$——最小液层厚度（m），见表6-10；
ρ——液体的密度（kg/m³）；
m_f——单位面积燃烧速率 [kg/(m²·s)]。

(2) 喷射火灾。

$$t = \frac{W}{m} \tag{6-110}$$

式中 W——泄漏量（kg）；
m——质量流速（kg/s）。

(3) 沸腾液体扩展蒸气爆炸火球。火灾持续时间 t，可根据下式求取，即：

$$t = 1.089 W^{0.327} \tag{6-111}$$

式中 W——火球中消耗的可燃物质量（kg），对单罐储存，W 取罐容量的50%；对双罐储存，W 取罐容量的70%；对多罐储存，W 取罐容量的90%。

4. 间接财产损失

间接财产损失 S（万元）可通过下式计算得到：

$$S = (N_1 \times 6000 + N_2 \times 3000 + N_3 \times 15) \times 20/6000 \tag{6-112}$$

式中 N_1——总的死亡人数；
N_2——总的重伤人数；
N_3——总的轻伤人数。

6.5.2 爆炸超压伤害计算方法

爆炸事故所产生的冲击波超压会对人体和建筑物造成严重的伤害和破坏作用。爆炸事故后果主要包括：凝聚相爆炸、物理爆炸、蒸气云爆炸。

1. 冲击波超压伤害概率

爆炸伤害概率计算的过程是：首先通过爆炸的事故后果模型得出计算位置处的冲击波超压数值，然后通过冲击波超压伤害方程确定伤害情况。

冲击波超压伤害概率方程通常使用 Purdy 等人的经典概率方程：

$$P_r = 2.47 + 1.43 \ln \overline{\Delta p_s} \tag{6-113}$$

$$P = \int_{-\infty}^{P_r-5} \frac{1}{\sqrt{2\pi}} e^{-\frac{u^2}{2}} du \tag{6-114}$$

式中　P_r——死亡几率；

$\overline{\Delta p_s}$——冲击波超压与环境压力的比值；

P——死亡概率。

2. 人身伤害半径

（1）死亡半径 R_1：

$$R_1 = 13.6 \left(\frac{W_{TNT}}{1000}\right)^{0.37} \tag{6-115}$$

$$W_{TNT} = \frac{E}{Q_{TNT}}$$

式中　W_{TNT}——燃料的 TNT 当量（kg）；

E——爆源总能量（kJ）；

Q_{TNT}——TNT 的爆炸热，一般取 $Q_{TNT} = 4520 \text{kJ/kg}$。

（2）重伤半径 R_2。由试验资料，确定 $\Delta p_s = 44000 \text{Pa}$ 为临界重伤超压值，则根据式 $\overline{\Delta p_s} = \Delta p_s / p_a$ 可得到 $\overline{\Delta p_s}$：

$$\overline{\Delta p_s} = \frac{\Delta p_s}{p_a} = \frac{44000}{101325} = 0.4344$$

然后，根据爆炸冲击波超压的计算公式反算，就可得到凝聚相爆炸重伤半径 R_2 的计算公式：

$$R_2 = Z(1000E/p_a)^{1/3} \tag{6-116}$$

式中　$\overline{\Delta p_s}$——冲击波超压与环境压力的比值；

Z——无量纲距离；

Δp_s——冲击波超压（Pa）；

p_a——环境压力，一般取 101325Pa；

E——爆源总能量（kJ）。

（3）轻伤半径 R_3。由试验资料，确定 $\Delta p_s = 17000 \text{Pa}$ 为临界重伤超压值，则根据式 $\overline{\Delta p_s} = \Delta p_s / p_a$ 可得到 $\overline{\Delta p_s}$。

$$\overline{\Delta p_s} = \frac{\Delta p_s}{p_a} = \frac{17000}{101325} = 0.1678$$

然后，根据爆炸冲击波超压的计算公式反算，就可得到凝聚相爆炸重伤半径 R_3 的计算公式：

$$R_3 = Z(1000E/p_a)^{1/3} \tag{6-117}$$

式中 $\overline{\Delta p_s}$——冲击波超压与环境压力的比值；
　　　Z——无量纲距离；
　　　Δp_s——冲击波超压（Pa）；
　　　p_a——环境压力，一般取 101325Pa；
　　　E——爆源总能量（kJ）。

3. 财产损失半径计算

财产损失半径 R_4 由下式确定：

$$R_4 = \frac{K_3 W_{\text{TNT}}^{1/3}}{\left[1+\left(\dfrac{3175}{W_{\text{TNT}}}\right)^2\right]^{1/6}} \tag{6-118}$$

式中 R_4——财产损失半径，指在冲击波作用下建筑物三级破坏半径（m）；
　　　K_3——建筑物三级破坏系数，可取 4.6。

6.5.3　毒物泄漏伤害计算方法

毒物泄漏扩散引发中毒主要包括非重气扩散和重气扩散。

1. 毒气伤害概率

毒气伤害概率计算的过程是：首先通过扩散的事故后果模型得出计算位置处的毒气浓度数值，然后通过毒气伤害概率方程确定伤害概率。

$$P_r = A + B\ln(C_*^n t) \tag{6-119}$$

$$C_* = \frac{2.24 \times 10^7 C}{M}$$

$$P = \int_{-\infty}^{P_r-5} \frac{1}{\sqrt{2\pi}} e^{-\frac{u^2}{2}} du \tag{6-120}$$

式中 C_*——毒气的体积分数（$\times 10^{-6}$）；
　　　C——毒气的浓度（kg/m³）；
　　　M——泄漏气体的相对分子质量；
　　　t——接触毒气的时间（min）；
　　　P_r——该浓度下的死亡几率；
　　　P——该浓度下的死亡概率；
A、B、n——常数，取决于泄漏毒物的性质。表 6-20 列出了一些常见有毒物质的有关参数，表 6-21 给出了一些有毒物质的危害剂量。

表 6-20　一些毒性物质的参数

物 质 名 称	A	B	n
氯	-5.3	0.5	2.75
氨	-9.82	0.71	2.0
丙烯醛	-9.93	2.05	1.0

(续)

物 质 名 称	A	B	n
四氯化碳	0.54	1.01	0.5
氯化氢	-21.76	2.65	1.0
甲基溴	-19.92	5.16	1.0
光气（碳酰氯）	-19.27	3.69	1.0
氟氢酸（单体）	-26.4	3.35	1.0

表 6-21 一些毒性物质的危害剂量

物 质 名 称	半致死剂量/(mg/kg)	半伤害剂量/(mg/kg)	半中毒剂量/(mg/kg)
氯	6.4	3.2	0.48
氨	192	96	14.4
二氧化硫	96	48	7.2
一氧化碳	192	96	14.4
甲醛	192	96	14.4
甲醇	320	160	24
氯丙烯	19.2	9.6	1.44
二硫化碳	96	48	7.2
二甲胺	64	32	4.8
光气	3.2	1.6	0.19

2. 扩散危害区域

（1）瞬间泄漏危害区域。根据 x（气团中心下风向的距离）以及大气稳定度算出 σ_x、σ_y 和 σ_z，再利用下式就可求出相应的死亡、重伤和隔离半径：

$$R = \sqrt{2\sigma_y^2\left(\ln\frac{10^6 Q}{v\sqrt{2}\,C\pi^{1.5}\sigma_x\sigma_y\sigma_z} - \frac{H_e^2}{\sigma_z^2}\right)} \tag{6-121}$$

式中　σ_x、σ_y、σ_z——下风向、横风向和竖直方向的扩散系数；

　　　C——毒物相应的死亡浓度、重伤浓度和隔离浓度（kg/m³）；

　　　H_e——泄漏源有效高度（m）；

　　　Q——瞬间泄漏总量（kg）。

（2）连续泄漏危害区域。根据 x（气团中心下风向的距离）以及大气稳定度得到 σ_y 和 σ_z 的表达式，再利用下式就可求出泄漏云羽形成的死亡、重伤和隔离椭圆区域的短半轴长：

$$y = \sqrt{2\sigma_y^2\left(\ln\frac{10^6 Q'}{vC\pi\sigma_y\sigma_z} - \frac{H_e^2}{2\sigma_z^2}\right)} \tag{6-122}$$

则危害区域为：

$$S = \frac{1}{2}\pi xy \tag{6-123}$$

$$x = vt \tag{6-124}$$

式中 σ_y、σ_z——横风向和竖直方向的扩散系数;

$\quad\quad\quad C$——毒物相应的死亡浓度、重伤浓度和隔离浓度（kg/m³）;

$\quad\quad\quad H_e$——泄漏源有效高度（m）;

$\quad\quad\quad Q'$——连续泄漏总量（kg）;

$\quad\quad\quad v$——环境风速（m/s）;

$\quad\quad\quad t$——泄漏后的时间（s）。

复习题

1. 讨论重气云气体扩散与非重气云气体扩散的特点。
2. 讨论池火灾高度、池火灾半径与液池半径的关系。
3. 分别画出火灾辐射伤害、爆炸超压伤害、毒物泄漏伤害的计算流程图。
4. 在氯乙烯生产过程中，大量使用氯气作为原料。在某生产厂突然发生氯气泄漏，约有 1.0kg 氯气在瞬间泄漏。泄漏时为有云的夜间，初步观测发现云量 <4/10，风速为 2m/s。由于泄漏源高度很低，可近似为地面源处理。居民区距离泄漏源 400m。已知 $\sigma_y = 4.5\text{m}$，$\sigma_z = 1.8\text{m}$，且 $\sigma_x = \sigma_y$，又知道我国车间空气氯气的最高容许浓度标准 MAC 为 1mg/m³。试计算：

（1）泄漏发生后，大约经多长时间烟团中心到达居民区？

（2）烟团到达居民区后，地面轴线氯气浓度为多少？是否超过国家卫生标准？

（3）试判断经多远距离后，氯气的地面浓度才被大气稀释至可接受水平？

5. 热辐射伤害破坏作用的判断准备主要有哪些？
6. 爆炸冲击波对人体损伤和哪些因素有关？
7. 某化工厂有液氨卧式储罐两个，单罐容积为 100m³，设定有效容积为 80%，每罐可储存液氨 45.12t，储存压力 2.05MPa（绝对压力），储存温度小于 32℃。试计算：

（1）火场中储罐受热破裂（BLEVE），造成的爆燃火球伤害（损失）半径。

（2）液氨储罐瞬间大量泄漏，氨气与空气形成爆炸气体后遇火源，则发生蒸气云爆炸（VCE），爆炸冲击波造成的人员伤害范围。

参考文献

[1] 冯肇瑞,等. 安全系统工程 [M]. 北京:冶金工业出版社,1987.
[2] 沈裴敏. 安全系统工程基础与实践 [M]. 北京:煤炭工业出版社,1991.
[3] 汪应洛. 系统工程理论、方法与应用 [M]. 北京:高等教育出版社,1992.
[4] 姜璐,等. 现代系统工程方法 [M]. 沈阳:沈阳出版社,1993.
[5] 韦冠俊. 安全原理与事故预测 [M]. 北京:冶金工业出版社,1995.
[6] 汪元辉. 安全系统工程 [M]. 天津:天津大学出版社,1999.
[7] 宇德明. 易燃、易爆、有毒危险化学品储运过程定量风险评价 [M]. 北京:中国铁道出版社,2000.
[8] 中国系统工程学会决策科学专业委员会. 决策科学理论与方法 [M]. 北京:海洋出版社,2001.
[9] 国家安全生产监督管理局. 化学危险品安全评价 [M]. 北京:中国石化出版社,2003.
[10] 王守信. 环境污染系统工程 [M]. 北京:冶金工业出版社,2004.
[11] 何学秋. 安全工程学 [M]. 徐州:中国矿业大学出版社,2004.
[12] 左东红,等. 安全系统工程 [M]. 北京:化学工业出版社,2004.
[13] 郑津洋,等. 长输管道安全:风险辨识、评价、控制 [M]. 北京:化学工业出版社,2004.
[14] 徐德蜀. 安全科学与工程导论 [M]. 北京:化学工业出版社,2004.
[15] 国家安全生产监督管理总局. 安全评价:上册 [M]. 3版. 北京:煤炭工业出版社,2005.
[16] 刘铁民,等. 安全评价方法应用指南 [M]. 北京:化学工业出版社,2005.
[17] 黄贯虹,等. 系统工程方法与应用 [M]. 广州:暨南大学出版社,2005.
[18] 蔡凤英. 化工安全工程 [M]. 北京:科学出版社,2005.
[19] 袁昌明,等. 安全系统工程 [M]. 北京:中国计量出版社,2006.
[20] 魏新利,等. 工业生产过程安全评价 [M]. 北京:化学工业出版社,2005.
[21] 陈喜山. 系统安全工程学 [M]. 北京:中国建材工业出版社,2006.
[22] 卢岚. 安全工程 [M]. 天津:天津大学出版社,2003.
[23] 匡永泰,等. 石油化工安全评价技术 [M]. 北京:中国石化出版社,2005.
[24] 张景林. 安全系统工程 [M]. 北京:煤炭工业出版社,2003.
[25] 蒋军成,等. 安全系统工程 [M]. 北京:化学工业出版社,2004.
[26] 胡毅亭,等. 安全系统工程 [M]. 南京:南京大学出版社,2009.
[27] 王洪德,等. 安全系统工程 [M]. 北京:国防工业出版社,2013.
[28] 田宏,等. 安全系统工程 [M]. 北京:中国质检出版社,中国标准出版社,2014.
[29] 吴超,等. 安全统计学 [M]. 北京:机械工业出版社,2014.
[30] 国家安全生产监督管理总局. AQ/T 3046—2013 化工企业定量风险评价导则 [S]. 北京:煤炭工业出版社,2013.

[31] 国家安全生产监督管理总局．AQ/T 3049—2013 危险与可操作性分析（HAZOP分析）应用导则［S］．北京：煤炭工业出版社，2013．

[32] 国家安全生产监督管理总局．AQ/T 3054—2015 保护层分析（LOPA）方法应用导则［S］．北京：煤炭工业出版社，2015．

[33] 国家安全生产监督管理总局．AQ/T 9009—2015 生产安全事故应急演练评估规范［S］．北京：煤炭工业出版社，2015．